华章IT

计 算 机 科 学 丛 书

网络流算法

[美] 大卫·P. 威廉姆森（David P. Williamson） 著

吴向军 译

Network Flow Algorithms

机械工业出版社
China Machine Press

图书在版编目（CIP）数据

网络流算法 /（美）大卫·P. 威廉姆森（David P. Williamson）著；吴向军译 . -- 北京：机械工业出版社，2022.1

（计算机科学丛书）

书名原文：Network Flow Algorithms

ISBN 978-7-111-70107-1

Ⅰ. ①网…　Ⅱ. ①大…②吴…　Ⅲ. ①网络流 - 算法理论　Ⅳ. ① O157.5

中国版本图书馆 CIP 数据核字（2022）第 014957 号

网络流理论在理论计算机科学、运筹学和离散数学等学科中均有应用，可用于货物运输建模和计算机视觉图像分割等众多问题。本书主要源于康奈尔大学的网络流算法课程讲义，包含出版年代较早的经典书籍中未能涵盖的新研究成果。本书采用简洁且统一的视点，讨论解决网络流问题的多种组合算法、多项式算法及其分析，涵盖最大流、最小代价流、广义流、多物流和全局最小割集等，还介绍了关于计算电流的新研究成果及其在经典问题上的应用。

本书可作为面向研究生的网络流算法教材，也适合该领域的研究人员参考。

出版发行：机械工业出版社（北京市西城区百万庄大街 22 号　邮政编码：100037）

责任编辑：曲　熠　　　　　　　　　　　　　责任校对：殷　虹

印　　刷：涿州市京南印刷厂　　　　　　　　版　　次：2022 年 3 月第 1 版第 1 次印刷

开　　本：185mm×260mm　1/16　　　　　　印　　张：15

书　　号：ISBN 978-7-111-70107-1　　　　　定　　价：99.00 元

客服电话：(010) 88361066　88379833　68326294　　　投稿热线：(010) 88379604

华章网站：www.hzbook.com　　　　　　　　　读者信箱：hzjsj@hzbook.com

版权所有·侵权必究

封底无防伪标均为盗版

2020，爱你爱你！多么浪漫美好的岁月，任何人都可挥洒自己的想象。在我们准备欢度春节之际，也恰是那看不见的怪兽悄悄偷袭我们之时。在这突如其来的疫情期间，有些想大展宏图的人生戛然而止，有些想展翅翱翔的梦想被禁锢了翅膀。疫情面前，各行各业都在为抗疫做出各自的贡献。有人捐献财物，有人奉献时间，有人不幸付出生命。我能力有限，能做点什么呢？

2020 年年初，有幸承担本书的翻译工作，我想还是在翻译中奉献一点时间和有限的知识吧。

- 奉献时间：读者在阅读时都希望能在较短时间内理解和掌握算法的基本思想，而原书中习惯大段落地叙述某些知识点，这可能与我们的阅读习惯不一致。所以，在不违反原文含义的原则下，我对某些段落进行了整理，用小段落或项目符号的形式呈现原书中的知识点，努力使译文符合我们的阅读习惯。译者多花一点时间来整理，读者就可能少花一点时间来理解。译者希望这是间接向读者奉献时间。

- 奉献知识：本书内容是对网络流算法的描述和证明。在算法描述方面，作者根据上下文省去了一些信息，在译文中则尽量显式地将其表达出来，使算法描述具有一定的独立性。根据自己的理解，我对某些算法语句做了注释，并在证明中对某些部分添加了一点辅助性文字，希望读者能较准确地理解证明的正确性。

对读者的建议：

- 具备离散数学、图论、数据结构以及算法设计与分析等相关课程的知识。

- 按照"问题描述–求解算法–算法性能 (证明)"的思路来阅读。

  – 若你计划精读此书，则在未完全理解某环节时，最好不要阅读后面的内容，以免失去阅读和理解的兴趣。当你克服了所遇到的阅读困难时，会有收获的喜悦。

  – 若你打算泛读此书，只希望了解网络流算法的基本思想及其性能，则可仔细阅读"问题描述"和"算法描述"，暂可适当忽略有关证明的文字。

感谢同事乔海燕先生的推荐和曲熠编辑的信任，使我有缘翻译此书。翻译中遇到一些特定词语时，有幸咨询老同学黄志毅先生 (移居新西兰) 和同事刘咏梅女士 (加拿大籍)，他们对我的求助都给予了及时答复和非常合适的建议，这使我对译文更有信心。对有些用词，有幸咨询学校图书馆的陈璇老师，她的帮助使译文更加通顺。在此，对他们表示衷心感谢。

感谢学生刘顺平所做的辅助工作，他初译了"前言""致谢"和"练习"等，并完成了参考文献的整理。这些辅助工作无疑加快了本书的翻译进度。

感谢苦难，它使人坚强；感谢生活，它使人豁达；感谢人生，它使人感恩。

在提交译稿前，我多次对照式地阅读译文并努力兼顾原文和顺畅译文。虽已尽吾所能，但无奈知识储备有限，译文难免会出现偏差或误译。在此，敬请广大读者批评、指教！

译者
2021 年 10 月

拾人花卉，系之一束；他供鲜花，我献彩带。

——Montaigne

网络流方面的任何新书似乎都应说明其存在的合理性，因为该领域的权威著作早已出版。我所参考的书籍《网络流：理论、算法和应用》(*Network Flows: Theory, Algorithms, and Applications*) 已于 1993 年出版。该书作者为 Ahuja、Magnanti 和 Orlin[4]，他们是网络流算法领域理论研究和实践应用的先驱。我用该书作者姓名的首字母 AMO 来代表此书。20 世纪 80 年代末至 90 年代初是研究网络流问题的组合算法和多项式算法的黄金时期。AMO 不仅讨论了当时已完成的大部分研究，还给出了网络流领域的广泛综述，其内容贯穿网络流理论研究和实际应用。既然如此，为何还需写此书？我有下面三方面的理由。

第一：关注点问题。我在写另一领域的严谨性书籍 [206] 时意识到，书籍内容很难兼顾"准确严谨"和"简洁明了"。AMO 无疑是前者，本书的目标是后者。本书主要关注网络流问题的组合算法、多项式算法及其分析。在康奈尔大学运筹学和信息工程学院任教期间，我教过几次网络流算法方面的研究生课程，本书内容源于对这些课程内容的提炼。该课程主要面向运筹学和计算机科学系的学生，也有电气和土木工程系的部分学生。从教学观点来看，需做点取舍，以保证本书的大部分内容可在一学期内讲完。

此外，由于本书是课堂教学的成果，其涵盖的知识点是一次授课所能讲完的内容。因此，太长或太复杂而无法在一次授课中讲完的知识点，本书都不涵盖。我不太关注网络流理论中的某些领域，比如没有多项式运行时间的网络流应用和算法等。对于本书未涉及的某些网络流理论部分，感兴趣的读者可参阅 AMO。

第二：提供一些 AMO 没有涉及的知识。对最大流问题和最小代价环流问题，虽然本书所提的算法 AMO 也有涉及，但本书给出了一些重要的特殊情形。如前所述，虽然 20 世纪 80 年代末至 90 年代初是研究网络流算法的黄金时代，但该领域在过去 25 年里的研究成果是 AMO 无法涵盖的。

1998 年，Goldberg 和 Rao 所发表的论文 [98] 就是一个著名的研究成果。对最大流问题，他们给出了至今为止在理论上仍被认为最快的算法。1991 年，Wallacher[201] 关于最小代价环流问题的算法是另一个研究成果，该算法具有相当简单的分析。此外，AMO 出版时，针对某些流问题，一些多项式算法正好脱颖而出。显然，AMO 无法涵盖这些算法。

我主要思考的是全局最小割集、广义最大流和多物流等问题的算法。近年来，内点方法在网络流问题的特殊应用中产生了一些快速算法，但这些算法不是组合算法，因此，它们不在本书的选取范围内。本书还包含了一些与电流经典主题相关的成果。

第三：情不自禁。我的主要研究兴趣是组合算法和多项式算法，但在网络流领域，除有一项研究成果外 [173]，几乎一无所获。所以，作为一位公正的旁观者，我可以说，该领域是一个优美且存在一些有用算法思想的领域，这些算法思想以一种令人愉悦的方式相互支持着。

用前面引述的 Montaigne 的话来说，写本书的目的就是做选择和重组，尽我所能地展现一些算法及其分析的美妙之处。希望读者和我一样欣赏这最终呈现的花束。

David P. Williamson

纽约，伊萨卡

2019 年 1 月

吾为乞丐，祝谢词穷；致谢挚友，不值一文。

——William Shakespeare，*Hamlet*，第 II 幕第 II 场

本书源于 2003 年春我在斯坦福大学讲授的高级算法课程 (CS 361B)。2004 年春，当我来到康奈尔大学时，网络流算法部分拓展为一学期的课程 (ORIE 633)。此后，我教了几次该课程 (2004 年春、2007 年秋、2012 年秋和 2015 年秋等)，并尝试把教学内容变成一个更紧凑的整体。2016 年秋，在讲授谱图理论及其算法课程时，我掌握了电流方面的知识。对我的学生，我欠他们太多感谢，他们的提问迫使我厘清授课内容和一些课后练习中的模糊之处。

当我在 MIT 学习时，Ron Rivest、David Shmoys 和 Michel Goemans 等所教的课程使我第一次接触到该领域。他们讲授的内容，如 Goldberg-Tarjan 最小均值回路消去算法，在当时是前沿知识。感谢他们清晰而又令人兴奋的讲解，使我开始对该领域产生兴趣。

多年来，我从一些研究者那里得到了很多有益的想法，这些想法完善了本书内容。这些研究者是：András Benczúr、Joseph Cheriyan、Lisa Fleischer、Hal Gabow、Andrew Goldberg、Don Goldfarb、Nick Harvey、Alan Hoffman、David Karger、Matt Levine、Tom McCormick、Aleksandr Madry、Kurt Mehlhorn、Jim Orlin、Satish Rao、David Shmoys、Martin Skutella、Dan Spielman、Cliff Stein、Éva Tardos、Bob Tarjan、Laci Vegh 和 Kevin Wayne 等。感谢他们在这个美妙的领域所做的研究工作，并愿意与我分享。在此，要向那些因疏忽而未列在名单中的人致歉。

非常感谢该领域一些名著的作者，这些名著是我写作本书时的参考文献，尤其是：Ahuja、Magnanti 和 Orlin[4]，Fulkerson 和 Tarjan[66]，以及 Tarjan[192]。在算法和组合优化方面极具参考价值的文献包括：Cook、Cunningham、Pulleyblank 和 Schrijver[44]，Cormen、Leiserson、Rivest 和 Stein[45]，Kleinberg 和 Tardos[134]，Korte 和 Vygen[135]，以及 Schrijver[177]。

有几位研究者看过我的初稿，指出了一些错误，也提出了一些有益的建议。我要感谢 Joseph Cheriyan、Jakob Degen、Daniel Fleischman、Daniel Freund、Agustin Garcia、Sam Gutekunst、Harsh Parekh、Glenn Sun 和 Jessica Xu。还要感谢 Rajiv Gandhi 帮我找了几位愿意通读初稿的学生。

感谢 Jon Kleinberg、Prabhakar Raghavan 和 Gary Villa，他们给予了及时的评论，这些点评鼓励我开始写书的计划。

本书写于康奈尔大学以及在加州大学伯克利分校西蒙斯学院计算理论所的学术休假期，感谢它们的支持。

虽已致谢多人，但书中难免还存在错误和误解，文责自负。

VIII

与本书相关的其他辅助资料 (如联系方式和勘误表等) 可在网站 www.networkflowalgs.com 上查找。

最后，感谢我的孩子 Abigail、Daniel 和 Ruth，尤其要感谢妻子 Ann——无其鼓励，何来本书。

David P. Williamson

纽约，伊萨卡

2019 年 1 月

预备知识：最短路径算法

> 那只白兔戴上眼镜，问道："陛下，我该从何处开始？"
> 国王一脸严肃地答道："从'起点'开始，并坚持直至终点，然后停止。"
> —— Lewis Carroll，*Alice in Wonderland*

我们假设读者已学过组合算法，即便如此，本书从最短路径算法开始也是合适的。学过组合算法的人都或多或少了解这些算法，这些算法思想对网络流算法研究具有重要价值。下面依次对两个重要的基础算法进行介绍。

最短路径问题：给定有向图 $G = (V, A)$，用 n 表示图 G 的顶点数 $(n = |V|)$，用 m 表示图中的边数 $(m = |A|)$。选图中一个顶点为*源点s*。对每条有向边 $(i, j) \in A$，给其一个权值 $c(i, j)^{\ominus}$。

- 从顶点 s 到顶点 i 的非空*路径P* 是一个有向边序列：$(s, j_1), (j_1, j_2), (j_2, j_3), \cdots,$ (j_k, i)。该序列起于顶点 s，止于顶点 i，且在相邻的两条有向边中，前者的"头顶点"是后者的"尾顶点"。路径 P 也可表示为 $s \to j_1 \to j_2 \to j_3 \to \cdots \to j_k \to i$。
  - 用 $c(P)$ 表示路径 P 中所有边的权重之和，即 $c(P) = \sum_{(i', j') \in P} c(i', j')$。
  - 若 $d(i)$ 是所有 s-i 路径权重之和的最小值，则称路径 P 为*最短s-i* 路径。若图中不存在 s-i 路径，则置 $d(i)$ 为 ∞。
- 若路径中无重复顶点，则称该路径为*简单路径*。
- 若路径起止于同一顶点，则称之为*回路*。若路径中仅起止顶点相同，则称为*简单回路*。

对每个顶点 $i \in V$，若存在从源点 s 到顶点 i 的路径，则可计算该路径的最小权重，并称该路径为从源点 s 到顶点 i 的最小权路径。稍后可知，该最小权路径的定义不够精准 —— 若图中存在负权回路，则问题就出现了 —— 1.3 节将讨论此问题。因为边的权重不是长度，所以，我们关注的应是最小权问题，而不是最短路径问题，但后者是标准称谓，本书只好沿用。

从某种观点来看，最短路径问题其实就是有代价的最简单流类型。通常，流问题是给每条有向边指定一个容量，该容量限制流入有向边的流量。但也存在无容量限制的问题，即边上不设容量，想发多少流量就发多少流量。若想从源点 s 到顶点 i 发送 $a(i)$ 个单位流量，则可计算从源点 s 到顶点 i 的最廉价路径，该路径上的运输费用为 $a(i)d(i)$。

⊖ 译者注：边上的权值可表示距离、费用、代价和流量等。

下面，我们先讨论所有有向边无负权重的算法，再讨论有向边有负权重的算法 (针对负权回路问题)。

1.1　无负权边：Dijkstra 算法

当所有边 $(i, j) \in A$ 都有 $c(i, j) \geqslant 0$ 时，可用 Dijkstra 算法[51] 来求最短路径。该算法对图中顶点保存一个距离标记 $d(\cdot)$，$d(i)$ 是最短 s-i 路径的距离预估数值，称为 s-i 路径的距离。在后续讨论中，"代价" 和 "距离" 概念一致。$d(i)$ 始终是 s-i 路径的距离上界，此标记在后面的网络流算法中还将使用。

当顶点的当前距离标记为最短距离时，算法就标注该顶点 (表示已找到从源点到该顶点的最短路径)。起始时，所有顶点都是 "未标注" 的。

由于算法保存的距离标记为最短距离上界，所以，开始时，对顶点 $i \in V - \{s\}$ 置 $d(i) \leftarrow \infty$。因为所有边的距离都是非负的，所以，从源点 s 到 s 不可能有距离小于 0 的路径，即无边 s-s 路径的距离为 0。因此，算法开始时，置距离标记 $d(s)$ 为 0，并标注源点 s。

对 $\forall i \in V - \{s\}$，若 $(s, i) \in A$，即 $c(s, i) < \infty$，则可修改顶点 i 的距离标记。因为源点 s 到 s 的距离为 $0(d(s) = 0)$，所以，s-i 路径 (仅含边 (s, i)) 的距离至多为 $d(s) + c(s, i) = c(s, i)$。因此，$d(s) + c(s, i)$ 就是最短 s-i 路径的距离上界。对 $\forall i \in V$，若 $(s, i) \in A$，则令 $d(i) \leftarrow \min(d(i), d(s) + c(s, i))$，从而使得 $d(i)$ 是最短 s-i 路径的距离上界。

Dijkstra 算法的核心思想是：对所有 "未标注" 顶点，当某顶点已有最短距离标记时，算法可正确标注出来。若当前有多个最短距离的顶点，则可任取其一。定理 1.1 将证明其正确性。假设顶点 i 有最短距离标记 $d(i)$，并加以标注。对所有边 (i, j)，从源点 s 到顶点 j 有一条距离至多为 $d(i) + c(i, j)$ 的路径。因此，对所有未标注的顶点 $j \in V$，若 $(i, j) \in A$，则 $d(j) \leftarrow \min(d(j), d(i) + c(i, j))$。然后标注已求出最短距离的未标注顶点。如此重复。观察可知，算法中距离标记 $d(\cdot)$ 始终是下降的。

进一步讨论可知，s-j 路径是在 s-i 路径后接边 (i, j) 所构成的。为记录 s-j 路径的当前线路，用指针 $p(j)$ 保存到达顶点 j 的前顶点 (或父顶点)i，即 $p(j) \leftarrow i$。若用 $d(j) \leftarrow d(i) + c(i, j)$ 来修改顶点 j 的标记，则需修改 $p(j) \leftarrow i$。由此可知，从源点 s 到顶点 j 的当前路径是在 s-i 路径后接边 (i, j) 所组成的。为获取 s-j 路径的具体线路，需从顶点 j 获得其前顶点 $p(j)$，由顶点 $p(j)$ 再获得其前顶点 $p(p(j))$，如此反复向前溯源，直至找到源点 s，即

$$\underbrace{p(\cdots p(p(p(j))) \cdots)}_{\longleftarrow} = s$$

也可溯源到 null。在算法开始时，源点 s 的前顶点 $p(s)$ 置为 null，即 $p(s) \leftarrow$ null。

Dijkstra 算法描述如算法 1.1 所示，其正确性见定理 1.1。

定理 1.1　若所有边的权重都非负，则 Dijkstra 算法 (算法 1.1) 能正确获得从源点 s 到顶点 $i(\forall i \in V)$ 的最短距离。

算法 1.1   最短路径问题：Dijkstra 算法

输入: $G = (V, A)$，$\forall_{i,j \in V} c(i,j) \geqslant 0$，$s \in V$。   ▷ 若 $(i,j) \notin A$，则 $c(i,j) \leftarrow \infty$

输出: $d(i)$ 和 $p(i)$，$\forall i \in V$。

1: **for all** $i \in V$ **do** $d(i) \leftarrow \infty$，$\ p(i) \leftarrow$ null，置顶点 i 为 "未标注"
2: $d(s) \leftarrow 0$
3: **while** 不是所有顶点都被标注 **do**   ▷ 存在未标注的顶点
4:      在所有未标注顶点中选择 i，使得 $d(i)$ 最小，并标注 i ▷ 若有多个顶点，任取其一
5:      **for** $j \in V$ 且 $(i,j) \in A$ **do**   ▷ 这里的顶点 j 应该是 "未标注"
6:          **if** $d(j) > d(i) + c(i,j)$ **then**
7:             $d(j) \leftarrow d(i) + c(i,j)$
8:             $p(j) \leftarrow i$

证明   用归纳法证明：当算法标注顶点 j 时，$d(j)$ 一定是 s-j 路径的最短距离。

(1) 由前面的论述可知 $d(s) = 0$。所以，源点 s 是算法的第一个标注顶点。

(2) 假设算法当前要标注顶点 $j (j \neq s)$，且对所有之前已标注的顶点 i，算法都正确给出最短 s-i 路径的距离 $d(i)$。下面证明 $d(j)$ 是最短 s-j 路径的距离上界。

假设存在一条最短 s-j 路径 P，其距离小于 $d(j)$。因为源点 s 已标注，j 未标注，所以，沿路径 P 从源点 s 向后遍历，一定能找到最后被标注的顶点。令该最后被标注的顶点为 i。再设边 (i,k) 是路径 P 中顶点 i 的出边，且顶点 k 未标注。可能有 $k = j$，如图 1.1 所示。

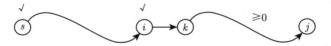

图 1.1   定理 1.1 的证明示意图，最短 s-j 路径 P 的距离小于 $d(j)$

由图 1.1 可知在路径 P 中，顶点 i 是最后被标注的顶点，顶点 k 是顶点 i 后面的顶点，且未被标注。下面要论证 $d(k)$ 是路径距离的下界，所以，下次被标注的顶点不会是顶点 j，而是其他顶点。

由 "顶点 i 已被标注" 和归纳假设可知，$d(i)$ 是最短 s-i 路径的距离。所以，算法在标注顶点 i 后，一定有 $d(k) \leqslant d(i) + c(i,k)$。因为在标注顶点 i 时，

- 若 $d(k) \leqslant d(i) + c(i,k)$，则无须修改任何信息。
- 若 $d(k) > d(i) + c(i,k)$，则修改 $d(k)$，即 $d(k) \leftarrow d(i) + c(i,k)$。

因为所有边的距离都非负，路径 P 中从 k 到 j 的路径距离一定非负，所以，在路径 P 中，$d(k)$ 是 s-k 路径的距离下界。由假设 "路径 P 的距离小于 $d(j)$" 可得 $d(k) < d(j)$。

- 当 $k = j$ 时，有 $d(j) < d(j)$。这显然是矛盾的。
- 当 $k \neq j$ 时，由 $d(k) < d(j)$ 且 "顶点 k 未标注" 可知，算法在第 4 行就应选择顶点 k，而不可能是顶点 j。这显然与归纳假设相矛盾。

所以，不存在一条更短的 s-j 路径 P，其距离小于 $d(j)$。也就是说，所有 s-j 路径的距离都大于等于 $d(j)$。因此，$d(j)$ 是最短 s-j 路径的距离上界。∎

由算法 1.1 不难看出，其时间复杂度为 $O(m + n^2) = O(n^2)$，因为每步选择一个最小标记 $d(\cdot)$ 的未标注顶点 (见第 4 行)。观察可知，当顶点 i 被标注时，每条边 (i, j) 仅被考虑一次 (见第 5 行)。

用数据结构堆可得到较好的运行时间。堆存储一组数据项，每个数据项有一个关键字。数据结构 "堆" 支持以下操作：

- *new heap*(): 返回一个空堆。
- *insert*(i, k): 把关键字为 k 的数据项 i 插入堆中。
- *decrease_key*(i, k'): 将数据项 i 的关键字修改为 k'。
- *extract_min*(): 返回堆中关键字最小的数据项，并从堆中删除该数据项。
- *empty*(): 若堆中没数据项，返回 true，否则，返回 false。

运用数据结构堆把算法 1.1 改写成算法 1.2 的形式，堆中数据项为顶点，数据项的关键字为顶点距离标记。注意：算法用顶点不在堆中来表示顶点已被标注；若顶点在堆中，则其肯定是未被标注的。

算法 1.2   最短路径问题：采用数据结构堆的 Dijkstra 算法

输入: $G = (V, A)$，$\forall_{i,j \in V} c(i, j) \geqslant 0$，$s \in V$。　　　　　　　　$\triangleright$ 若 $(i, j) \notin A$，则 $c(i, j) \leftarrow \infty$

输出: $d(i)$ 和 $p(i)$，$\forall i \in V$。

1: $h \leftarrow$ *new heap*()
2: **for all** $i \in V$ **do** $d(i) \leftarrow \infty$;　$p(i) \leftarrow$ **null**
3: $d(s) \leftarrow 0$
4: **for all** $i \in V$ **do** $h.insert(i, d(i))$
5: **while** not $h.empty()$ **do**
6: 　　$i \leftarrow h.extract\_min()$
7: 　　**for** $j \in V$ 且 $(i, j) \in A$ **do**
8: 　　　　**if** $d(j) > d(i) + c(i, j)$ **then**
9: 　　　　　　$d(j) \leftarrow d(i) + c(i, j)$
10: 　　　　　$p(j) \leftarrow i$
11: 　　　　　$h.decrease\_key(j, d(j))$

用数组 (或结构数组) 很容易实现堆，感兴趣的读者可参阅有关算法书籍和数据结构书籍等 (见本章后记中的说明)。假设堆中有 n 个数据项，堆操作的时间复杂度为：

- *new heap*(), *empty*(): $O(1)$。
- *insert*$(\cdot, \cdot)$, *decrease_key*$(\cdot, \cdot)$, *extract_min*(): $O(\log n)$。

算法 1.2 的时间复杂度为 $O(m \log n)$，因为需执行 n 次取堆中最小标记的操作、n 次插入堆的操作和至多 m 次更改堆中关键字的操作。用数据结构 Fibonacci 堆实现 Dijkstra 算法可得到理论上更快的运行时间，其时间复杂度可降为 $O(m + n \log n)$。见本章后记的详细说明。

1.2　有负权边：Bellman-Ford 算法

本节讨论图中边的权值为负数的情形。虽然很难想出在有负权边的网络中进行实际遍历的实例，但在对含负权的问题进行建模时，本节所讨论的内容还是有用的。在后面的流算法中也将多次遇到这种情况。

当允许图中有负权边时，可能找不到最短的 $s\text{-}i$ 路径：任意给定一个下界 B，都可能存在距离比 B 还要短的路径。在图 1.2 中，$s\text{-}t$ 路径 $s \to a \to t$ 的距离为 2，路径 $s \to a \to b \to c \to a \to t$ 的距离为 1，路径 $s \to a \to b \to c \to a \to b \to c \to a \to t$ 的距离为 0，等等。我们知道，每经过一次回路 $a \to b \to c \to a$，其路径距离就会减少 1 个单位。为防止此类情况，要求最短路径算法要么给出最短路径，要么给出"不存在最短路径"的结论，因为从源点 s 出发可达"负权回路"。

- 若回路中边的权之和为负数，则称该回路为负权回路。
- 若存在从源点 s 到顶点 i 的路径，则称顶点 i 是从源点 s 可达的，或顶点 s 可达顶点 i。
- 若从源点 s 可达回路 C 中的某个顶点，则称回路 C 是从源点 s 可达的，或源点 s 可达回路 C。

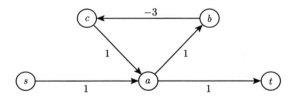

图 1.2　在 $s\text{-}t$ 路径中存在负权回路的示意图

练习 1.2 要求读者证明：从源点 s 到每个顶点 $i(\forall i \in V)$ 都有最短简单路径，当且仅当从源点 s 不可达负权回路。为简化叙述，本节讨论图 G 无"负权回路"的算法，下节讨论检测图 G 有负权回路的算法。

像 Dijkstra 算法一样，Bellman-Ford 算法 (简称 BF 算法) 也保持一组距离标记 $d(i)$，$\forall i \in V$，其初值为 $d(s) = 0$ 和 $d(i) = \infty, \forall i \in V - \{\, s \,\}$。算法满足若 $d(i) \neq \infty$，则 $d(i)$ 一定是 $s\text{-}i$ 路径的距离。对给定有向边 (i, j)，当 $d(j) > d(i) + c(i, j)$ 时，则置 $d(j) \leftarrow d(i) + c(i, j)$，这是算法的核心思想。当存在距离为 $d(i)$ 的 $s\text{-}i$ 路径时，可经过顶点 i，再用边 (i, j) 来获得较短的 $s\text{-}j$ 路径。

BF 算法也存储一组父指针 $p(\cdot)$，$p(j)$ 指向在当前路径中顶点 j 的前一个顶点。因此，当执行 $d(j) \leftarrow d(i) + c(i, j)$ 时，也需执行 $p(j) \leftarrow i$，即当前到达顶点 j 的路径来自顶点 i。我们再次看到：算法中，距离标记仅会减小。

算法分析的主要思想是：在遍历 k 次所有边后，可正确找出所有边数不超过 k 的最短路径。因此，在无负权回路的情况下，算法在第 $n-1$ 次遍历所有边后终止，因为每条最短 $s\text{-}i$ 路径都是简单的，且至多含有 $n-1$ 条边。一般认为该算法思路是 Bellman 和 Ford 提

出的 [18,62]，虽然几乎在同时期其他人也提出了该思路 (见本章后记)。BF 算法如算法 1.3 所示。若图中有负权回路，则 BF 算法不能得到正确的结果，但可先分析算法，再研究修改算法使之能检测出负权回路。

算法 1.3　最短路径问题：BF 算法

输入: $G = (V, A)$, $\forall_{i,j \in V} c(i, j)$, $s \in V$。

输出: $d(i)$ 和 $p(i)$, $\forall i \in V$。

1: **for all** $i \in V$ **do** $d(i) \leftarrow \infty$;　 $p(i) \leftarrow$ **null**
2: $d(s) \leftarrow 0$
3: **for** $k \leftarrow 1$ to $n - 1$ **do**
4:　　**for all** $(i, j) \in A$ **do**
5:　　　　**if** $d(j) > d(i) + c(i, j)$ **then**
6:　　　　　　$d(j) \leftarrow d(i) + c(i, j)$
7:　　　　　　$p(j) \leftarrow i$

引理 1.2　任取 $i \in V$。若 $d(i) \neq \infty$，则 $d(i)$ 是网络中 s-i 路径的距离。

证明　用归纳法证明。

(1) 算法开始时，仅有源点 s 的标记 $d(s) = 0$。显然，它是 s-s 路径的距离。

(2) 假设 $\forall i \in V$, $d(i)(\neq \infty)$ 是 s-i 路径的距离。任取顶点 $j \in V$，且 $d(j) \neq \infty$。由归纳假设可知，$d(j)$ 是 s-j 路径的距离。

- 当 $c(i, j) = \infty$ 时，显然，$d(i) + c(i, j) = \infty$。所以，$d(j) < d(i) + c(i, j)$，即无须修改 $d(j)$。所以，$d(j)$ 是原 s-j 路径的距离。

- 当 $c(i, j) \neq \infty$ 时，
  - 若 $d(j) \leqslant d(i) + c(i, j)$，则无须修改 $d(j)$。所以，$d(j)$ 仍是原 s-j 路径的距离。
  - 若 $d(j) > d(i) + c(i, j)$，则 $d(i) < d(j) - c(i, j)$。所以，$d(i) \neq \infty$。由归纳假设可知：$d(i)$ 是 s-i 路径的距离。按算法步骤需修改 $d(j)$，即 $d(j) \leftarrow d(i) + c(i, j)$。所以，$d(i)$ 所对应的 s-i 路径，再连接有向边 (i, j) 就得到一条更短的 s-j 路径，且 $d(j)$ 是该新 s-j 路径的距离。

综合以上分析可得：$d(j)$ 是 s-j 路径的距离。　　　　　　■

引理 1.3　BF 算法 (算法 1.3) 第 k 次循环后，$d(i)$ 至多是有 k 条边的最短 s-i 路径的距离。

证明　用归纳法证明。

(1) $k = 0$，在算法开始时 (没进入循环)，$d(s) = 0$。所以，s-s 路径距离为 0，且这个最短 s-s 路径至多有 0 条边。

(2) 假设最短 s-j 路径 P 至多有 $k(k \geqslant 0)$ 条边 (若存在此路径)，且路径的最后一条边为 (i, j)。则路径 P 中从源点 s 到顶点 i 的子路径 P' 至多有 $k - 1$ 条边的最短 s-i 路径。

若存在另一条至多有 $k-1$ 条边的更短 $s\text{-}i$ 路径 P''，则路径 P'' 连接边 (i,j) 所组成的路径就比原路径 P 更短，且也至多有 k 条边。由归纳假设可知，经 $k-1$ 次循环后，$d(i)$ 是至多有 $k-1$ 条边的最短 $s\text{-}i$ 路径的距离。在第 k 次循环后，算法更新 $d(j)$，使其至多为 $d(i)+c(i,j)$。因此，$d(j)$ 至多是路径 P 的距离。 ■

定理 1.4 若不存在源点 s 可达的负权回路，则 BF 算法可正确确定距离为 $d(i)$ 的最短 $s\text{-}i$ 路径 (若存在)，$\forall i \in V$。

证明 由已知条件和练习 1.2 可知，对每个顶点 $i \in V$，最短 $s\text{-}i$ 路径一定是简单的，且至多有 $n-1$ 条有向边。由引理 1.2 和 1.3 可知，算法结束时，$d(i)$ 就是最短 $s\text{-}i$ 路径的距离。 ■

至此，我们还没有证明指针 p 能给出网络中最短路径的具体线路。虽然这些指针能给出最短路径，但在下节考虑负权回路时，更容易证明该结论 (见推论 1.13)。

很明显，算法 1.3 的时间复杂度为 $O(mn)$。实际上，每条边都被遍历 $n-1$ 次，因此，该算法的时间复杂度至少为 $\Theta(mn)$。由观察可知，算法中经常无须判断 $d(j) > d(i)+c(i,j)$。所以，可保证算法执行的操作可能会少于 $m(n-1)$ 次。若 $d(i)$ 在算法前一次循环中没减小，则在本次循环时，无顶点 i 的出边会使 $d(j)$ 减小。为更清晰地表达该策略，我们在 BF 算法中加入了 SCAN 过程。对顶点 i 的所有出边 (i,j) 进行遍历，检测 "$d(j) > d(i)+c(i,j)$" 是否成立。若条件成立，则执行相应的更新操作 (见下文对过程 SCAN 的描述)。用过程 SCAN 改写算法 1.3 的形式，如算法 1.4 所示。当 Dijkstra 算法标注某顶点时，也可把遍历该顶点所有出边改写成遍历的形式，读者可把此改写当作练习。

算法 1.4   **最短路径问题：带过程 SCAN 的 BF 算法**

输入: $G=(V,A)$，$\forall_{i,j \in V} c(i,j)$，$s \in V$。

输出: $d(i)$ 和 $p(i)$，$\forall i \in V$。

  1: **for all** $i \in V$ **do** $d(i) \leftarrow \infty$，$p(i) \leftarrow$ **null**

  2: $d(s) \leftarrow 0$

  3: **for** $k \leftarrow 1$ **to** $n-1$ **do**

  4:      **for all** $i \in V$ **do** SCAN$(i)^{\ominus}$

  1: **procedure** SCAN(i) ▷ 功能：遍历顶点 i 的所有出边

  2:      **for** $j \in V$ 且 $(i,j) \in A$ **do**

  3:          **if** $d(j) > d(i)+c(i,j)$ **then**

  4:              $d(j) \leftarrow d(i)+c(i,j)$

  5:              $p(j) \leftarrow i$

我们注意到，若顶点 i 的标记 $d(i)$ 在前一次循环中减少了，则在当前循环时需遍历顶

  ⊖ 译者注：子程序 SCAN 只有一个参数 i，但在其算法描述中使用了边集 A、边的权值 $c(\cdot,\cdot)$、距离标记 $d(\cdot)$ 和父指针 $p(\cdot)$ 等信息。读者可认为这些函数是其类中的成员函数，可直接访问相应信息。

点 i；否则，无须遍历顶点 i 的所有出边 (i, j)，$d(j)$ 仍至多为 $d(i) + c(i, j)$。为实现此思路，算法采用队列数据结构。队列是一个线性表，并有以下操作：

- *new queue*(): 返回一个空队列。
- *add*(i): 把数据 i 添加到队列尾部。
- *remove*(): 删除队列头并返回原队列头中的信息 (若队列非空)。
- *empty*(): 检测队列是否为 "空"。若是，返回 true，否则返回 false。
- *contains*(i): 检测队列中是否有数据 i。若有，返回 true，否则返回 false。假设该操作在 $O(1)$ 时间内完成，而不是在 $O(n)$ 时间内遍历队列来检测其存在性。例如，用数组实现此操作，可知哪些顶点在队列中$^\ominus$。

用队列操作把遍历过程 SCAN 和 BF 算法改写成过程 QSCAN 和算法 1.5 的形式。在遍历过程中，当顶点标记 $d(j)$ 发生改变时，把顶点 j 加入队列中；若顶点 j 不在队列中，则其标记 $d(j)$ 肯定没变化，也就无须遍历顶点 j 的所有出边。

算法 1.5   最短路径问题：用队列实现的 BF 算法

输入：$G = (V, A)$，$\forall_{i,j \in V} c(i, j)$，$s \in V$。

输出：$d(i)$ 和 $p(i)$，$\forall i \in V$。

  1: **for all** $i \in V$ **do** $d(i) \leftarrow \infty$，$p(i) \leftarrow$ **null**

  2: $d(s) \leftarrow 0$

  3: $q \leftarrow$ *new queue*()

  4: $q.add(s)$

  5: **while** not $q.empty()$ **do** QSCAN($q.remove(), q$)

  1: **procedure** QSCAN(i, q)   ▷ 输入：顶点 i，队列 q

                                       功能：遍历顶点 i 的所有出边，并根据条件修改相应的信息

  2:   **for** $j \in V$ 且 $(i, j) \in A$ **do**

  3:   **if** $d(j) > d(i) + c(i, j)$ **then**

  4: $d(j) \leftarrow d(i) + c(i, j)$

  5: $p(j) \leftarrow i$

  6:   **if** not $q.contains(j)$ **then** $q.add(j)$

用类似定理 1.4 的证明中所用的归纳法，把对循环的归纳改为对队列的归纳即可证明采用队列的 BF 算法也是正确的。

定理 1.5   若不存在源点 s 可达的负权回路，则算法 1.5 可确定最短 s-i 路径的距离为 $d(i)$(若存在)，$\forall i \in V$。

证明   对队列用归纳法来证明。

$\ominus$ 译者注：在数据结构的标准队列类中，没有检测队列含某数据的成员函数，而且即使额外实现，也只能采用遍历方法。但对图来说，其顶点数 n 是有限的，且顶点序号取值范围为 $[0 \cdots (n-1)]$ 或 $[1 \cdots n]$。所以，可用数组下标来表示顶点。这样，可在 $O(1)$ 时间内检测某顶点是否在队列中。

在源点 s 加入队列后，算法可开始遍历操作。在源点 s 遍历后，第 1 次调用结束。在遍历完第 $k-1$ 次加入队列的所有顶点后，第 k 次调用就结束了，其含义如下所示。

$$\text{队列数据：} \underbrace{s}_{\text{第 0 次加入的顶点}}, \underbrace{i_1, \cdots, i_{n_1}}_{\text{第 1 次加入的顶点}}, \cdots, \underbrace{j_1, \cdots, j_{n_j}}_{\text{第 } k-1 \text{ 次加入的顶点}}, \cdots$$

归纳假设：在第 k 次调用结束时，$d(i)$ 是最短 s-i 路径的距离，且该路径至多有 k 条边。

若不存在源点 s 可达的负权回路，则最短 s-i 路径至多有 $n-1$ 条边。因此，在第 $n-1$ 次遍历结束时，$d(i)$ 就是最短 s-i 路径的距离。所以，对源点 s 可达的所有顶点 i，都有 $d(j) \leqslant d(i) + c(i,j)$，$\forall (i,j) \in A$。否则，就会有更短的 s-j 路径。因此，这时不会再有顶点被加入队列，算法终止。因为至多有 $n-1$ 次遍历，且每次遍历时，每个顶点至多只会被访问一次 (即 $O(n)$)，每条边也至多被访问一次 (即 $O(m)$)，因此，算法的运行时间为 $O(mn)$。∎

1.3　负权回路的检测算法

本节修改 BF 算法，使其在不存在源点 s 可达的负权回路的情况下求出所有最短路径，或检测出图中存在源点 s 可达的负权回路。检测负权回路过程是一个有用的子程序，在后面讨论最小代价回路算法时也会用到它。

为便于讨论，用 BF 算法最初版本的算法 1.3 形式。我们将论述算法检测图中不含负权回路的条件。

引理 1.6　若不存在源点 s 可达的负权回路，当且仅当算法 1.3 结束时，源点 s 可达顶点 i，都有 $d(j) \leqslant d(i) + c(i,j)$，$\forall (i,j) \in A$。

证明　(1) 假设不存在源点 s 可达的负权回路。用反证法来证明。

假设算法 1.3 结束时，源点 s 可达顶点 i，$\exists (i,j) \in A$，使得 $d(j) > d(i) + c(i,j)$。由引理 1.2 可知，存在最短 s-i 路径，且 $d(i)$ 是其距离。在最短 s-i 路径之后连接有向边 (i,j)，可得到一条更短的 s-j 路径。因此，算法 1.3 没能正确给出最短 s-j 路径。这与定理 1.4 相矛盾。因此，假设前提不成立，即源点 s 可达的顶点 i，都有 $d(j) \leqslant d(i) + c(i,j)$，$\forall (i,j) \in A$。

(2) 假设源点 s 可达的顶点 i，都有 $d(j) \leqslant d(i) + c(i,j)$，$\forall (i,j) \in A$。即 $c(i,j) \geqslant d(j) - d(i)$，$\forall (i,j) \in A$。

给定一个从源点 s 可达的回路 C。计算回路 C 的权之和，有

$$\sum_{(i,j) \in C} c(i,j) \geqslant \sum_{(i,j) \in C} (d(j) - d(i)) = 0$$

所以，回路 C 的距离不可能是负数。∎

若图存在负权回路，引理 1.6 给出了检测出负权回路的直接方法：在算法结束时，对所有边 $(i,j) \in A$，简单地检查条件 "$d(j) \leqslant d(i) + c(i,j)$" 是否成立。若条件成立，图不存在负权回路，否则，图存在负权回路。检测负权回路的算法如算法 1.6 所示。

算法 1.6   负权回路检测算法

输入: $G = (V, A)$, $\forall_{i,j \in V} c(i, j)$, $s \in V$。

输出: 若存在负权回路, 返回字符串 "存在负权回路", 否则返回字符串 "不存在负权回路"。

1: **for all** $i \in V$ **do** $d(i) \leftarrow \infty$, $p(i) \leftarrow$ **null**

2: $d(s) \leftarrow 0$

3: **for** $k \leftarrow 1$ **to** $n - 1$ **do**

4:    **for all** $(i, j) \in A$ **do**

5:       **if** $d(j) > d(i) + c(i, j)$ **then**

6:          $d(j) \leftarrow d(i) + c(i, j)$

7:          $p(j) \leftarrow i$

8: **for all** $(i, j) \in A$ **do**

9:    **if** $d(j) > d(i) + c(i, j)$ **then return** "存在负权回路"

10: **return** "不存在负权回路"   ▷ 原书中无此返回信息

算法 1.6 的不足之处是, 除不能给出负权回路外, 它还需 n 次循环, 且运行时间为 $\Theta(mn)$。我们希望一旦检测出负权回路, 算法能马上终止。为设计此算法, 算法需返回父指针信息, 并引入父图概念, 记为 G_p。

为简化叙述和证明, 用 $\mathcal{V}(G')$ 和 $\mathcal{A}(G')$ 表示图 G' 的顶点集和边集。⊖

- 父图顶点集: $\mathcal{V}(G_p) \subseteq V$, $|\mathcal{V}(G_p)| \leqslant |V| = n$。
- 父图的边集: $\mathcal{A}(G_p) = \{(p(j), j) : p(j) \neq \text{null}, \forall j \in V\} \subseteq A$, $|\mathcal{A}(G_p)| \leqslant |A| = m$。
- 用 $\mathcal{T}_j$ 表示在父图 G_p 中以顶点 j 为根的子树。

在父图中, 从顶点 j 沿指针 $p(j)$ 逆向遍历到源点 s 即可得到 s-j 路径。所以, 用父图 G_p 可直接给出 s-j 路径。下面证明: 父图 G_p 中存在负权回路, 当且仅当存在源点 s 可达的负权回路。这样就得到一个检测负权回路的简单算法: 在算法的每步检测父图 G_p 中是否存在回路。

引理 1.7   算法 1.3 中, 若 $(i, j) \in \mathcal{A}(G_p)$, 则 $d(j) \geqslant d(i) + c(i, j)$。

证明   当把有向边 (i, j) 加入 G_p 时, 有 $d(j) = d(i) + c(i, j)$。由算法描述可知, 标记在算法中只会减小。因此, 若有向边在 G_p 中保持不变 (即 $p(j)$ 和 $d(j)$ 不变), 则 $d(i)$ 会变小, 而 $d(j)$ 保持不变。因此, $d(j) \geqslant d(i) + c(i, j)$。 ■

引理 1.8   在父图 G_p 中任取 h-ℓ 路径 P, 该路径的总权 $\sum_{(i,j) \in P} c(i, j)$ 至多为 $d(\ell) - d(h)$。

证明   由引理 1.7 可知, $\sum_{(i,j) \in P} c(i, j) \leqslant \sum_{(i,j) \in P} (d(j) - d(i)) = d(\ell) - d(h)$。 ■

引理 1.9   在 G_p 中第一次出现的回路一定是源点 s 可达的负权回路。

⊖ 译者注: 后面经常使用父图 G_p 的顶点集、边集和其子树, 故引入相应符号。

证明　假设回路 C 是因向父图 G_p 中加入边 (i, j) 而第一次出现的回路。在加入边 (i, j) 之前，j 是 G_p 中 s-i 路径中的某个顶点 (如图 1.3 所示)。其中，波纹路径 P 是添加边 (i, j) 前的 s-i 路径。

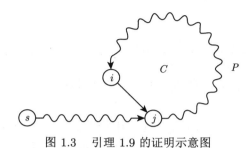

图 1.3　引理 1.9 的证明示意图

若 P 是 G_p 中从 j 到 i 的路径，且 $d(i)$ 和 $d(j)$ 是更新前的标记，则由引理 1.8 可知：

$$\sum_{(k, \ell) \in C} c(k, \ell) = c(i, j) + \sum_{(k, \ell) \in P} c(k, \ell) \leqslant c(i, j) + d(i) - d(j)$$

因为执行更新操作的条件是 $d(j) > d(i) + c(i, j)$，所以，$c(i, j) + d(i) - d(j) < 0$，即回路 C 中所有边的权之和是负数。　　∎

若在父图 G_p 中找到回路，由引理 1.9 可知，该回路一定是负权回路。在算法中使用该思路时，我们修改 BF 算法执行 n 次循环，并在每次修改时检查 G_p 是否有回路。该算法描述如算法 1.7 所示。该算法的运算速度并不快，因为它需要 $O(n)$ 时间来检查 G_p 中是否有回路，这使得算法的总时间为 $O(mn^2)$。在证明该算法的正确性之后，我们会修改算法的实现，使得在 G_p 中检测回路的时间被消化在修改父图的操作中。

算法 1.7　　另一个负权回路检测算法

输入： $G = (V, A)$, $\forall_{i,j \in V} c(i, j)$, $s \in V$。
输出： 若存在负权回路 C，返回该回路 C，否则返回 null。

　1: **for all** $i \in V$ **do** $d(i) \leftarrow \infty$, $p(i) \leftarrow$ **null**

　2: $d(s) \leftarrow 0$

　3: **for** $k \leftarrow 1$ to n **do**

　4: 　　**for all** $(i, j) \in A$ **do**

　5: 　　　　**if** $d(j) > d(i) + c(i, j)$ **then**

　6: 　　　　　　$d(j) \leftarrow d(i) + c(i, j)$

　7: 　　　　　　$p(j) \leftarrow i$

　8: 　　　　　　**if** G_p 有回路 C **then return** C

　9: **return** null

引理 1.10　若算法 1.7 没返回回路，则 $d(s) = 0$。

证明　若 $d(s)$ 被修改过，则算法在父图 G_p 中加入边 (i, s) 之前就存在 s-i 路径。加入此边后，指针 $p(s)$ 指向顶点 i，即 $p(s) \leftarrow i$。显然，G_p 中存在回路 C：

$$\underbrace{s \to \cdots \to i}_{\text{路径}} \to s$$

由算法步骤可知，算法一定返回回路 C。这与前提条件相矛盾。所以，算法结束时，一定有 $d(s) = 0$。∎

引理 1.11 在算法 1.7 的执行过程中，父图 G_p 是有向树 $\mathcal{T}_s$。

证明 用归纳法证明：在父图 G_p 中，由边集 $\{(p(j), j) : p(j) \neq \text{null}, \forall j \in V\}$ 构成树 $\mathcal{T}_s$。

算法开始时，$\mathcal{A}(G_p) = \varnothing$。若向父图 G_p 中加入边 (i, j)，由归纳可知，$d(i) \neq \infty$，且源点 s 可达顶点 i。若加入边 (i, j) 而使 G_p 存在回路，则算法结束。否则，将 $p(j)$ 修改为 i，即 $p(j) \leftarrow i$，并得到一条 s-j 路径。∎

定理 1.12 算法 1.7 要么给出源点 s 到所有顶点 $i \in V$ 的最短路径，要么返回源点 s 可达的负权回路。

证明 由引理 1.9 可知，若算法返回回路 C，则回路 C 一定是负权回路。下面证明若存在源点 s 可达的负权回路 C，则算法将返回该回路 C。由引理 1.6 可知，若存在源点 s 可达的负权回路，则算法在第 n 次循环时，对源点 s 可达的顶点 i，一定存在 $(i, j) \in A$，使得 $d(j) > d(i) + C(i, j)$。由引理 1.3 可知，在第 n 次循环修改 $d(j)$ 后，$d(j)$ 小于任何简单 s-j 路径的距离，因为在 $n - 1$ 次循环后，其值不大于任何简单路径的距离。若 G_p 不存在回路，由引理 1.8 和 1.11 可得，G_p 中一定存在距离至多为 $d(j) - d(s)$ 的简单 s-j 路径 P。由引理 1.10 可得 $d(s) = 0$。因此，简单路径 P 的距离至多为 $d(j)$。这会产生矛盾，因为 $d(j)$ 小于任何简单 s-j 路径的距离。因此，在第 n 次循环时，若存在 $(i, j) \in A$ 且 $d(j) > d(i) + c(i, j)$，则父图 G_p 中一定存在回路。∎

推论 1.13 若图中不存在源点 s 可达的负权回路，则算法 1.3、1.4 和 1.5 可在父图 G_p 中找到从源点 s 到所有顶点 $i \in V$ 的最短路径。

证明 由定理 1.4 和 1.5 可知，$d(i)$ 是图中最短 s-i 路径的距离。由练习 1.2 可得，存在最短的简单 s-i 路径。由引理 1.8 和 1.10 可得，在图 G_p 中，存在距离至多为 $d(i)$ 的简单 s-i 路径。所以，图 G_p 中的 s-i 路径就是最短 s-i 路径。∎

最后讨论在 $O(mn)$ 时间内，当判定父图 G_p 中存在回路时就马上终止的算法。为此，需修改算法 1.5 形式的 BF 算法。我们看到，在 G_p 中，仅当 $i \in \mathcal{V}(\mathcal{T}_j)$ 时，加入边 (i, j) 会形成回路。因此，在图 G_p 中，从顶点 j 开始沿着边遍历子树 $\mathcal{T}_j$ 来判断 $i \in \mathcal{V}(\mathcal{T}_j)$ 是否成立。若顶点 i 在子树 $\mathcal{T}_j$ 中，则加入边 (i, j) 就形成回路，如图 1.4 所示。

由树的遍历可知，遍历子树 $\mathcal{T}_j$ 的时间为 $O(|\mathcal{V}(\mathcal{T}_j)|)$。由 $\mathcal{V}(\mathcal{T}_j) \subseteq \mathcal{V}(G_p) \subseteq V$ 可知，$|\mathcal{V}(\mathcal{T}_j)| \leqslant |V| = n$，即遍历子树 $\mathcal{T}_j$ 的时间为 $O(n)$。

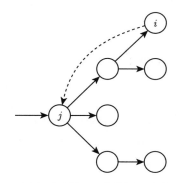

图 1.4   用遍历子树 $\mathcal{T}_j$ 来检测回路的示意图

若每条边至多遍历一次, 则遍历子树 $\mathcal{T}_j$ 中每条边所需的时间被计入添加边的操作中。为确保不多次遍历同一条边, 若 $i' \in \mathcal{V}(\mathcal{T}_j)$, 则删除子树 $\mathcal{T}_j$ 中的所有边, 即 $\forall i' \in \mathcal{V}(\mathcal{T}_j)$, 令 $p(i') \leftarrow$ null。删除边 $(p(i'), i')$ 的理由是, 若 $i' \in \mathcal{V}(\mathcal{T}_j)$, 则算法经顶点 j 可找到目前最短 $s\text{-}i'$ 路径, 并减小 $d(j)$。在算法循环若干次后, 当在 G_p 上再加入顶点 i' 的出边时, 标记 $d(i')$ 还会减小。所以, 算法不再遍历顶点 i' 直至 $d(i')$ 减小。算法通过判断 $p(i') =$ null 是否成立来确定 $d(i')$ 是否减小。我们将算法思路整理成算法 1.8 所示的形式。

算法 1.8   最终的负权回路检测算法

输入: $G = (V, A)$, $\forall_{i,j \in V} c(i, j)$, $s \in V$。

输出: 若存在负权回路, 返回该回路, 否则, 返回所有最短路径。

  1: **for all** $i \in V$ **do** $d(i) \leftarrow \infty$, $\quad p(i) \leftarrow$ **null**

  2: $d(s) \leftarrow 0$

  3: $q \leftarrow new\ queue()$

  4: NCCScan(s, q)

  5: **while** not $q.empty()$ **do**

  6:     $i \leftarrow q.remove()$

  7:     **if** $p(i) \neq$ null **then**

  8:         $C \leftarrow$ NCCScan(i, q)

  9:         **if** $C \neq$ null **then return** C

10: **return** 所有最短路径

  1: **procedure** NCCScan(i, q) ▷ 输入: 顶点 i, 队列 q

                                      输出: 若在 G_p 中找到回路 C, 则返回 C, 否则返回 null

  2:     **for** $j \in V$ 且 $(i, j) \in A$ **do**

  3:         **if** $d(j) > d(i) + c(i, j)$ **then**

  4:             $\mathcal{T}_j$ 是在 G_p 中以顶点 j 为根的子树

  5:             **if** i 在子树 $\mathcal{T}_j$ 中 **then**

  6:                 C 是 G_p 中的 $j\text{-}i$ 路径加边 (i, j) 所形成的回路

  7:                 **return** C

  8:             **for all** 对子树 $\mathcal{T}_j$ 中的所有顶点 i' **do** $p(i') \leftarrow$ null

9:		$d(j) \leftarrow d(i) + c(i,j)$
10:		$p(j) \leftarrow i$
11:		**if** not $q.contains(j)$ **then** $q.add(j)$
12:	**return** null	

下面证明算法的正确性，并证明其运行时间为 $O(mn)$。因为算法从父图中删除边，在遍历队列时并不遍历每个更新顶点，所以，需修改引理的叙述和证明方法。用与定理 1.5 相似的方法对算法中的队列进行归纳来证明。

引理 1.14 在算法 1.8 的执行过程中，父图 G_p 是树 $\mathcal{T}_s$。

证明 用归纳法证明：在父图 G_p 中，由边集 $\{(p(j),j) : p(j) \neq \text{null}, \ \forall j \in V\}$ 构成树 $\mathcal{T}_s$。

算法开始时，$\mathcal{A}(G_p) = \varnothing$。由算法描述可知，仅在 $p(i)$ 不空时，算法才遍历顶点 i。由归纳法可知，在 G_p 中源点 s 可达顶点 i。若在遍历顶点 i 时向父图 G_p 中加入边 (i,j) 而构成回路，则算法终止；否则，将 $p(j)$ 修改为 i，即 $p(j) \leftarrow i$，并删除子树 $\mathcal{T}_j$ 中的所有边。所以，父图 G_p 中剩下的部分仍然是以源点 s 为根的树，即父图 G_p 是子树 $\mathcal{T}_s$。∎

引理 1.15 若算法 1.8 没返回回路，则 $d(s) = 0$。

证明 若 $d(s)$ 被修改过，则算法一定是在遍历顶点 i 的出边 (i,s) 时发生的。算法仅在 $p(i) \neq \infty$ 时才遍历顶点 i。由引理 1.14 可知，在父图 G_p 中，源点 s 可达顶点 i。所以，$i \in \mathcal{V}(\mathcal{T}_s)$。显然构成回路 C：

$$\underbrace{s \to \cdots \to i}_{s\text{-}i \ \text{路径}} \to s$$

由算法步骤可知，算法一定会返回回路 C。这显然与前提相矛盾，因此，$d(s) = 0$。∎

引理 1.16 在算法 1.8 中，$\forall (i,j) \in \mathcal{A}(G_p)$，都有 $d(j) = d(i) + c(i,j)$。

证明 由算法描述可知，当边 (i,j) 被加入 G_p 时，有 $d(j) = d(i) + c(i,j)$。在之前遍历顶点 h 的出边 (h,i) 时，$d(i)$ 被修改，且不产生负权回路。由 $j \in \mathcal{V}(\mathcal{T}_i)$ 可知，边 (i,j) 从图 G_p 中删去。∎

引理 1.17 在算法 1.8 的执行过程中，任取顶点 $\ell \in \mathcal{V}(G_p)$，都有 $d(\ell)$ 是 G_p 中 s-ℓ 路径的距离。

证明 由引理 1.8、1.15 和 1.16，对 G_p 中的 s-ℓ 路径，有：

$$\sum_{(i,j)\in P} c(i,j) = \sum_{(i,j)\in P} (d(j) - d(i)) = d(\ell) - d(s) = d(\ell)$$

∎

在定理 1.5 的证明中, 对调用次数进行归纳证明: 在第 k 次调用后, $d(i)$ 总是至多含 k 条边的最短 s-i 路径的距离。因为当 $p(i)$ 为空时算法会跳过顶点 i 的遍历, 所以算法 1.8 的证明不能用同样的归纳方法。

引理 1.18   第 k 次调用时, 被修改的 $d(i)$ 是至少有 k 条边的简单 s-i 路径的距离。

证明   在修改标记 $d(i)$ 时, 有 $i \in \mathcal{V}(G_p)$。由引理 1.17 可知, $d(i)$ 是树中简单 s-i 路径的距离。在第 0 次调用结束时, 树中 s-s 路径有 0 条边, $d(s)$ 是该路径的距离。若在第 k 次调用时因加入边 (i, j) 而修改标记 $d(j)$, 则 $d(i)$ 在第 $k-1$ 次调用中被修改时, 由归纳可知, $d(i)$ 是 s-i 路径的距离, 且其中至少有 $k-1$ 条边。因此, s-i 路径再加边 (i, j) 可构成 s-j 路径, 且至少有 k 条边。 ■

在算法 1.8 中, 在图 G_p 中, 因 $d(i) \neq \infty$ 而没有 s-i 路径。所以, 需确保在最终父图 G_p 中有 s-i 路径。下面的引理表明的确如此。

引理 1.19   假设不存在源点 s 可达的负权回路。若 $d(j)$ 被修改为最短 s-j 路径的距离, 则在此后的调用中, $d(j)$ 都不会被修改, 且有 $j \in \mathcal{V}(G_p)$。

证明   算法开始时, $d(s) = 0$。由假设可知, $d(s)$ 是最短 s-s 路径的距离, 且 $s \in \mathcal{V}(G_p)$。下面讨论最短 s-j 路径, 顶点 $j \in V - \{s\}$。令 $i = p(j)$。由假设可知, $d(j)$ 是在某次调用时被修改为该最短路径的距离。对该路径上的任意顶点 ℓ, $d(\ell)$ 是最短 s-ℓ 路径的距离, 且 $d(\ell)$ 在后面的循环中不会被修改。由引理 1.18 可知, $d(\ell)$ 一直是简单 s-ℓ 路径的距离, 且没有更短的简单路径。当 $d(j)$ 被修改为最短 s-j 路径距离时, 边 (i, j) 加到 G_p 中。因为 s-j 路径上顶点 j 的所有前驱顶点都没改变, 所以, 边 (i, j) 不会被删除。 ■

最后, 证明算法 1.8 的正确性。

定理 1.20   算法 1.8 的时间复杂度为 $O(mn)$, 且要么给出源点 s 到每个顶点 $i \in V$ 的最短路径, 要么返回源点 s 可达的负权回路。

证明   若算法在第 n 次调用时修改标记 $d(i)$, 则由引理 1.18 可知 $d(i)$ 是至少有 n 条边的简单 s-i 路径距离。所以, 这就与 "n 个顶点的简单路径至多有 $n-1$ 边" 相矛盾, 也就是说, 路径中一定有负权回路。因此, 算法在第 n 次遍历后一定结束, 并且要么返回一个回路, 要么不返回回路。

- 算法返回一个回路 C。由引理 1.9 可知回路 C 是源点 s 可达的负权回路。因为在 n 次调用后算法终止, 且在最坏情况下在每次调用时每条边都会被访问, 所以除检测回路时遍历子树外, 算法遍历边所需的时间为 $O(mn)$。算法把遍历子树的时间分摊到边第一次加入父图的操作中。像遍历子树后删除边一样, 在父图中同一条边不会加多次。因此, 算法 1.8 的运行时间为 $O(mn)$。

- 算法不返回回路。标记 $d(\cdot)$ 没有再修改。对源点 s 可达的顶点 i, $\forall (i, j) \in A$, 都有 $d(j) \leqslant d(i) + c(i, j)$。由引理 1.6 可知, 算法可准确给出不存在源点 s 可达的负

权回路。令 P 是最短 s-ℓ 路径。源点 s 可达路径 P 上的所有顶点，并且，

$$\sum_{(i,j)\in P} c(i,j) \geqslant \sum_{(i,j)\in P} (d(j) - d(i)) = d(\ell) - d(s)$$

由引理 1.15 可知 $d(s) = 0$，所以，$d(\ell) \leqslant \sum_{P(i,j)\in P} c(i,j)$。由引理 1.18 可知 $d(\ell)$ 是简单 s-ℓ 路径的距离，且不小于路径 P 的距离。所以，$d(\ell)$ 一定是路径 P 的距离。由引理 1.19 可得 $\ell \in \mathcal{V}(G_p)$。由引理 1.17 可知 $d(\ell)$ 是路径 P 在 G_p 中的距离。   ■

算法 1.8 比前面的算法复杂，但它在求最短路径和负权回路检测方面都更有效。见本章后记中的进一步说明。

在网络流算法的相关应用中，基于 BF 算法的负权回路检测思想非常有用。练习 1.4 要求读者将这些思想扩展到最小均值回路问题，这是 5.3 节中最小代价回路算法的基础。练习 1.5 将最小均值回路推广到最小权时比回路问题，该问题在 5.2 节的最小代价环流算法中得以使用。在第 6 章讨论广义流问题算法时，6.3 节将负权回路概念推广为负权广义增广路径。

练习

1.1   假设 $\forall (i,j) \in A$，$c(i,j) = 1$。证明：Dijkstra 算法可被实现成时间复杂度为 $O(m)$ 的算法。若源点 s 可达所有顶点，则 $m \geqslant n - 1$。

1.2   证明：源点 s 可达顶点 i，存在最短 s-i 路径，当且仅当不存在源点 s 可达的负权回路。

1.3   有向无环图 (DAG) 是无回路的有向图。
  (a) 证明：DAG 中一定存在无入边的顶点。
  (b) 给定一个 DAG，顶点 s 是无入边顶点。设计一个时间为 $O(m)$ 的算法，该算法能找出从 s 到顶点 i 的最短路径，$\forall i \in V$。
  (c) 给定一个 DAG，顶点 s 是无入边顶点。设计一个时间为 $O(m)$ 的算法，该算法能找出从 s 到顶点 i 的最长路径，$\forall i \in V$。

1.4   找出有向图中的最小均值回路 Γ。给定有向图 $G = (V, A)$，$\forall (i,j) \in A$，有权 $c(i,j)$。计算

$$\mu = \min_{\text{cycles } \Gamma \in G} c(\Gamma)/|\Gamma|$$

其中，$c(\Gamma) = \sum_{(i,j)\in \Gamma} c(i,j)$，$|\Gamma|$ 是 Γ 中的边数。假设顶点 s 可达图 G 的所有顶点。$d_k(j)$ 为算法 1.3 在第 k 次循环时顶点 j 的标记。证明：

$$\mu = \min_{j \in V} \max_{0 \leqslant k \leqslant n-1} \left[\frac{d_n(j) - d_k(j)}{n-k} \right]$$

且可在 $O(mn)$ 时间内完成计算。也就是证明与找满足 $\mu = c(\Gamma)/|\Gamma|$ 的回路 Γ 有相同的时间复杂度。(提示：若每条边的权减 μ，则图中没有负权回路。若每条边的权减大于 μ 的数值，则图中一定存在负权回路。)

1.5　考虑最小权时比回路问题，该问题是练习 1.4 最小均值回路问题的推广。给定有向图 $G = (V, A)$，$\forall (i, j) \in A$，$c(i, j) \in \mathbb{Z}$ 和 $t(i, j) \in \mathbb{Z}^+$。假设对图中每个回路 Γ，都有 $t(\Gamma) = \sum_{(i,j) \in \Gamma} t(i, j) > 0$。令 $T = \max_{(i,j) \in A} t(i, j)$，$C = \max_{(i,j) \in A} c(i, j)$。

(a) 设计一个时间为 $O(mn \log(nCT))$ 的算法来找一个使下式的值达到最小的回路 Γ。

$$\min_{\text{cycles } \Gamma \in G} c(\Gamma)/t(\Gamma)$$

当 $\forall (i, j) \in A$，$t(i, j) = 1$ 时，该问题就是找最小均值回路问题。

(b) 假设 $t(i, j)$ 是有理数，且 $\max_{(i,j) \in A} t(i, j) \leqslant T$，$\min_{(i,j) \in A} t(i, j) \geqslant 1/T$。解释仍有可能设计出时间为 $O(mn \log(nCT))$ 的算法。

章节后记

谎言有三种：谎言、该死的谎言和统计学。

—— Mark Twain

谎言至少有四种：谎言、该死的谎言、统计学和大 O 记号。

—— Michael Langston

理论上，理论和实践是没区别的。实际上，它们是有区别的。

—— Yogi Berra

讨论最短路径问题算法的文献很多，这里的概述仅限于本章所涉及的内容。Schrijver[177,第 6~8 章] 对最短路径问题有更深入的综述，包含本章所述算法的起源。正如上面的引言所述，在这些后记中，我们提醒那些有经验的研究者，在使用这些算法时，要注意这些算法的理论结果和实践表现是有差异的。

1.1 节的 Dijkstra 算法是 Dijkstra[51] 提出。有关堆的实现，见 Cormen、Leiserson、Rivest 和 Stein[45,第 6 和 19 章]，或 Kleinberg 和 Tardos[134,2.5节]。正如我们所提及的，Dijkstra 算法理论上的较快运行时间是用 Fibonacci 堆实现的，该堆由 Fredman 和 Tarjan[71] 提出。Fibonacci 堆操作的运行时间被分摊进算法的运行时间。因此，$O(1)$ 操作可能并不是真正意义上的 $O(1)$ 时间，而是将部分运行时间分配到之前的操作中。Fibonacci 堆对插入和减小关键字操作的平摊时间为 $O(1)$。所以，Dijkstra 算法的总运行时间是 $O(m + n \log n)$。但 Fibonacci 堆还不能与基于数组的堆和配对堆 [70] 相提并论，虽然后二者不具备前者的理论性能。有关堆数据结构的实验结果分析，见 Larkin、Sen 和 Tarjan[138]。

Ford[62] 原先提出的算法是寻找有向边 (i, j)，使得 $d(j) > d(i) + c(i, j)$，并修改为 $d(i) \leqslant d(j) + c(i, j)$。若按任意顺序做这些修改，则其最短路径算法的时间复杂度可能为指数时间，见 Johnson[117,第 3 节]。1.3 节中对所有边依次进行 $n - 1$ 次修改的算法在 Bellman[18] 和 Moore[149] 中可找到，因此，该算法有时也被称为 Bellman-Ford-Moore 算法（如 Cherkassky 和 Goldberg[38]）。但 Schrijver[177,第 121~125 页] 指出：在 Bellman 的论文中，

Dantzig 和 Woodbury 也被提及独立设计出了该算法。为避免算法名称中人名激增，我们遵循 Schrijver[177] 和 Cormen 等人 [45] 所使用的 Bellman-Ford 名称，该算法名称符合历史但并不准确。

Cherkassky 和 Goldberg[38] 对负权回路算法进行了综述，并进行了实验研究。他们将算法 1.6 归功于 Bellman[18]、Ford[62] 和 Moore[149]。他们提出了父图 G_p 的概念，在讨论该方法 [192] 时参考了 Tarjan 的书。他们将算法 1.8 的变形归功于 Tarjan[191]。Kleinberg 和 Tardos[134,第 304~307 页] 也讨论了算法 1.8。Cherkassky 和 Goldberg 发现算法 1.8 在实验中是最快的。

练习 1.4 来自 Karp[126]，练习 1.5 来自 Lawler[139]。

最大流算法

> 本书对线性规划理论中的 "交通问题" 或 "网络流问题" 部分提出了一种解决方法。我们使用后一名称，不仅因为此名称更接近该主题的数学内涵，而且还因为它较少针对某个应用领域。因为很多应用领域与交通运输关联较少 …… 所以，不强调某一特定应用领域的命名方式似乎是恰当的。
>
> ——L. R. Ford, Jr. 和 D. R. Fulkerson, *Flows in Networks*

本章讨论网络流理论的基础问题 —— 最大流问题和最小 s-t 割集问题 (前者的对偶问题)。在研究含网络的各种问题 (如道路网络、铁路网络、计算机网络、社交网络和其他类网络) 时，运用最大流问题和最小 s-t 割集问题来建模已被证实非常有用。通常，我们建一个物流模型来表达从网络的某个区域流到其他区域，这些流可以是汽车流、火车流、推荐流、比特流、信任流、其他物品流和某些概念流。有趣的是，在建模不太明显含有网络或物流的问题时，最大流问题和最小 s-t 割集也被证实有用。例如，判断棒球队在赛区的出线问题，共享汽车应用中合理分配驾驶员的问题，以及在无向图中找最密子图问题，等等。

下面，我们形式化定义最大流问题：给定有向图 $G = (V, A)$，有向边 (i, j) 上的容量 $u(i, j)$ (非负整数)，以及两个不同顶点 $s, t \in V$,

- 称顶点 s 为源点，它是物流的起点。

- 称顶点 t 为汇合点，它是物流的终点。

最大流问题的目标：在有向边的容量约束和顶点流量守恒条件下，找到一个流，使流出源点的净流量达到最大。流的形式化含义如下。

定义 2.1 s-t 流 f: $A \to \Re^+$ 是对有向边赋一个非负实数，使其满足下面两个性质：

- $\forall (i, j) \in A$,

$$0 \leqslant f(i, j) \leqslant u(i, j) \tag{2.1}$$

- $\forall i \in V - \{s, t\}$，流入顶点 i 的流量之和等于流出顶点 i 的流量之和，即

$$\sum_{k:(k,i)\in A} f(k, i) = \sum_{k:(i,k)\in A} f(i, k) \tag{2.2}$$

通常，式 (2.1) 称为容量约束，式 (2.2) 称为流量守恒。每个流 f 对应一个数值，记为 $|f|$。数值 $|f|$ 是流出源点的净流量，即流出源点的总流量 − 流入源点的总流量。

定义 2.2   *s-t* 流 *f* 的数值定义为:

$$|f| \equiv \sum_{k:(s,k)\in A} f(s,k) - \sum_{k:(k,s)\in A} f(k,s)$$

读者可能会问: 流的数值为什么定义为流出源点的净流量而不是流入汇合点的净流量? 由流量守恒可知, 这两个净流量总是相同的。我们把它留作练习请读者证明 (见练习 2.1)。

最大流问题的目标就是找到一个 *s-t* 流 *f*, 使 $|f|$ 最大化。若一个流是数值最大的流, 则该流为最大 (或最优) 流。因为边的容量是非负整数, 所以流 $f(|f| = 0$, 即 $f(i,j) = 0, \forall (i,j) \in A)$ 总是 *s-t* 流。所以, 最大流的数值肯定非负。最大流问题实例和流实例如图 2.1 所示。读者可检验该例中的流是否满足容量约束和流量守恒。

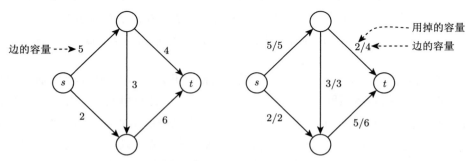

图 2.1   最大流问题实例 (左图) 和流实例 (右图), 该流的数值为 7

在仅考虑流的数值上界, 而不是其数值上下界的条件下, 对流进行重定义可简化后面的证明。对每条有向边 $(i,j) \in A$, 在边集 A 中添加其反向边 (j,i), 并增加一个约束条件: 若有向边 (i,j) 有 $f(i,j)$ 个单位流量, 则其反向边 (j,i) 就有 $-f(i,j)$ 个单位流量。这个新增条件称为斜对称。至此, 流的下界 $f(i,j) \geqslant 0$ 修改为 $u(j,i) = 0$, 所以, 由 $f(j,i) \leqslant u(j,i)$ 可得 $f(i,j) = -f(j,i) \geqslant -u(j,i) = 0$。

在流的新定义下, 从顶点 i 流出的总流量等于顶点 i 在先前定义下的流出净流量。令 A' 为有向边的新集合 (包含新增的所有反向边), 即 $A' = A \cup \{(j,i) : (i,j) \in A\}$, 其中 A 是原有的边集, $\{(j,i) : (i,j) \in A\}$ 是新增的反向边集合。那么,

$$\sum_{k:(i,k)\in A'} f(i,k) = \sum_{k:(i,k)\in A} f(i,k) - \sum_{k:(k,i)\in A} f(k,i)$$

因此, 在流的新定义下, 流量守恒修改为:

$$\sum_{k:(i,k)\in A'} f(i,k) = 0, \quad \forall i \in V - \{s,t\}$$

图 2.2 呈现了前后流量守恒的差异。同理, 流的数值 $|f| = \sum_{k:(s,k)\in A'} f(s,k)$。在后文中, 我们将用 A 表示所有有向边的集合, 即 $A \leftarrow A \cup \{(j,i) : (i,j) \in A\}$, 其中式右边的 A 是图原有的边集。

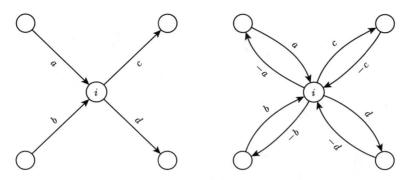

图 2.2 两种不同流定义下的流量守恒示意图

由图 2.2 可知：

- 对左图，由定义 2.1 可得一个流，顶点 i 的流出流量减去流入流量的结果是 $c + d - (a + b)$。
- 对右图，由定义 2.3 可得一个流，顶点 i 的流出流量之和是 $(-a) + (-b) + c + d$。用流的斜对称性可检验每个顶点的净流量是否为零。

流的新定义整理如下。

定义 2.3 $s\text{-}t$ 流 $f: A \to \Re$ 是对每条有向边赋一个实数，使其满足下面三个性质：

- $\forall (i,j) \in A$，

$$f(i,j) \leqslant u(i,j) \tag{2.3}$$

- $\forall i \in V - \{s,t\}$，流出顶点 i 的净流量为 0，即

$$\sum_{k:(i,k) \in A} f(i,k) = 0 \tag{2.4}$$

- $\forall (i,j) \in A$，

$$f(i,j) = -f(j,i) \tag{2.5}$$

2.1 最优化条件

我们从判断一个给定流是否为最大流开始最大流问题的讨论。例如，图 2.3 所给定的流是最大流吗？读者可验证：沿着带正容量有向边的每条 $s\text{-}t$ 路径，在不违背容量约束条件下是不能增加流的。

事实上，图 2.3 中的流不是最大流，我们可得到一个数值 $|f| = 5$ 的更大流，如图 2.4 所示。由图 2.4 可知，粗线围起部分显示该流不能再大，因为在流出所围顶点集的有向边上仅有 5(=1+2+2) 个单位容量可用。从所围区域流向区域之外有三条有向边：(a,d)、(b,d) 和 (e,t)。从顶点 s 到顶点 t 的任一单位流，肯定经过这三条有向边中的一条。因此，可断定流的数值不能大于这些有向边的容量之和，即 $u(a,d) + u(b,d) + u(e,t) = 1 + 2 + 2 = 5$。若此论述正确，则数值为 5 的流就是最大流，不可能更大。

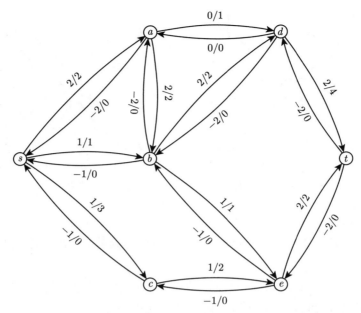

图 2.3   一个数值 $|f| = 4$ 的最大流示例。它是最大流吗

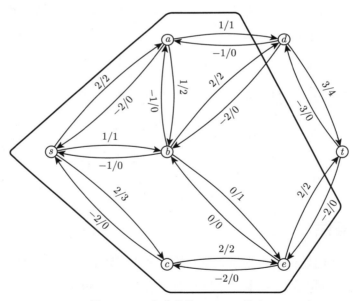

图 2.4   一个流数值 $|f| = 5$ 的流

现在，我们形式化上面的直观思维。s-t 割集是顶点子集 $S \subseteq V$，且 $s \in S$，$t \notin S$。该顶点子集对应图 2.4 中所围区域中的顶点集合。

- $\delta^+(S)$ 表示顶点集 S 的所有出边集合，即 $\delta^+(S) = \{(i,j) \in A : i \in S, j \notin S\}$。有时，称 $\delta^+(S)$ 中的有向边为顶点集 S 所确定的割边。

- $\delta^-(S)$ 表示顶点集 S 的所有入边集合，即 $\delta^-(S) = \{(i,j) \in A : i \notin S, j \in S\}$。

- s-t 割集 S 的容量是所有流出顶点集 S 的容量之和，即 $u(\delta^+(S)) = \sum_{(i,j) \in \delta^+(S)} u(i,j)$。

下面证明以上论述的正确性，即对任意一个 s-t 流 f 和 s-t 割集 S，流的数值至多为割集的容量。

引理 2.4 任取一个 s-t 流 f 和 s-t 割集 S，都有 $|f| \leqslant u(\delta^+(S))$。

证明 任取顶点 $i \in S - \{s\}$。由 s-t 割集 S 可知 $t \notin S$ 和 $S \subseteq V$。所以，$i \in S - \{s,t\}$，即 $i \in V - \{s,t\}$。由流 f 的数值定义和流量守恒 (式 (2.4)) 可知：流的数值等于 $\delta^+(S)$ 中所有边的流量之和。所以，有：

$$|f| = \sum_{j:(s,j)\in A} f(s,j) + 0 = \underbrace{\sum_{j:(s,j)\in A} f(s,j)}_{\text{源点 } s \text{ 的流出流量}} + \underbrace{\sum_{i \in S-\{s\}} \sum_{j:(i,j)\in A} f(i,j)}_{\text{集合 } S \text{ 中除源点 } s \text{ 之外的所有流出流量}}$$

$$= \sum_{i\in S} \sum_{j:(i,j)\in A} f(i,j)$$

下面根据边 (i,j) 的头顶点 j 是否在集合 S 中，把上述求和式分成两部分。若 $i,j \in S$，则该求和式中会同时含有 $f(i,j)$ 和 $f(j,i)(= -f(i,j))$。因此，这部分求和项可从公式中消去，从而有：

$$|f| = \sum_{i\in S}\left(\sum_{j:(i,j)\in A} f(i,j)\right) = \sum_{i\in S}\left(\sum_{j\in S:(i,j)\in A} f(i,j) + \sum_{j\notin S:(i,j)\in A} f(i,j)\right)$$

$$= \underbrace{\sum_{i,j\in S:(i,j)\in A} f(i,j)}_{0} + \sum_{i\in S,j\notin S:(i,j)\in A} f(i,j)$$

$$= \sum_{i\in S,j\notin S:(i,j)\in A} f(i,j)$$

$$= \sum_{(i,j)\in\delta^+(S)} f(i,j)$$

$$\leqslant \sum_{(i,j)\in\delta^+(S)} u(i,j) \qquad (\text{式 (2.3)，容量约束：} f(i,j) \leqslant u(i,j))$$

$$= u(\delta^+(S))$$

所以，有 $|f| \leqslant u(\delta^+(S))$。　■

推论 2.5 f 是 s-t 流，S 是 s-t 割集。$f(i,j) = u(i,j), \forall(i,j) \in \delta^+(S)$，当且仅当 $|f| = u(\delta^+(S))$。

证明 假设 $f(i,j) = u(i,j), \forall(i,j) \in \delta^+(S)$。引理 2.4 的证明中的最终不等式就是等式。

假设 $|f| = u(\delta^+(S))$。引理 2.4 中的不等式为等式，所以，求和式中的每一项都必须是等式，即 $f(i,j) = u(i,j), \forall(i,j) \in \delta^+(S)$。　■

观察图 2.4 中的流，由图中所围区域可知：s-t 割集 $S = \{s,a,b,c,e\}$，流出 S 的边集 $\delta^+(S) = \{(a,d),(b,d),(e,t)\}$。检验 $\delta^+(S)$ 中的边，有 $f(a,d) = u(a,d)$，$f(b,d) = u(b,d)$

和 $f(e,t) = u(e,t)$。

我们说最小 s-t 割集指具有最小容量的 s-t 割集 S^*，即

$$u(\delta^+(S^*)) = \min_{S \subseteq V - \{t\}, s \in S} u(\delta^+(S))$$

由引理 2.4 可知最大流的数值至多为最小 s-t 割集的容量。在图 2.4 的示例中，我们知道这两个数值是相等的。

推论 2.5 给出了最大流数值和最小 s-t 割集容量相等的条件。网络流理论的核心成果就是这两数值总是相等，这归功于 Ford 和 Fulkerson 在 1956 年的研究成果 [63]。该核心成果引领网络流领域的研究超过 50 年。

定理 2.6 (Ford 和 Fulkerson[63]) 最大流的数值等于最小 s-t 割集的容量。

定理 2.6 有时称为最大最小流割集定理。

在证明定理 2.6 之前，先定义剩余图的概念。给定图 $G = (V, A)$ 上的流 f，用 $G_f = (V, A)$ 表示在流 f 后的剩余图，即有剩余流量的边所组成的图。任取有向边 $(i, j) \in A$，其剩余容量 $u_f(i, j) = u(i, j) - f(i, j)$。因为边的流量约束 (即 $f(i,j) \leqslant u(i,j)$)，所以，边的剩余容量非负。剩余容量为 0 的边称为饱和边，即 $f(i, j) = u(i, j)$。在剩余图中删除饱和边是传统做法，但由后面的证明可知，保留饱和边还是有用的。用 A_f 表示剩余容量为正的边集，即 $A_f = \{ (i, j) \in A : u_f(i, j) > 0 \}$。

根据反向边的流定义，$u_f(j, i) = u(j, i) - f(j, i) = 0 + f(i, j) = f(i, j)$。因此，反向边 (j, i) 的剩余容量就是边 (i, j) 上的流量。图 2.5 是图 2.3 中流的剩余图 (省去了饱和边)。

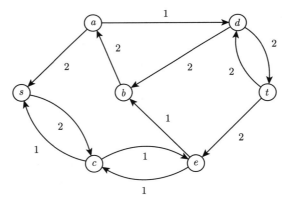

图 2.5 图 2.3 中流的剩余图，存在增广路径 $a \to c \to e \to b \to a \to d \to t$

在删除饱和边的剩余图 G_f 中，若存在 s-t 路径 P，则称 P 为增广路径。图 2.5 给出了一条增广路径。存在增广路径意味着原来的流 f 不是最大流，因为沿增广路径 P 可得一个流量更大的新流 f'。假设 δ 是增广路径 P 中剩余容量的最小值，即 $\delta = \min_{(i,j) \in P} u_f(i, j)$。因为路径 P 中边的剩余容量都大于 0，所以 $\delta > 0$。按下面的方式修改路径 P 中边的流量可得一条新流 f'。

$$f'(i,j) = \begin{cases} f(i,j) + \delta & \forall (i,j) \in P \\ f(i,j) - \delta & \forall (j,i) \in P \\ f(i,j) & \forall (j,i) : (i,j), (j,i) \notin P \end{cases}$$

有时称沿路径 P 推送 δ 个单位流量而产生流 f'，并称 δ 为路径 P 的剩余容量。

根据定义 2.3，可检验 f' 是否为流。假设 P 是简单路径。由 δ 的定义可知路径 P 上每条边 $(i,j) \in P$，都满足容量约束：

$$f'(i,j) = f(i,j) + \delta \leqslant f(i,j) + u_f(i,j) = f(i,j) + (u(i,j) - f(i,j)) = u(i,j)$$

所有边 $(i,j) \notin P$，其上流量仍满足斜对称约束。若 $(i,j) \in P$，则

$$f'(i,j) = f(i,j) + \delta = -(-f(j,i) - \delta) = -f'(j,i)$$

所有不在路径 P 中的顶点都满足流量守恒。若 $i \neq s, t$ 在路径 P 上，则路径中存在边 (h,i) 和 (i,j)。所以，$f'(i,j) = f(i,j) + \delta$，$f'(i,h) = f(i,h) - \delta$。因此

$$\sum_{k:(i,k) \in A} f'(i,k) = \sum_{k:(i,k) \in A} f(i,k) + \delta - \delta = 0$$

类似地，若边 (i,j) 是路径 P 的第一条边，则 $f'(s,j) = f(s,j) + \delta$，使得

$$|f'| = \sum_{k:(s,k) \in A} f'(s,k) = \sum_{k:(s,k) \in A} (f(s,k) + \delta) = \sum_{k:(s,k) \in A} f(s,k) + \delta = |f| + \delta$$

因此，f' 是一个比 f 更大的流。

现在可证明 f 是最大流的结论，它可推导出定理 2.6。

定理 2.7 对任意 s-t 流 f，下面描述是等价的：

(1) f 为最大流。

(2) A_f 中不存在增广路径。

(3) 存在 s-t 割集 S，使得 $|f| = u(\delta^+(S))$。

证明

- (1) $\Rightarrow$ (2)。已证明：若 G_f 中有增广路径，则 f 不是最大流。
- (2) $\Rightarrow$ (3)。令 S 是 G_f 中用 A_f 中边从源点 s 可达的顶点集合。因为 A_f 中不存在增广路径，则 $t \notin S$。任取边 $(i,j) \in A$，使得 $i \in S$，$j \notin S$，则 $u_f(i,j) = 0$，即 $f(i,j) = u(i,j)$。由推论 2.5 可得 $|f| = u(\delta^+(S))$。
- (3) $\Rightarrow$ (1)。由引理 2.4 可知对 s-t 割集 S 和流 f，有 $|f| \leqslant u(\delta^+(S))$。所以，若 $|f| = u(\delta^+(S))$，则 f 是最大流。 ■

定理 2.7 直接导致一个算法思想 (如算法 2.1 所示)：从流 $f = 0$ 开始，找一条增广路径，然后像前面描述的那样修改流。该算法存在的问题是，若不仔细选择扩展路径，则

其不是多项式时间算法 (见练习 2.2)。但该算法得出了一个有用的结论: 若所有边的容量 $u(i,j)$ 都是整数, 则存在最大流, 使得所有边的流量 $f(i,j)$ 都是整数, 且算法 2.1 能找出这样的流 f。若所有边的流量 $f(i,j)$ 都是整数, 我们称该流 f 是整数流。最初所有边的流量 $f(i,j)$ 是整数。若所有边的容量 $u(i,j)$ 是整数, 则所有剩余容量 $u_f(i,j)$ 是整数且 δ 是整数。所以, 新流 f' 中所有边的流量 $f'(i,j)$ 是整数。该论述极其有用, 它通常被称为最大流问题的整数性质。

算法 2.1   最大流问题: 增广路径算法

输入: $G=(V,A)$, $\forall i,j \in V$, $u(i,j) \geqslant 0$, $s,t \in V$。

输出: 图 G 的最大流 f。

  1: **for all** $(i,j) \in A$ **do** $f(i,j) \leftarrow 0$

  2: **while** 在 A_f 中存在增广路径 P **do**

  3:     沿路径 P 修改边上的流量和剩余流量

  4:     修改流 f

  5: **return** f

性质 2.8 (整数性)   若所有容量 $u(i,j)$ 都为整数, 则一定存在整数最大流 f。

如果容量为整数, 则算法的循环次数 (即找增广路径的次数) 至多为 $O(mU)$, 其中 U 为最大容量, 即 $U = \max_{(i,j) \in A} u(i,j)$。因为最大流是源点的净流量, 在最坏情况下, 源点有 m 条出边且最大流等于源点的最大容量, 所以, 最大流的数值至多为 mU。若所有容量都是整数, 则每次循环流的数值至少增加 1。流的数值从 0 开始, 且至多为 mU, 由此可得循环次数的上界。在图中找一条增广路径所需的时间为 $O(m)$, 所以, 算法的总时间为 $mU \times O(m) = O(m^2 U)$(假设图 G 是连通的, 使得 $m \geqslant n-1$)。

虽然数值 U 是输入之一, 但算法 2.1 的时间复杂度不是问题输入的多项式。数值 U 的二进制位至多为 $\lceil \log_2 U \rceil + 1$。因此, U 是其编码长度的指数级。该算法是多项式时间的, 若数值数据是一元编码的, 即数值 U 是由 U 个 1 进行编码的 (如 5 的编码为 11111)。若算法的操作个数是以输入个数的多项式为界, 且数值型数据是一元编码, 则称算法是伪多项式时间的。

定义 2.9   若输入数值是一元编码, 且算法的运算次数以输入长度的多项式为界, 则称该算法为伪多项式时间算法。

若所有边的容量都是整数, 则最大流问题中的增广路径算法就是伪多项式时间算法。若输入数值是二进制编码, 我们希望设计出多项式时间算法, 其运行时间是以输入规模的多项式为界的。在下面几节中, 我们将看到这样的算法。

运行时间的另一个重要特征是强多项式时间算法。这类算法的运行时间以输入数据个数的多项式为界, 该多项式不依赖输入数据的编码长度。对最大流问题, 它意味着运行时间是 m 和 n 的多项式, 不依赖容量的编码长度, 也就是说, 运行时间上界不依赖 $\log_2 U$。

定义 2.10 若算法的操作次数以输入数值个数的多项式为界,且不依赖输入数值的编码长度,则称该算法为强多项式时间算法。

在 2.7 和 2.8 节,我们将看到最大流问题的强多项式时间算法。

2.2 应用:汽车共享问题

在设计最大流问题的多项式时间算法之前,先看几个最大流应用的示例,这些示例并不明显涉及流甚至网络。

第一个应用是多人拼车问题。拼车人会事先声明他们每周的拼车时间,希望找到一种公平分配驾驶员的方法。假设一天有 k 个人拼车,每个人有 $1/k$ 的驾驶机会。r_i 是第 i 个人一周内的驾驶份额。每人在这周的开车次数至多为 $\lceil r_i \rceil$。下表是四个人一周的拼车时间示例。

	星期一	星期二	星期三	星期四	星期五
1	X	X	X		
2	X		X		
3	X	X	X	X	X
4		X	X	X	X

第 1、2、3 位拼车人在星期一有 1/3 的驾驶份额,第 1、3、4 位拼车人在星期二有 1/3 的驾驶份额,4 个人在星期三有 1/4 的驾驶份额,第 3 和 4 位拼车人在星期四和星期五有 1/2 的驾驶份额。所以,每个人的驾驶总份额为:

$$r_1 = \frac{1}{3} + \frac{1}{3} + \frac{1}{4} = \frac{11}{12} \qquad r_2 = \frac{1}{3} + \frac{1}{4} = \frac{7}{12}$$

$$r_3 = \frac{1}{3} + \frac{1}{3} + \frac{1}{4} + \frac{1}{2} + \frac{1}{2} = \frac{23}{12} \qquad r_4 = \frac{1}{3} + \frac{1}{4} + \frac{1}{2} + \frac{1}{2} = \frac{19}{12}$$

显然有 $\sum_{i=1}^{4} r_i = 5$。

现在用最大流问题来决定每天由谁开车。为此,我们设计一个关系图,其中包含:

- 四类顶点:表示拼车人的顶点,表示每周工作日的顶点,外加源点 s 和汇合点 t。
- 三类边源点 s 到第 i 位拼车人之间容量为 $\lceil r_i \rceil$ 的有向边,$i = 1, \cdots, 4$;一周工作日到汇合点 t 之间容量为 1 的有向边;根据每位拼车人一周的拼车时间表,拼车人到工作日之间容量为 1 的有向边。

根据前面所列的拼车时间表,其相应的最大流实例如图 2.6 所示。

若此网络有数值为 5 的整数流 f,则存在一个分配驾驶员的合理方案。割集 $S = V - \{t\}$ 的容量为 5(有 5 条工作日顶点到汇合点 t 之间容量为 1 的有向边)。若存在这样的流,则其为最大流。所以,工作日顶点到汇合点 t 的每条边都是饱和的,且边上的流量均为 1。对每个工作日顶点,我们知道流入该顶点的流量等于其流出流量,且 f 是整数流,所以,每个工作日顶点一定流入 1 个单位流量,且该流量是从某个当日有拼车计划的人员顶点流出的。

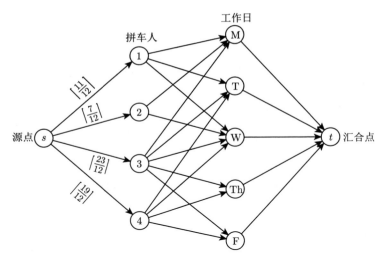

图 2.6   4 个人拼车的最大流示例, 所有未标边的容量为 1

我们可将当天的驾驶任务分配给相应的拼车人, 且他与当前工作日顶点之间有正容量边。每位拼车人顶点的流出流量等于其流入流量, 且流入第 i 位拼车人顶点的流量至多为 $\lceil r_i \rceil$(顶点的容量约束), 所以, 第 i 位拼车人在他指定的工作日中至多被安排 $\lceil r_i \rceil$ 次开车。

现在需证明网络存在数值为 5 的整数流 f。我们先找出一个数值为 5 的分数流, 因为存在数值为 5 的最大流且所有边的容量都是整数, 由性质 2.8 可得, 一定存在数值为 5 的整数最大流。我们所得的分数流对应最初所做的驾驶份额分配分数。对给定工作日, 若有 k 个人有拼车计划, 则每位分配 $1/k$ 个驾驶机会。所以, 对网络中的工作日顶点, 当天有拼车计划的人员顶点到工作日顶点之间边的容量为 $1/k$。因为进入工作日顶点的总和为 1, 所以置工作日顶点到汇合点 t 之间边的容量为 1。注意, 流出每位拼车人顶点的准确流量为 r_i, 所以, 置源点 s 到第 i 位拼车人顶点之间边的容量为 r_i。现在就有一个数值为 $\sum_{i=1}^{4} r_i = 5$ 的可行安排。

该应用体现出流的整数性作用: 在边容量为整数的图中, 只需证明其存在分数最大流, 即可得出结论——存在等值或更大数值的整数最大流。

2.3   应用: 棒球队淘汰问题

本节讨论另一个最大流的应用问题, 它也不明显涉及流量或网络。该应用称为棒球队淘汰问题。下面以美国职业棒球大联盟东部赛区四支球队为例来讨论棒球队淘汰问题。

球 队	已赢场数	剩余比赛场数	剩余赛程			
			NYY	BOS	TOR	BAL
纽约洋基队 (NYY)	93	8	–	1	6	1
波士顿红袜队 (BOS)	89	4	1	–	0	3
多伦多蓝鸟队 (TOR)	88	7	6	0	–	1
巴尔的摩金莺队 (BAL)	86	5	1	3	1	–

"剩余赛程" 表示球队必须与本赛区其他球队比赛的场次。假设所有球队与赛区外的球队都没有剩余比赛。若一支球队比本赛区其他球队赢的场数都多，则称它赢了本赛区 (赛区冠军)；若一支球队在剩下比赛中不能赢得本赛区，则它将被淘汰。

在上面的例子中，巴尔的摩金莺队肯定被淘汰，因为它即使赢了剩余的 5 场比赛，也没有纽约洋基队赢的场次多。还可分析出波士顿红袜队也肯定被淘汰，因为红袜队即使剩余的 4 场比赛全赢，也只赢了 93 场比赛。可是，若洋基队至少再赢一场比赛，则它将至少赢了 94 场比赛；若洋基队输掉所有剩余比赛，则多伦多蓝鸟队将至少赢得 $88 + 6 \geqslant 94$ 场比赛。所以，无论哪种情况，红袜队都肯定因赢不了其他球队而被淘汰。

我们可通过计算最大流来判定某个球队是否被淘汰。为讨论此问题，先引入一些符号。用 T 表示赛区的球队集合。假设 $i, j \in T$, $i \neq j$, 球队非空集 $R \subseteq T$。$w(i)$ 是球队 i 的已赢场次，$w(R)$ 是球队子集 R 已赢场次的总数，即 $w(R) = \sum_{i \in R} w(i)$。$g(i)$ 是球队 i 还剩的比赛场数。$g(i, j)$ 是球队 i 和球队 j 之间还需比赛的场数，$g(R)$ 为球队子集 R 中各队间剩余比赛场数之和，即 $g(R) = \frac{1}{2} \sum_{i, j \in R, i \neq j} g(i, j)$ (因为每场比赛被统计两次)。此外，$a(R) = \frac{1}{|R|}(w(R) + g(R))$ (球队子集 R 的平均赢球场次)。下面来证明相关结论。

引理 2.11 任取 $R \subseteq T$, $\exists i \in R$, 本赛季结束时，球队 i 至少会赢 $a(R)$ 场比赛。

证明 在本赛季结束后，球队子集 R 的赢球总场数至少为 $w(R) + g(R)$：R 中两个球队比赛肯定会赢一场 (无平局规则)。因此，在赛季结束时，球队子集 R 的平均赢球场数至少为 $a(R)$，子集 R 中也一定存在球队至少赢了这么多场次。 ∎

推论 2.12 任取 $k \in T$, 若存在 $R \subseteq T - \{k\}$, 且 $a(R) > w(k) + g(k)$, 则球队 k 一定被淘汰。

证明 本赛季结束时，在子集 R 中一定存在球队的赢球场数大于等于 $a(R)$，而球队 k 至多可赢的场数为 $w(k) + g(k)$。由已知条件 $a(R) > w(k) + g(k)$ 可得，球队 k 的赢球场数一定比子集 R 中的某个球队少。因此，球队 k 一定被淘汰。 ∎

在上面例子中，$k = \text{BOS}$, 取 $R = \{\text{NYY}, \text{TOR}\}$, $w(R) = 93 + 88$, $g(R) = 6$, $w(k) + g(k) = 89 + 4 = 93$, 而 $a(R) = 1/2((93 + 88) + 6) = 93.5 > 93$。所以，红袜队被淘汰。

现在，我们设计一个最大流问题来判断给定球队 $k \in T$ 是否不被淘汰。若球队 k 在剩下的比赛中至少可赢得和其他球队一样多的场数，则它才能不被淘汰。设 $Z = T - \{k\}$, $x(i, j)$ 表示在剩余比赛中球队 i 击败球队 j 的次数。显然，在球队 i 和球队 j 之间的 $g(i, j)$ 场比赛中，要么球队 i 击败球队 j，要么球队 j 击败球队 i。所以，有：

$$x(i, j) + x(j, i) = g(i, j) \tag{2.6}$$

若球队 k 没被淘汰，则它赢得所有剩余的比赛，赢的场数为 $w(k) + g(k)$。其他球队 i 将会赢 $w(i) + \sum_{j \in Z} x(i, j)$ 场 (已赢场数加上它与 Z 中其他球队比赛的胜数，注意，它已输掉

与球队 k 的所有剩余比赛)。因此,若球队 k 不被淘汰,则必须满足

$$w(k) + g(k) \geqslant w(i) + \sum_{j \in Z} x(i, j), \qquad \forall i \in Z \tag{2.7}$$

最后,若能找到非负整数 $x(i, j)$ 满足式 (2.6) 和 (2.7),则球队 k 不会被淘汰。我们设计一个最大流问题:要么能找到那样的非负整数 $x(i, j)$,要么找到子集 $R \subseteq Z$,使得 $a(R) > w(k) + g(k)$。前者,存在球队 k 不被淘汰的可能性;后者,由推论 2.12 可知,球队 k 一定被淘汰。

我们按下面的规则构造图 $G = (V, A)$:

- $V = \underbrace{\{s\}}_{\text{源点}} \cup \underbrace{\{(i, j) : i, j \in Z, i \neq j\}}_{\text{比赛顶点集:参加比赛的两支球队}^{\ominus}} \cup \underbrace{Z}_{\text{球队顶点集}} \cup \underbrace{\{t\}}_{\text{汇合点}}$

- $A = A_1 \cup A_2 \cup A_3$
    - $A_1 = \{(s, (i, j)) : (i, j) \in V\}, \ u(s, (i, j)) = g(i, j), \forall (i, j) \in V$
    - $A_2 = \{((i, j), i), ((i, j), j) : (i, j) \in V\}, u((i, j), i) = u((i, j), j) = \infty, \forall (i, j) \in V$
    - $A_3 = \{(i, t) : i \in Z\}, \ u(i, t) = w(k) + g(k) - w(i), \forall i \in Z$

若 $w(i) > w(k) + g(k)$,则球队 k 已确定被淘汰。因此,$w(i) \leqslant w(k) + g(k)$,即 $w(k) + g(k) - w(i) \geqslant 0$。所以,这些边的容量非负。

以上的构图规则如图 2.7 所示。当 $k = \text{TOR}$ 时,$Z = \{\text{NYY}, \text{BOS}, \text{BAL}\}$,按构图规则可得如图 2.8 所示的网络图。该图可判定蓝鸟队是否被淘汰,还可求出其最大流。

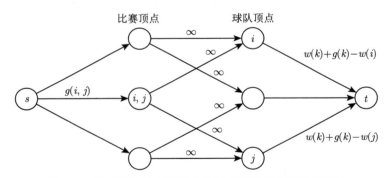

图 2.7　棒球队淘汰问题转变为最大流问题的规则示意图

$g(Z)$ 是 Z 中球队间所剩的比赛场数,子集 Z 是除球队 k 之外的球队集合。可证明:球队 k 不被淘汰,当且仅当在最大流实例中存在数值为 $g(Z)$ 的最大流。

引理 2.13　　在最大流实例中,若存在数值为 $g(Z)$ 的流,则球队 k 不会被淘汰。

证明　　我们知道 s-t 割集 $S = \{s\}$ 的容量为 $g(Z)$。若存在数值为 $g(Z)$ 的流,则由推论 2.5 和定理 2.7 可知它是最大流,且从源点到比赛顶点的所有边都是饱和的。由流的整数性可知,若存在数值为 $g(Z)$ 的最大流,则存在数值为 $g(Z)$ 的整数最大流。置比赛顶

$\ominus$　译者注:顶点 i 和 j 所表示的含义是球队 i 和 j 进行比赛的顶点,所以,译为"比赛顶点"可能更合适。

点 (i,j) 到球队顶点 i 边的流量为 $x(i,j)$，到球队顶点 j 边的流量为 $x(j,i)$。由流的整数性可得，$x(i,j)$ 一定是非负整数。

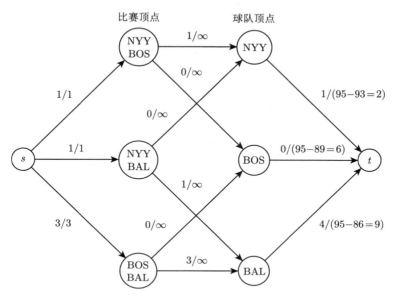

图 2.8   检验蓝鸟队是否被淘汰的最大流问题示意图

因为流入比赛顶点的有向边是饱和的，所以，比赛顶点的流入流量为 $g(i,j)$。由于流入比赛顶点 (i,j) 的流量等于其流出流量，所以，$g(i,j) = x(i,j) + x(j,i)$。对球队顶点 $i \in Z$，其流入总流量是 $\sum_{j \in Z} x(i,j)$。由流量守恒可知流出球队顶点 i 的总流量也是 $\sum_{j \in Z} x(i,j)$。由于流出球队 i 的边仅有一条，且其容量为 $w(k) + g(k) - w(i)$，所以有 $\sum_{j \in Z} x(i,j) \leqslant w(k) + g(k) - w(i)$，或者 $w(k) + g(k) \geqslant w(i) + \sum_{j \in Z} x(i,j)$。因此，存在非负整数 $x(i,j)$ 满足条件 (2.6) 和 (2.7)。所以，球队 k 不被淘汰。■

对图 2.8，$Z = \{\text{NYY}, \text{BAL}, \text{BOS}\}$，存在一个数值为 $1 + 1 + 3 = 5$ 的流。因此，蓝鸟队不会被淘汰。若洋基队赢一场对红袜队的比赛，输一场对金莺队的比赛，而金莺队赢三场对红袜队的比赛，则洋基队 $93 + 1 = 94$ 胜，金莺队 $86 + 4 = 90$ 胜，红袜队 $89 + 0 = 89$ 胜。若蓝鸟队赢下所有剩下的比赛，则有 95 场胜利。在剩余比赛中，蓝鸟队有与本赛区其他球队一样的赢球场数。注意：可能还有其他最大流来表达蓝鸟队不被淘汰的可能性。

下面直接论证球队 k 队不被淘汰会导致存在数值为 $g(Z)$ 的流，而不是用最小 s-t 割集和推论 2.12 来证明。

引理 2.14   若最大流的数值小于 $g(Z)$，则球队 k 一定被淘汰。

证明   最大流的数值等于最小 s-t 割集的容量。若最大流的数值小于 $g(Z)$，则一定存在最小 s-t 割集 S 的容量也小于 $g(Z)$。我们看到，若 $(i,j) \in S$，则 $i, j \in S$。若球队顶点 i 和球队顶点 j 有一个 (或两个) 不在 S 中，则边 $((i,j), i)$ 和 $((i,j), j)$ 有一个 (或两个) 在由 S 确定的边集中，且该边集的容量是无穷大，这是矛盾的。

令 R 是割集 S 中所有球队顶点的集合，即 $R = S \cap Z$。则 $\delta^+(S)$ 中的边包括集合 R 中球队顶点到汇合点 t 的边，以及源点 s 到比赛顶点之间的边。其中，比赛顶点中的两支球队不都在集合 R 中，即

$$\delta^+(S) = \underbrace{\{\,(i,t) : i \in R\,\}}_{\text{第 1 部分边集}} \cup \underbrace{\{\,(s,(i,j)) : i \notin R \text{ 或 } j \notin R\,\}}_{\text{第 2 部分边集}}$$

若 $(i,j) \in S$，可看到 $i, j \in R$。后者边集的总容量为 $g(Z) - g(R)$。所以，割集 S 的容量 $u(\delta^+(S))$ 至少为

$$
\begin{aligned}
u(\delta^+(S)) &\geqslant g(Z) - g(R) + \sum_{i \in R}(w(k) + g(k) - w(i)) \\
&= g(Z) - g(R) + \sum_{i \in R}(w(k) + g(k)) - \sum_{i \in R} w(i) \\
&= g(Z) - g(R) + |R|(w(k) + g(k)) - w(R);
\end{aligned}
$$

球队淘汰问题的一个示例如图 2.9 所示，其中 $Z = \{i, j, \ell\}$，$s\text{-}t$ 割集 $S = \{\,s, (j, \ell), j, \ell\,\}$ (粗线所围的顶点集)。

比赛顶点　　球队顶点

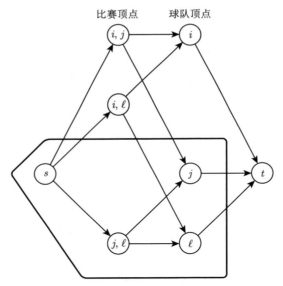

图 2.9　球队淘汰问题的 $s\text{-}t$ 割集示意图

对图 2.9，由上面符号的含义可知：

$$R = \{\,j, \ell\,\}, \quad \delta^+(S) = \{\,\underbrace{(j,t), (\ell,t),}_{\text{第 1 部分的边}} \underbrace{(s,(i,j)), (s,(i,\ell))}_{\text{第 2 部分的边}}\,\}$$

由假设可知割集 S 的容量 $u(\delta^+(S))$ 小于 $g(Z)$，所以有：

$$g(Z) - g(R) + |R|(w(k) + g(k)) - w(R) < g(Z)$$
$$|R|(w(k) + g(k)) < g(R) + w(R)$$

$$w(k) + g(k) < \frac{g(R) + w(R)}{|R|} = a(R)$$

因此，由推论 2.12 可知球队 k 被淘汰。 ∎

练习 2.3 要求读者证明：用 $O(\log|T|)$ 最大流计算，可确定本赛区所有被淘汰的球队。

2.4 应用：最密子图问题

本节讨论最大流的第三个应用问题，它也不明显涉及流量或网络。给定无向图 $G = (V, E)$，希望找到图 G 的一个稠密子图，即在图中找与顶点相关的边。给定顶点子集 $S \subseteq V$，用 $G(S) = (V, E(S))$ 表示顶点集 S 的导出子图，$E(S) = \{(i,j) \in E : i, j \in S\}$，即两个端点都在 S 中的边集。图 $G(S)$ 的密度是边集 $E(S)$ 中的边数与顶点数之比，即 $|E(S)|/|S|$。我们希望找到能达到最大密度的非空子集 $S \subseteq V$。用 D^* 表示子图密度的最大值，也就是

$$D^* = \max_{S \subseteq V, S \neq \varnothing} |E(S)|/|S|$$

用 S^* 表示使子图密度达到最大值的顶点子集，因此，$D^* = |E(S^*)|/|S^*|$。

为什么该问题是一个有趣的问题？假设 G 是一个社交网络，顶点代表人，若 i 和 j 是朋友，则图中有边 (i,j)。一个高密度的子图可能对应一个群体：他们是互为朋友的一群人，可能是同一所学校或同一组织的成员。在社交网络中，自动找出这样的群体是一个极受关注的研究问题。

我们可在 $O(\log n)$ 时间内通过计算最大流来找最密子图。基本想法是，先给 D^* 一个预估值 γ，再用最大流来判断 $\gamma \geqslant D^*$ 是否成立，然后用二分搜索修改 γ 的值，直至 γ 的值足够接近 D^*，最终找到密度 D^* 和相应的稠密子图。

给定一个预估值 γ，构建最大流问题的图 $G' = (V', E')$ 如下：

- $V' = V \cup \{s, t\}$，其中 s 是新增的源点，t 是新增的汇合点。
- $E' = \underbrace{\{(i,j), (j,i) : \forall(i,j) \in E\}}_{\text{无向边集改为有向边集}} \cup \underbrace{\{(s,i) : \forall i \in V\}}_{\text{源点与原顶点之间的边集}} \cup \underbrace{\{(i,t) : \forall i \in V\}}_{\text{原顶点与汇合点之间的边集}}$
- 在图 G' 中，对边的容量规定如下：
  - $u(i,j) = u(j,i) = 1,\ \forall(i,j) \in E$。
  - $u(s,i) = m,\ \forall i \in V$。
  - $u(i,t) = m + 2\gamma - d_i,\ \forall i \in V$，其中 d_i 是顶点 i 在图 G 的度。由 $d_i \leqslant m$ 可知 $u(i,t) \geqslant 0$。

按上述构造规则可构造的最大流图如图 2.10 所示。

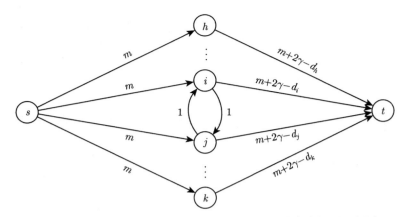

图 2.10 对预测值为 γ 的最密子图所构造出的最大流问题示意图

下面找出图 G' 中的最大流。为界定最大流的数值，考虑 $s\text{-}t$ 割集 $\{s\}\cup S$，$S\subseteq V$。如图 2.11 所示，此割集的边由三部分组成：

$$\underbrace{\big\{(s,i):\forall i\in V-S\big\}}_{\text{源点 } s \text{ 与集合 } S \text{ 外顶点的边}} \cup \underbrace{\big\{(i,j):i\in S,j\in V-S\big\}}_{S \text{ 中顶点与 } S \text{ 外顶点所对应的边}} \cup \underbrace{\big\{(i,t):\forall i\in S\big\}}_{S \text{ 中顶点到汇合点的边}}$$

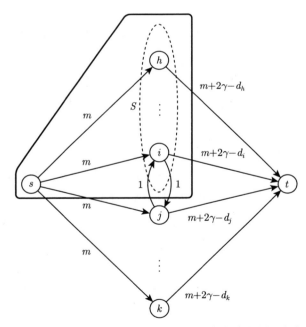

图 2.11 $s\text{-}t$ 割集 $\{s\}\cup S$ 的最大流问题示意图，图中虚线所围顶点集 S 取自原图 G

用 $\delta(S)$ 代表图 G 中仅有一个端点在集合 S 中的边集，即

$$\delta(S)=\big\{(i,j):(i,j)\in A,|\{i,j\}\cap S|=1\big\}$$

观察可知 $\sum_{i\in S}d_i=2|E(S)|+|\delta(S)|$，因为 $\sum_{i\in S}d_i$ 重复计算了两端点都在集合 S 的所有

边和仅有一端在集合 S 中的边集 $\delta(S)$。所以，s-t 割集 $\{s\} \cup S$ 的容量为：

$$
\begin{aligned}
& m|V - S| + |\delta(S)| + \sum_{i \in S}(m + 2\gamma - d_i) \\
= {}& mn - m|S| + |\delta(S)| + m|S| + 2\gamma|S| - \sum_{i \in S} d_i \\
= {}& mn + |\delta(S)| + 2\gamma|S| - (2|E(S)| + |\delta(S)|) \\
= {}& mn + 2|S|\left(\gamma - \frac{|E(S)|}{|S|}\right)
\end{aligned}
\tag{2.8}
$$

接下来我们便可证明下面的引理。

引理 2.15 最大流的数值为 mn，当且仅当 $\gamma \geqslant D^*$。

证明 我们看到 s-t 割集 $\{s\}$ 的容量为 mn，所以，最大流的数值至多为 mn。若 $\gamma < D^*$，则对集合 $S^*(\neq \varnothing)$，由式 (2.8)，s-t 割集 $\{s\} \cup S$ 的容量为：

$$
mn + 2|S^*|(\gamma - |E(S^*)|/|S^*|) = mn + 2|S^*|(\gamma - D^*) < mn
$$

因此，在此情况下，最大流一定小于 mn，因为存在 s-t 割集 $\{s\} \cup S$，其容量小于 mn。

假设最大流的数值小于 mn。设 $\{s\} \cup S$ 为 s-t 最小割集，由定理 2.7 可知其容量等于最大流的数值。所以，该容量也小于 mn，因此，一定有 $S \neq \varnothing$。由式 (2.8) 可知该割集容量为 $mn + 2|S|(\gamma - |E(S)|/|S|) < mn$。

$$
\begin{aligned}
mn + 2|S|(\gamma - |E(S)|/|S|) &< mn \\
2|S|(\gamma - |E(S)|/|S|) &< 0 \\
\gamma - |E(S)|/|S| &< 0 \\
\gamma &< |E(S)|/|S|
\end{aligned}
$$

因此，$\gamma < |E(S)|/|S| \leqslant D^*$。 ∎

假设 D' 是第二大密度，使得 $D' < D^*$，且对任意非空集合 S，要么 $|E(S)|/|S| = D^*$，要么 $|E(S)|/|S| \leqslant D'$。

推论 2.16 若 $D' \leqslant \gamma < D^*$，则在此示例中，对应最大流的最小 s-t 割集 $\{s\} \cup X$，其中 X 是最密子图。

证明 对密度为 $D'(\leqslant \gamma)$ 的 s-t 割集 $\{s\} \cup S$，由式 (2.8) 可知其容量为：

$$
mn + 2|S|(\gamma - |E(S)|/|S|) = mn + 2|S|(\gamma - D') \geqslant mn
$$

所以，该割集不是最小 s-t 割集。由 $\gamma < D^*$ 和引理 2.15 可得最大流的数值小于 mn，且最小 s-t 割集 $\{s\} \cup X$ 的容量一定为 $mn + 2|S|(\gamma - |E(X)|/|X|) < mn$，即 $\gamma < |E(X)|/|X|$。由于 γ 至少是第二大密度，所以，X 一定是最密子图。 ∎

下面，介绍用最大流在 $[D', D^*]$ 中找到一个密度预估值 γ，以便可找到最大密度 D^* 的子图。在密度预估值的搜索过程中，采用二分搜索。保持区间 $(\ell, u]$ 以确保 $D^* \in (\ell, u]$。

假设 $E \neq \varnothing$(若 $E = \varnothing$，则规定 $D^* = 0$)。因为 $0 < D^* \leqslant m$，所以初始化搜索区间为 $(0, m]$。设搜索区间为 $(\ell, u]$，其中点值为预估值 γ，即 $\gamma = (\ell + u)/2$。对预估值 γ，用上面所构造的最大流实例进行计算。由引理 2.15 可知，若最大流的数值为 mn，则 $D^* \leqslant \gamma$，且 $D^* \in (\ell, (\ell + u)/2]$，修改区间的上界，即 $u \leftarrow (\ell + u)/2$。否则，$D^* > \gamma$，且 $D^* \in ((\ell + u)/2, u]$，修改区间的下界，即 $\ell \leftarrow (\ell + u)/2$。无论哪种情况，搜索区间减半，且始终包含最大密度值 D^*。

下面证明：若区间 $(\ell, u]$ 足够小，则由推论 2.16 可确保能找到最大密度子图。

引理 2.17 若 $u - \ell < 1/n^2$，则 $\gamma = \ell$，且 $D' \leqslant \gamma < D^*$。

证明 设 $\mathcal{S}$ 为有 $m(\geqslant 1)$ 条边和 n 个顶点的所有可能子图密度的集合，即

$$\mathcal{S} = \left\{ \frac{m'}{n'} : 1 \leqslant m' \leqslant m, \ 1 \leqslant n' \leqslant n \right\}$$

用 Δ 表示 $\mathcal{S}$ 中两个不同值的最小差值，即 $\Delta = \min_{a,b \in \mathcal{S}: a \neq b} |a - b|$。下面来讨论 Δ 的取值。令 $a = m_1/n_1$，$b = m_2/n_2$，$1 \leqslant m_1, m_2 \leqslant m$，$1 \leqslant n_1, n_2 \leqslant n$，则有

$$\Delta = \left| \frac{m_1}{n_1} - \frac{m_2}{n_2} \right| = \left| \frac{m_1 n_2 - m_2 n_1}{n_1 n_2} \right| \geqslant \frac{1}{n^2}$$

因为 $\Delta > 0$，$|m_1 n_2 - m_2 n_1| \geqslant 1$，且 $n_1 n_2 \leqslant n^2$。所以，当 $D^* \in (\ell, u]$ 且 $u - \ell < 1/n^2$ 时，$D' \leqslant \ell$。因此，$\gamma = \ell$ 且 $D' \leqslant \gamma < D^*$。 ∎

我们把上面求最密子图的方法写成算法 2.2 的形式，并完成下面定理的证明。

算法 2.2　求解最密子图算法

输入: $G = (V, E)$ ▷ $n = |V|$, $m = |E|$

输出: 最密子图 X

1: **if** $E = \varnothing$ **then return** $\{i\}$ ▷ 任意一个顶点都是最密子图

2: $\ell \leftarrow 0$; $u \leftarrow m$ ▷ 预设最大密度所在区间 $(\ell, u]$

3: $X \leftarrow \varnothing$ ▷ 初始化子图顶点集

4: **while** $u - \ell \geqslant 1/n^2$ **do**   ▷ 搜索区间范围小于 $1/n^2$，结束搜索

5:      $\gamma \leftarrow (\ell + u)/2$

6:      在密度估值为 γ 的最大流实例中，计算其最大流 f 和最小 s-t 割集 $\{s\} \cup S$

7:      **if** $|f| = mn$ **then** $u \leftarrow \gamma$

8:      **else** $\ell \leftarrow \gamma$, $X \leftarrow S$

9: **return** X

定理 2.18 算法 2.2 可用 $O(\log n)$ 次最大流计算来找到最密子图。

证明 若 $E = \varnothing$，则任意顶点都是最密子图，算法返回该顶点所组成的顶点集。否

则，算法保持 $D^* \in (\ell, u)$，且对密度预估值 $\gamma = \ell$，X 对应最小 s-t 割集 $\{s\} \cup X$。由引理 2.17 和推论 2.16 可知，当 $u - \ell < 1/n^2$ 时，X 就是最密子图，且算法终止并返回 X。

为得到时间复杂度，需确定循环次数。初始化区间为 $(\ell, u](\ell = 0$ 和 $u = m)$。当 $u - \ell < 1/n^2$ 时，算法终止。在每次循环时，搜索区间范围缩小一半。所以，算法终止时，循环次数至多为 $\lceil \log_2 \frac{m}{1/n^2} \rceil = O(\log mn^2) = O(\log n^4) = O(\log n)$，其中 $m \leqslant \binom{n}{2} = O(n^2)$。∎

2.5 最大改进增广路径算法

2.1 节提出了一个问题：如何获得多项式时间的增广路径算法。一个很自然的想法是，尽可能增加流的数值来找增广路径，也就是使增广路径中的最小剩余容量尽可能大。我们称这种方法为*最大改进增广路径算法*，该算法思路如算法 2.3 所示。

算法 2.3 最大流问题：最大改进增广路径算法

输入: $G = (V, A)$，$\forall i, j \in V$，$u(i, j) \geqslant 0$，$s, t \in V$。

输出: 最大流 f

1: **for all** $(i, j) \in A$ **do** $f(i, j) \leftarrow 0$

2: **while** 在 A_f 中存在增广路径 **do**

3:     P 是使 $\min_{(i,j) \in P} u_f(i, j)$ 最大的增广路径

4:     沿路径 P 修改边上的流量和剩余流量

5:     修改流 f

6: **return** f

该算法的分析相当简单。我们将证明最大流 f^* 和当前流 f 之间的差值可分解为至多 m 条增广路径。由于算法总是沿着最大改进增广路径进行扩展，所以，这条路径使流的数值 $|f|$ 至少增加 $\frac{1}{m}(|f^*| - |f|)$（最大流和当前流的数值差）。可证明流的数值经 m 次增大后，该差值减少常数倍。这使得在多项式次增大后，当前流就是最大流。最大改进增广路径算法的基本思想是：把流分解成 m 个个体，算法执行一次修改至少处理一个个体，在 m 次修改后，最大流的数值和当前流的数值差仅为一个常数因子。这种算法思想在本书中将多次呈现。

我们细化算法思路。先证明流的分解引理，即证明任何流都可分解成至多 m 个 s-t 路径和回路。对流 f、f' 和 f''，若 $f(i, j) = f'(i, j) + f''(i, j), \forall (i, j) \in A$，则可写成 $f = f' + f''$；若 $f(i, j) = f'(i, j) - f''(i, j)$，$\forall (i, j) \in A$，则可写成 $f = f' - f''$。下面的引理虽简单，但很有用。

引理 2.19 若 f' 和 f'' 满足流量守恒和斜对称，则 $f = f' + f''$ 和 $f = f' - f''$ 也满足，且 $|f| = |f' + f''| = |f'| + |f''|$，$|f| = |f' - f''| = |f'| - |f''|$。

证明 假设 $f = f' + f''$。$\forall i \in V - \{s, t\}$，有

$$\sum_{k:(i,k) \in A} f(i, k) = \sum_{k:(i,k) \in A} f'(i, k) + \sum_{k:(i,k) \in A} f''(i, k) = 0$$

因为 f' 和 f'' 都满足流量守恒，所以有

$$|f| = \sum_{k:(s,k)\in A} f(s,k) = \sum_{k:(s,k)\in A} f'(s,k) + \sum_{k:(s,k)\in A} f''(s,k) = |f'| + |f''|$$

还有，$f(i,j) = f'(i,j) + f''(i,j) = -f'(j,i) - f''(j,i) = -f(j,i)$，因为 f' 和 f'' 服从斜对称。

用类似的方法可证明 $f = f' - f''$ 也满足流量守恒和斜对称。   ■

下面来证明流的分解引理。

引理 2.20   给定 $s\text{-}t$ 流 f，存在流 $f_1,\cdots,f_\ell$，$\ell \leqslant m$，使得 $f = \sum_{i=1}^{\ell} f_i$，$|f| = \sum_{i=1}^{\ell} |f_i|$，且对每个 i，f_i 中正流量的边要么构成简单 $s\text{-}t$ 路径，要么构成回路。

证明   对正流量的边数用归纳法证明。事实上，我们将证明带正流量边数 ℓ 的一个更强结论。显然，$\ell \leqslant m$。若 $\ell = 0$，该结论为真。

假设当 $\ell < p$ 时，结论成立，且 f 具有 $\ell = p$ 条正流量边。任取边 $(i,j) \in A$，且 $f(i,j) > 0$。若 $i \neq s$，由流量守恒可知一定存在顶点 h，且 $f(h,i) > 0$。若 $j \neq t$，一定存在顶点 k，且 $f(j,k) > 0$。

再对顶点 h 和 k 继续由二端向外扩展，直到得到一个简单 $s\text{-}t$ 路径 P 或一个循环 C：

$$\overset{\overleftarrow{\text{向源点扩展}}}{\cdots \to h_1 \to h} \to i \to j \overset{\overrightarrow{\text{向汇合点扩展}}}{\to k \to k_1 \to \cdots}$$

在向外扩展的过程中，所得的路径或回路中的所有边都有正流量。

假设得到一个简单 $s\text{-}t$ 路径 P，得到回路 C 的情况与此类似。

令 $\delta = \min_{(i,j)\in P} f(i,j)$，并且令

$$\begin{cases} f_p(i,j) = \delta, f_p(j,i) = -\delta, & (i,j) \in P \\ f_p(i,j) = 0, & (i,j) \notin P \end{cases}$$

很容易检查 f_p 是一个流。令 $f' = f - f_p$。f' 中有正流量的边数至少比 f 中的边数少 1（$(i,j) \in P$，且 $f(i,j) = \delta$）。由引理 2.19 可知，f' 满足流量守恒和斜对称，因为 f 和 f_p 都满足。

f' 满足容量约束，因为对 $f(i,j) > 0$，$f'(i,j) = f(i,j) - f_p(i,j) \leqslant f(i,j) \leqslant u(i,j)$。对 $f(i,j) < 0$，由斜对称可知 $f'(i,j) = f(i,j) - f_p(i,j) \leqslant 0 \leqslant u(i,j)$。因此，$f'$ 是至多有 $p-1$ 条正流量边的流。由归纳法可知 $f' = \sum_{i=1}^{p-1} f_i$，所以 $f = f' + f_p = \sum_{i=1}^{p} f_i$，引理结论得证。   ■

下面需证明分解定理不仅可用于原图 G 中的流，而且还可用于含剩余容量 u_f 的剩余图 G_f 中的流，并证明剩余图中的流与原图 G 中的流之间的关系。

引理 2.21   假设 f 是 G 中的 $s\text{-}t$ 流，f^* 是 G 中的最大 $s\text{-}t$ 流。剩余图 G_f 中最大流的数值为 $|f^*| - |f|$。

证明   令 $f' = f^* - f$。论证 f' 是 G_f 中的流。由引理 2.19，流量守恒与斜对称成立。由容量约束可知 $f'(i,j) = f^*(i,j) - f(i,j) \leqslant u(i,j) - f(i,j) = u_f(i,j)$。$G_f$ 中 f' 的数值为 $|f^*| - |f|$。

下面论证不存在更大数值的流。考虑 G 中的最小 $s\text{-}t$ 割集 S，使得 $|f^*| = u(\delta^+(S))$。对每条边 $(i,j) \in \delta^+(S)$，由推论 2.5 可得 $f^*(i,j) = u(i,j)$。所以，$f'(i,j) = f^*(i,j) - f(i,j) = u(i,j) - f(i,j) = u_f(i,j)$。再由推论 2.5 可得 $|f'| = u_f(\delta^+(S))$，因此，f' 是图 G_f 中的最大流。   ∎

利用上面两个引理，可证明最大改进增广路径的剩余容量是相对较大的。

引理 2.22   假设 f^* 是 G 中的最大流，f 是任意 $s\text{-}t$ 流。最大改进增广路径的剩余容量至少为 $\frac{1}{m}(|f^*| - |f|)$。

证明   由引理 2.21 可知，G_f 中最大流的数值为 $|f^*| - |f|$。由引理 2.20 可知，G_f 中的最大流至多可分解成 m 条路径上的流，且每个流的数值至多为路径上的最小剩余容量。因此，每个流的数值至少为 $\frac{1}{m}(|f^*| - |f|)$，路径上每条边的剩余容量也至少如此。因此，最大改进增广路径的剩余容量至少为 $\frac{1}{m}(|f^*| - |f|)$。   ∎

现在，我们可用引理 2.22 来界定最大改进增广路径算法的循环次数。对给定的循环次数界，令 U 为所有边上容量的最大值，即 $U = \max_{(i,j) \in A} u(i,j)$。如前所述，下面定理的证明方式在分析网络流算法时已多次运用。

引理 2.23   若边的容量为整数，算法 2.3 在求最大流时需 $O(m \ln(mU))$ 次循环。

证明   最大流数值的一个简单上界为 mU：每条带最大容量 U 的有向边都从源点出发，且都是饱和的。用 f 表示算法若干次循环后所得到的流，$f^{(k)}$ 表示算法经 k 次循环后所得到的流。由引理 2.22 可知：

$$|f^{(1)}| \geqslant |f| + \frac{1}{m}(|f^*| - |f|)$$

$$-|f^{(1)}| \leqslant -|f| - \frac{1}{m}(|f^*| - |f|)$$

$$|f^*| - |f^{(1)}| \leqslant |f^*| - |f| - \frac{1}{m}(|f^*| - |f|)$$

$$|f^*| - |f^{(1)}| \leqslant \left(1 - \frac{1}{m}\right)(|f^*| - |f|)$$

同理，在第 2 次循环后，有：

$$|f^{(2)}| \geqslant |f^{(1)}| + \frac{1}{m}(|f| - |f^{(1)}|)$$

$$|f^*| - |f^{(2)}| \leqslant \left(1 - \frac{1}{m}\right)(|f^*| - |f^{(1)}|) \leqslant \left(1 - \frac{1}{m}\right)^2 (|f^*| - |f|)$$

一般情况下，在循环 k 次后，有：

$$|f^*| - |f^{(k)}| \leqslant \left(1 - \frac{1}{m}\right)^k (|f^*| - |f|)$$

算法开始时，有 $f = 0$。在 $k = m\ln(mU)$ 次循环后，有：

$$|f^*| - |f^{(k)}| \leqslant \left(1 - \frac{1}{m}\right)^{m\ln(mU)} (|f^*| - |f|) < e^{-\ln(mU)}|f^*|$$

令 $x = 1/m \neq 0$，且 $1 - x < e^{-x}$。有：

$$|f^*| - |f^{(k)}| < e^{-\ln(mU)}|f^*| = \frac{1}{mU}|f^*| \leqslant 1$$

由所有边的容量都是整数和流的整数性可知 $|f^*|$ 是整数。由增广路径算法的性质可得 $|f^{(k)}|$ 是整数。因此，若 $|f^*| - |f^{(k)}| < 1$，则 $|f^{(k)}| = |f^*|$，且 $f^{(k)}$ 是最大流。∎

为完成算法分析，需界定算法的总运行时间。为此，需界定计算最大改进增广路径所花的时间。我们给一个非常简单的算法：先在 $O(m\log m)$ 时间内按剩余容量"非增"顺序对所有边进行排序，然后每次引入一条有向边 (按剩余容量"非增"顺序)，直至在图中存在 s-t 路径。这样路径一定是最大改进增广路径，不可能存在其他有更大剩余容量的路径。该算法获得一条路径的时间为 $O(m^2)$。练习 2.8 给出另一个时间为 $O(m + n\log n)$ 的算法。

定理 2.24 算法 2.3 的运行时间为 $O(m\log(mU)(m + n\log n))$。

2.6 容量度量算法

为获得更短的运行时间，我们将看到，对算法分析来说，找到一个近似最大改进增广路径就足够了，并且找到一个好的路径比找到一个最大改进路径有更短的运行时间。虽然节省的运行时间并不太多，但找到一个好的改进而不是可能最好的改进，这种思想在其他地方也会用到，且在运行时间上的改善也很有意义。

本节继续讨论上节中的最大改进增广路径算法，且引入一个度量参数 Δ。我们不是对剩余容量按"非增"序进行排序，然后每次加入一条有向边，直至存在 s-t 路径，而是先对 Δ 设置一个大值，然后加入剩余容量不小于 Δ 的所有边，再检测是否存在 s-t 路径。若存在路径，则修改流，否则将 Δ 减半，重复前面步骤后再检测。

直觉上，若在剩余容量至少为 Δ 的所有边中不存在 s-t 路径，但在边容量至少为 $\Delta/2$ 的所有边中有 s-t 路径，则该路径上的剩余容量不超过最大改进路径容量的 2 倍，这对我们的目标来说已足够好。还有，若在所有边的剩余容量至少为 Δ 的剩余图中仍不存在 s-t 路径，则剩余图中最大流的数值也不会太大。这意味着当前流已经接近最大流。

为形式化上述思路，用 $G_f(\Delta) = (V, A_f(\Delta))$ 表示剩余容量至少为 Δ 的所有边构成的 G_f 子图，即 $A_f(\Delta) = \{(i, j) \in A : u_f(i, j) \geqslant \Delta\}$。利用容量度量的增广路径算法如算

法 2.4 所示。该算法的内循环是对给定的 Δ 值进行操作，对给定的容量度量 Δ，称算法中 (内) 循环部分 (第 5 ~ 7 步) 为 Δ-度量过程。

算法 2.4　最大流问题：利用容量度量的增广路径算法

输入: $G = (V, A)$, $\forall i, j \in V$, $u(i,j) \geqslant 0$, $s, t \in V$。

输出: 最大流 f

  1: **for all** $(i,j) \in A$ **do** $f(x,j) \leftarrow 0$

  2: $U \leftarrow \max_{(i,j) \in A} u(i,j)$ $\triangleright$ U 为图 G 中所有边的最大容量

  3: $\Delta \leftarrow 2^{\lfloor \log_2 U \rfloor}$

  4: **while** $\Delta \geqslant 1$ **do**

  5:     **while** 在图 $G_f(\Delta)$ 中存在 s-t 路径 P **do**

  6:         沿路径 P 推送流量

  7:         修改流 f

  8:     $\Delta \leftarrow \Delta/2$

  9: **return** f

在 Δ-度量过程前，先界定剩余图中最大流数值的取值范围。

引理 2.25　在 Δ-度量过程开始时，剩余图 G_f 中最大流的数值至多为 $2m\Delta$。

证明　在算法开始时，$\Delta \geqslant U/2$，且 $f = 0$。最大流的数值上界是 mU，它也是剩余图中最大流的数值上界。显然有 $mU = 2mU/2 \leqslant 2m\Delta$。因此，结论成立。

在 Δ-度量过程结束时，$G_f(\Delta)$ 中没有 s-t 路径。因此存在 s-t 割集 S，使得 $\delta^+(S)$ 中每条边的剩余容量小于 Δ。这意味着在 Δ-度量过程结束时，割集 S 的剩余容量至多为 $m\Delta$。在开始下次 Δ-度量过程时将 Δ 减半，所以，在下次 Δ-度量过程开始时，割集的剩余容量至多为 $2m\Delta$。因此，剩余图 G_f 中最大流的数值至多为 $2m\Delta$。∎

下面来界定 Δ-度量过程中的循环次数。

引理 2.26　任意 Δ-度量过程至多循环 $2m$ 次。

证明　在 Δ-度量过程中，因为 s-t 路径中所有边的剩余容量至少为 Δ，所以，每次循环沿该路径推送时，流的数值至少增加 Δ。用 f 表示 Δ-度量过程开始时的流，f^* 是最大流。由引理 2.21 和 2.25，$|f^*| - |f| \leqslant 2m\Delta$。因此，若循环 $2m$ 次，得到流的数值至少为 $|f| + 2m\Delta \geqslant |f| + (|f^*| - |f|) = |f^*|$。所以，流 f 一定是最大流，且不可能找到其他增广路径。∎

引理 2.27　若边的容量是整数，则算法 2.4 在 $O(m \log U)$ 次循环后找到最大流。

证明　Δ 的初值为 $2^{\lfloor \log_2 U \rfloor}$，且每次 Δ-度量过程后 Δ 都减半，直至其值小于 1。因此，算法有 $O(\log U)$ 个度量过程。由引理 2.26 可知每个 Δ-度量过程至多有 $2m$ 次循环。因此，算法至多有 $O(m \log U)$ 循环。

当 $\Delta = 1$ 时，Δ-度量过程在剩余图中找到 s-t 路径，使得每条边的剩余容量至少为 1。由于边的容量都是整数，若在每边剩余容量至少为 1 的图中不存在增广路径，则在 G_f 中就不存在增广路径。因此，算法终止时，G_f 中不存在增广路径。由定理 2.7 可得流 f 一定是最大流。 ◼

在图 $G_f(\Delta)$ 中，检测是否存在 s-t 路径仅需 $O(m)$ 时间。所以，可得如下时间复杂度上界。

定理 2.28   算法 2.4 的运行时间为 $O(m^2 \log U)$。

2.7   最短增广路径算法

> 我们将证明：这些理论上的难度 —— 实际上可能是严重误判 —— 是可以避免的。特别是，通过标记方法的改进，它变得如此简单以致很可能被无辜归入计算机实现中······
>
> ——Jack Edmonds 和 Richard M. Karp[57]

本节，我们研究增广路径算法的另一种变形。正如上面的引言所说：它是如此简单，一个人可能无须思考就能简单地写出找到此路径的算法。在该变形中，我们总是用最短增广路径 —— 最少边的路径 —— 来扩展。该算法描述如算法 2.5 所示。

算法 2.5   最大流问题：最短增广路径算法

输入： $G = (V, A)$，$\forall i, j \in V$，$u(i, j) \geqslant 0$，$s, t \in V$。

输出： 最大流 f

1: **for all** $(i, j) \in A$ **do** $f(i, j) \leftarrow 0$

2: **while** 在 A_f 中存在增广路径 **do**

3:     P 是 A_f 中的最短增广路径

4:     沿路径 P 推送流

5:     修改流 f

6: **return** f

为便于分析，在顶点上加上距离标记，这些标记还将出现在下节的算法中。在当前剩余图 G_f 中，$d(i)$ 表示仅通过 A_f 中的边从顶点 $i \in V$ 到汇合点 t 的最短路径的边数。注意，在第 1 章，$d(i)$ 表示源点 s 到顶点 i 的距离，而本章的距离标记表示顶点 i 到汇合点 t 的距离。正确距离标记修改为对任意有正剩余容量的边 (i, j)，一定有 $d(i) \leqslant d(j) + 1$。否则，若 $d(i) > d(j) + 1$，则取边 (i, j) 和顶点 j 到汇合点 t 的最短路径，就可得到一条从顶点 i 到汇合点 t 的更短路径。特别是，有 $d(i) = \min_{(i,j) \in A_f}(d(j) + 1)$，且对最短路径中的每条边 (i, j)，都有 $d(i) = d(j) + 1$。

一个重要的观察结论是：若边 (i, j) 在增广路径算法的某次循环中剩余容量为 0，但在下次循环时剩余容量为正，则算法一定在其反向边 (j, i) 上推送了流。该观察结论在后面的分析中将反复引用。

观察 2.29 若在当前循环中，$u_f(i, j) = 0$，f' 是下次循环的流，且 $u_{f'}(i, j) > 0$，则 $f'(i, j) < f(i, j)$，$f'(j, i) > f(j, i)$。

证明 由已知条件可知，算法在前次循环中一定在边 (j, i) 上增加了流。因此，$f'(j, i) > f(j, i)$。由斜对称性可知，$f(i, j) > f'(i, j)$。∎

下面要证明的第一个引理是：对任意顶点 i，其距离标记 $d(i)$ 在算法中不会变小。

引理 2.30 任取顶点 $i \in V$，$d(i)$ 为剩余图当前循环中顶点 i 与汇合点的距离，$d'(i)$ 为下次循环中其与汇合点的距离，则 $d'(i) \geq d(i)$。

证明 用反证法证明。假设算法在某次循环中结论为假。令 i 是距离标记 $d'(i)$ 最小且满足 $d'(i) < d(i)$ 的顶点。因为 $d(t) = d'(t) = 0$，所以 $i \neq t$。设 P' 是从顶点 i 到汇合点 t 且距离为 $d'(i)$ 的路径。由 $i \neq t$ 可知 P' 不是空路径。

由于顶点 i 的选择方式可知，对其他顶点 j，若 $d'(j) < d'(i)$，则 $d'(j) \geq d(j)$。因此，在上次循环中，路径 P' 的第一条边 (i, j) 的剩余容量一定为 0，否则，因为 $d(i) > d'(i) = 1 + d'(j) \geq 1 + d(j)$，对所有边 $(i, j) \in A_f$，都有 $d(i) \leq d(j) + 1$。这就是产生了矛盾。

若在前面的循环中边 (i, j) 的剩余容量为零，且在本次循环中其有正剩余容量，则由观察 2.29 可知边 (j, i) 上一定增加了流。所以，边 (j, i) 一定在到达汇合点的最短路径上，且 $d(j) = d(i) + 1$。于是有 $d'(i) = 1 + d'(j) \geq d(j) + 1 \geq d(i) + 2$。这显然与假设 $d'(i) < d(i)$ 相矛盾。∎

推论 2.31 对任意顶点 i，标记 $d(i)$ 在算法 2.5 的执行过程中是非降的。

随后我们将看到，在算法执行过程中，推论 2.31 可导出使边 (i, j) 饱和次数的界限。若 $f(i, j) = u(i, j)$，则边 (i, j) 是饱和的（见 2.1 节）。所以，若在前次循环中 $f(i, j) < u(i, j)$，且在边上推送流后有 $f(i, j) = u(i, j)$，则边 (i, j) 变成饱和。由于增广路径算法每次循环至少会使一条边变成饱和的，因此，使给定边变成饱和的次数上界可转变为算法循环次数的上界。

引理 2.32 在算法 2.5 的执行过程中，给定边 $(i, j) \in A$ 可饱和 $O(n)$ 次。

证明 假设边 (i, j) 变成饱和的，即其剩余容量为零。若其是被饱和的，则它一定在一条到达汇合点的最短路径上，且 $d(i) = d(j) + 1$（用当前的距离标记）。为使该边在以后循环中再次被饱和，其剩余容量一定非零。由观察 2.29 可知，若在边 (j, i) 上增加流，即边 (j, i) 在到达汇合点的某条最短路径上，则边 (i, j) 的剩余容量会变为非零。

用 d' 表示下次循环时的距离标记，一定有 $d'(j) = d'(i) + 1$。由推论 2.31 可知顶点 i 的距离标记是非降的。所以，$d'(j) = d'(i) + 1 \geq d(i) + 1 = (d(j) + 1) + 1$，即 $d'(j) \geq d(j) + 2$。因此，边 (i, j) 在两次被饱和的循环间，顶点 j 的距离标记至少增加 2。由于任意顶点到汇合点的简单路径至多有 $n - 1$ 条边，所以，该顶点到汇合点的距离至多为 $n - 1$。因此，边 (i, j) 可被饱和的次数至多为 $O(n)$。∎

算法的循环次数几乎是引理 2.32 的逻辑结果。

引理 2.33   算法 2.5 可在 $O(mn)$ 次循环内求出最大流。

证明   由引理 2.32 可知,在算法中,任意一条边至多可被饱和 $O(n)$ 次。算法的每次循环至少使一条边变成饱和的。由于图中有 m 条边,所以,求最大流至多需 $O(mn)$ 次循环。∎

对连通无权图,可在 $O(m)$ 时间内求出最短路径 (练习 1.1)。因此,可得到下面的运行时间。

定理 2.34   算法 2.5 的运行时间为 $O(m^2 n)$。

由定义 2.10 可知算法 2.5 是强多项式时间算法。

2.8   推送–重标算法

前三节给出了最大流问题的算法,这些算法是用增广路径算法对算法 2.1 的不同实现方式。本节,我们用完全不同的算法来求解最大流问题,该算法在实践中被验证是最快算法。

增广路径算法在运行时间方面所遇到的问题如图 2.12 所示,源点 s 右边有 M 个顶点,汇合点 t 左边也有 M 个顶点,中间有一条很长的路径。每次增加流时只能发送一个单位流,且需把这个单位流推送很长路径。若在该长路径上一次推送所有 M 个单位流,那将是一个不错的思路。

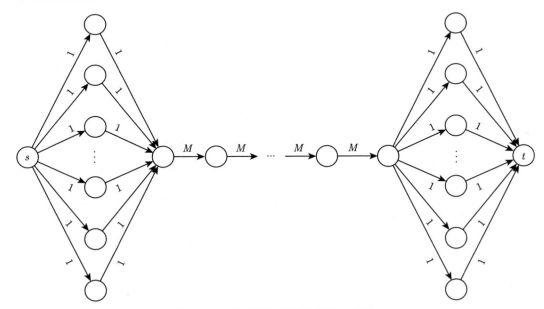

图 2.12   增广路径算法的问题示例图

我们将讨论的推送–重标算法 (简称 PR 算法) 能做到这点。增广路径算法保持一个可行流 f,并在算法结束时找到一个 s-t 割集的值等于该流的数值。PR 算法思路相反:它保持一个不可行流和一个可行 $s\text{-}t$ 割集，并逐步修改不可行流，最终使之变为可行，且其数值等于 $s\text{-}t$ 割集的值。

PR 算法保持一种特殊的不可行流，称为准流。除流量守恒外，它满足定义 2.3 的其他性质，它不要求顶点 i 的净流量为 $0(i \neq s, t)$，但要确保流入顶点 i 的净流量非负 $(i \neq s)$。我们称流入顶点 i 的净流量为该顶点的过剩流量。对给定准流 f，用 $e_f(i)$ 来表示顶点 i 的过剩流量。下面给出准流和过剩流量的形式化定义。

定义 2.35　$s\text{-}t$ 准流 $f: A \to \Re$ 是对有向边赋一个实数，满足以下三个性质：

- $\forall (i, j) \in A$，$f(i, j) \leqslant u(i, j)$。
- $\forall i \in V - \{s\}$，流入顶点 i 的净流量非负，即 $\sum_{k:(k,i) \in A} f(k, i) \geqslant 0$。
- $\forall (i, j) \in A$，$f(i, j) = -f(j, i)$。

对准流 f，顶点 i 的过剩流量定义为 $e_f(i) = \sum_{k:(k,i) \in A} f(k, i)$。

PR 算法与上节的最短增广路径算法有相似之处。后者在分析中使用距离标记，前者对顶点 i 保存距离标记 $d(i)$，$\forall i \in V$。在 PR 算法中，若 $d(i) \leqslant n$，$d(i)$ 是用正剩余容量边从顶点 i 到汇合点的距离下界。若 $d(i)$ 相对准流 f 满足下面的性质，则称该距离标记有效。

定义 2.36　在 PR 算法中，对准流 f 和顶点 $i(i \in V)$，称 $d(i)$ 为有效的距离标记，若它满足：

- $d(s) = n$，$d(t) = 0$。
- $d(i) \leqslant d(j) + 1$，$\forall (i, j) \in A_f$。

有效距离标记的直接结果是：对预流 f，在剩余图中存在 $s\text{-}t$ 割集，也就是说，剩余图中不存在增广路径。

引理 2.37　给定预流 f 和有效距离标记 d，G_f 中不存在增广路径。

证明　假设存在 $s\text{-}t$ 简单路径 P，且 $\forall (i, j) \in P$，都有 $(i, j) \in A_f$。因为 P 是简单路径，路径 P 中的边数至多为 $n-1$。由标记 d 是有效的，我们知道 $d(t) = 0$ 和 $d(i) \leqslant d(j)+1$，$\forall (i, j) \in P$。于是可推导出 $d(s) \leqslant d(t) + |P| \leqslant n-1$，这与有效标记 $d(s) = n$ 相矛盾。　∎

在保持有效距离的前提下，PR 算法的目标是逐步将准流转变为流。当我们得到流 f 和相关的有效距离标记后，由引理 2.37 可知 G_f 中不存在增广路径。因此，流 f 是最大流。

将准流转变为流的主要思想是逐步将尽可能多的正过剩流量推向汇合点，按最短增广路径算法，我们只沿达到汇合点的最短路径的边推送流量。如果顶点 i 有正过剩流量 $e_f(i) > 0$，且存在正剩余容量边 (i, j)，我们可增加边 (i, j) 上的流量而获得另一个准流，即增加流量 $f(i, j)$，减少顶点 i 的过剩流量，增加顶点 j 的过剩流量。为确保推送的边在到汇合点的最短路径上，我们所选择的边 (i, j) 满足 $d(i) = d(j) + 1$，也就是说，顶点 j 比 i 更接近汇合点。

下面介绍经常使用的术语。若 $(i,j) \in A_f$，$d(i) = d(j) + 1$，则称边 (i,j) 是可选的。算法中仅增加可选边上的流量。在保证 f 是准流的前提下，我们沿可选边 (i,j) 推送尽可能多的流量。所以，在边 (i,j) 有剩余容量 $u_f(i,j)$ 的约束下，尽可能多地推送顶点 i 的过剩流量。因此，所能推送的流量为 $e_f(i)$ 和 $u_f(i,j)$ 的最小值，即 $\min(e_f(i), u_f(i,j))$。

若顶点 i 有正过剩流量，但因为 $d(i) < d(j) + 1$，$\forall(i,j) \in A_f$ 而使从顶点 i 出发无可选边 (i,j)，这时算法能做什么？在此情况下，我们的直觉是当前的距离标记 $d(i)$ 过小：顶点 i 的所有邻接点与汇合点的距离至少与 $d(i)$ 一样大，且顶点 i 到汇合点的实际距离一定比当前的距离标记所标识的距离更大。因此，有过剩流量的顶点 i 的所有出边中没有可选边，这时需重标距离标记 $d(i)$。用顶点 i 的所有出边 $(i,j) \in A_f$，增加 $d(i)$ 到所有 $d(j) + 1$ 的最小值，即 $d(i) = \min_{(i,j) \in A_f}(d(j) + 1)$。这样，顶点 i 至少有一条可选边来推送过剩流量，同时，还保证 d 是有效的距离标记。注意，若顶点 i 有正过剩流量，则一定存在边 (k,i)，且 $f(k,i) > 0$。这意味着流出顶点 i 的边中至少有一条有正剩余容量，即反向边 (i,k)。所以，在 A_f 中一定存在流出顶点 i 的有向边。我们在过程 PUSH 和 RELABEL 中形式化定义推送和重标操作。

关于距离标记的另一个有用观点是：将距离标记视为顶点高度。对所有有正剩余容量的边 (i,j)，条件 $d(i) \leqslant d(j) + 1$ 可确保顶点 i 不会向比它高的相邻顶点推送流量。仅当 $d(i) = d(j) + 1$ 时，我们才推送过剩流量，因为希望流从高顶点向低一个单位的顶点流动。RELABEL 操作提升当前顶点的高度，使其可向相邻顶点推送流量。

在上述讨论中，没涉及这样的情况：过剩流量不能推向汇合点。若遇到此类情况，可把过剩流量推回到源点：若标记 $d(i)$ 变为 n 或更大，则 $d(i) - n$ 就是它到源点距离的下界，且该顶点的过剩流量将推回到源点。本节后面对此情况有更多的讨论。

PR 算法的完整描述如算法 2.6 所示。对顶点 $i(i \neq s, t)$，若 $e_f(i) > 0$，则该顶点是活跃的。若存在活跃顶点，且还没有产生流 f，则寻找可选边 (i,j)。若存在可选边 (i,j)，则沿此边尽可能多地推送流：推送顶点 i 的过剩流量和边 (i,j) 剩余容量的最小值。若没有可选边 (i,j)，则重新标记顶点 i。

算法 2.6　基本的 PR 算法

输入： $G = (V, A)$，$\forall(i,j) \in A$，$u(i,j) \geqslant 0$

输出： 最大流 f

1: **for all** $(i,j) \in A$ **do** $f(i,j) \leftarrow 0$

2: **for all** $(s,j) \in A$ **do** $f(s,j) \leftarrow u(s,j)$,　$f(j,s) \leftarrow -u(s,j)$

3: $d(s) \leftarrow n$

4: **for all** $i \in A - \{s\}$ **do** $d(i) \leftarrow 0$

5: **while** $\exists i \in A - \{s,t\}$，且 $e_f(i) > 0$ **do**　　　　　　　▷ 存在活跃顶点 i

6:　　**if** $(i,j) \in A_f$ 且 $d(i) = d(j) + 1$ **then** PUSH(i,j)　　▷ 存在可选边 (i,j)

7:　　**else** RELABEL(i)

8: **return** f

1: **procedure** PUSH(i, j)　　　　　　　　　　▷ 输入：顶点 i 和 j
　　　　　　　　　　　　　　　　　　　　　　功能：修改边 (i, j) 和反向边 (j, i) 上的流量

2:　　　$\delta \leftarrow \min(e_f(i), u_f(i, j))$

3:　　　$f(i, j) \leftarrow f(i, j) + \delta$

4:　　　$f(j, i) \leftarrow f(j, i) - \delta$

1: **procedure** RELABEL(i)　　　　　　　　　　▷ 输入：顶点 i
　　　　　　　　　　　　　　　　　　　　　　功能：修改距离标记 $d(i)$

2:　　　$d(i) \leftarrow \min_{(i,j)\in A_f}(d(j) + 1)$，或者，$d(i) \leftarrow \min_{(i,j)\in A_f} d(j) + 1$

下面我们先证明算法能保持准流 f 和有效的距离标记 d。

引理 2.38　　算法 2.6 能保持准流 f。

证明　　先证明 f 被初始化为准流，再证明推送操作后 f 仍是准流。对任意顶点 k，使得 $(s, k) \in A_f$，初始化 $e_f(k) = u(s, k)$。对所有其他顶点 $i \neq s, t$，$e_f(i) = 0$。显然，f 满足容量约束和斜对称。所以，算法开始时 f 是准流。

现在考虑在边 (i, j) 上执行推送操作。在准流 f 下，f' 是执行推送操作后的结果。算法推送 $\delta = \min(e_f(i), u_f(i, j))$ 个单位流量。f' 满足容量约束，因为

$$f'(i, j) = f(i, j) + \delta \leqslant f(i, j) + u_f(i, j) \leqslant u(i, j)$$
$$f'(j, i) = f(j, i) - \delta \leqslant u(j, i)$$

f' 满足斜对称性，因为 $f'(i, j) = f(i, j) + \delta = -f(j, i) + \delta = -(f(j, i) - \delta) = -f'(j, i)$。

最后，顶点继续拥有非负过剩流量，因为在 $i \neq s, t$ 上做推送操作，有 $e_{f'}(i) = e_f(i) - \delta \geqslant 0$，$e_{f'}(j) = e_f(j) + \delta \geqslant 0$。所以，$f'$ 仍是预流。　∎

引理 2.39　　算法 2.6 保持有效的距离标记 d。

证明　　算法开始时，有 $d(s) = n$，$d(t) = 0$ 和 $d(i) = 0, \forall i \in V - \{s, t\}$。因为 $d(s) = n$ 和 $d(t) = 0$，所以，仅有边 (s, k)，满足 $d(s) > d(k) + 1$。但边 (s, k) 初始化为饱和，使得 $u_f(s, k) = 0$，因为 $(s, k) \notin A_f$，算法无须考虑 $d(s) \leqslant d(k) + 1$。

下面需证明在算法中 d 仍是有效的距离标记。在重标操作后，用构造法证明距离标记 d 仍是有效的。考虑在边 (i, j) 上做推送操作，增加流量 $f(i, j)$ 使边 (j, i) 有正剩余容量。因为算法仅在满足 $d(i) = d(j) + 1$ 的边 (i, j) 上做推送操作，所以，$d(j) = d(i) - 1 \leqslant d(i) + 1$，即对边 (j, i)，距离标记是有效的。因为源点 s 和汇合点 t 始终是非活跃的，所以，它们都不会被重标，即在算法中始终有 $d(s) = n$ 和 $d(t) = 0$。　∎

为证明算法最终以流 f 结束，需先证明下面的引理。

引理 2.40　　对任意准流 f，对任意有过剩流量 $e_f(i) > 0$ 的顶点 i，一定存在从顶点 i 到 s 的简单路径，且路径中的每条边都有正剩余容量。

证明   设顶点 i 有过剩流量 $e_f(i) > 0$，S 是从顶点 i 用正剩余容量的边可达的顶点集合。

假设 $s \notin S$。对任意边 (j, k)，$j \in S$，$k \notin S$，$u_f(j, k) = 0$，且 $f(j, k) = u(j, k)$。由斜对称性可知 $f(k, j) = -f(j, k) = -u(j, k) \leqslant 0$。下面计算 $\sum_{j \in S} e_f(j)$。由定义 2.35 可知：

$$\sum_{j \in S} e_f(j) = \sum_{j \in S} \sum_{k:(k,j) \in A} f(k, j)$$
$$= \sum_{j \in S} \left(\sum_{k \in S:(k,j) \in A} f(k, j) + \sum_{k \notin S:(k,j) \in A} f(k, j) \right)$$
$$= \sum_{j \in S} \sum_{k \in S:(k,j) \in A} f(k, j) + \sum_{j \in S} \sum_{k \notin S:(k,j) \in A} f(k, j)$$

由斜对称可知，$\sum_{j \in S} \sum_{k \in S:(k,j) \in A} f(k, j)$ 被消去。由前面的叙述可知，$\sum_{j \in S} \sum_{k \notin S:(k,j) \in A} f(k, j)$ 中的项都是非正的。因此，有 $\sum_{j \in S} e_f(j) \leqslant 0$。由于 f 是准流，所以，$e_f(j) \geqslant 0$，$\forall j \in V - \{s\}$。由此可得 $\sum_{j \in S} e_f(j) = 0$ 和 $e_f(j) = 0$，$\forall j \in S$。因为 $i \in S$，所以 $e_f(i) = 0$。这与条件 $e_f(i) > 0$ 相矛盾。因此，一定有 $s \in S$。   ■

引理 2.40 的结论可确保距离标记有界，这可直接界定算法的运行时间。

引理 2.41   任取顶点 $i \in V$，有 $d(i) \leqslant 2n - 1$。

证明   我们知道，算法仅重标有正过剩流量的顶点。由引理 2.40 可知，用正剩余容量的边，一定存在从顶点 i 到源点 s 的简单路径 $P \subseteq A_f$。由于 P 是简单路径，所以，$|P| \leqslant n - 1$。由于 d 是有效标记，且 $(i, j) \in A_f$，$\forall (i, j) \in P$，所以，一定有 $d(i) \leqslant d(s) + |P| = n + |P| \leqslant 2n - 1$。   ■

用引理 2.41 可直接界定算法执行重标操作的次数，且再做一点研究就可知，还可界定算法执行推送操作的次数。下面就来界定算法所做重标操作的次数。

引理 2.42   算法 2.6 执行重标操作的次数为 $O(n^2)$。

证明   由算法描述可知，$d(i) = 0$，$\forall i \in V - \{s\}$。每次重标操作，距离标记至少加 1。由引理 2.41 可知，每个距离标记至多为 $2n - 1$，且至多有 $n - 2$ 个顶点能重标。所以，执行重标操作的总数最多为 $(n - 2)(2n - 1) = O(n^2)$。   ■

在推送操作中，用 $\min(e_f(i), u_f(i, j))$ 来增加边 (i, j) 上的流量。为界定算法执行推送操作的数量，我们把推送操作分为成两类：

- 当 $e_f(i) \geqslant u_f(i, j)$ 时，在流 $f(i, j)$ 上增加 $u_f(i, j)$ 个单位流量，称该推送操作为饱和推送，因为推送后边 (i, j) 是饱和的。
- 当 $e_f(i) < u_f(i, j)$ 时，在流 $f(i, j)$ 上增加 $e_f(i)$ 个单位流量，称该推送操作为非饱和推送。

我们用与引理 2.32(最短增广路径算法) 基本相同的方法来界定算法执行饱和推送的次数。

引理 2.43 算法 2.6 执行饱和推送的次数为 $O(mn)$。

证明 给定边 (i, j)，若在边 (i, j) 上执行饱和推送，则该边是可选的，且 $d(i) = d(j)+1$，因为该边变为饱和，所以其剩余容量为零。由观察 2.29 可知，只有在边 (j, i) 上增加流量时，边 (i, j) 才会再有正剩余容量。

d' 表示循环中在边 (j, i) 上推送流量时的距离标记。若边 (j, i) 是可选的，且 $d'(j) = d'(i)+1$，则在边 (j, i) 上可推送流。因算法过程中距离标记是非降的，所以，$d'(j) = d'(i)+1 \geqslant d(i) + 1 = d(j) + 2$。因此，在边 (i, j) 再次有正剩余容量前，或在边 (i, j) 上再次执行饱和推送前，距离标记 $d(j)$ 至少增加 2 个单位。由引理 2.41 可知 $d(j) \leqslant 2n - 1$。所以，算法在边 (i, j) 上执行饱和推送的次数至多为 n。对所有 m 条边，算法执行饱和推送的次数最多为 $O(mn)$。 ■

若距离标记被看作顶点高度，那么上面的证明表明：边 (i, j) 上的饱和推送操作是从顶点 i 向低一级的顶点 j 推送流量。为再次从顶点 i 向顶点 j 推送流量，则需先从顶点 j 向顶点 i 推送流量。为保证向下推送流量，需提升顶点 j 的高度两个单位。因为顶点 j 的高度不超过 $2n - 1$ 个单位，所以，在边 (i, j) 上至多可执行 $O(n)$ 次饱和推送。

最后，我们界定算法中执行非饱和推送的次数。在此论证中将使用势函数。我们用算法中的一些参数构建势函数 Φ，使得 Φ 在算法执行过程中是非负的，在算法开始时，其值是非负数值 P。通常，算法中的某步 (如每次非饱和推送) 会使 Φ 至少减少一个单位，而其他步会使 Φ 增加。为界定使 Φ 减少的步数，我们仅需界定 Φ 增加的总数——这些步数至多为 P 加上 Φ 增加的总数。我们可把 Φ 比作银行账户。因为银行账户永不为负数，所以要统计从账户中提取至少一个单位 (金钱) 的次数，即界定提款总数，我们只需界定账户的初始金额和存入账户的总金额。

引理 2.44 算法 2.6 执行非饱和推送的次数为 $O(n^2 m)$。

证明 使用势函数来计数活跃顶点的距离标记之和，即 $\Phi = \sum_{i \text{是活跃的}} d(i)$。在算法开始和结束时，都有 $\Phi = 0$，因为开始时所有活跃顶点的距离标记都为 0，结束时没有活跃顶点。下面讨论算法中使 Φ 增加和减少的情况。

- 非饱和推送操作使 Φ 减少，因为它使活跃顶点变成不活跃顶点，从而使其距离标记不会被计算。在边 (i, j) 上执行推送操作需要 $d(i) = d(j) + 1$，即使非饱和操作使顶点 j 变成活跃的。Φ 的变化量为 $d(j) - d(i) = d(j) - (d(j) + 1) = -1$。
- 重标操作和饱和操作 (产生新活跃顶点) 使 Φ 增加，重标操作因修改距离标记而增加 Φ，添加新活跃顶点 j 会增加 Φ，且增量 $d(j) \leqslant 2n - 1$。因此，算法中 Φ 增加的总额为：

$$\underbrace{O(n^2)}_{\text{重标操作}} + \underbrace{O(nm) \cdot (2n - 1)}_{\text{饱和推送}} = O(n^2) + O(n^2 m) = O(n^2 m)$$

因为算法开始和结束时都有 $\Phi = 0$，所以非饱和操作的总数为 $O(n^2 m)$。 ■

把算法中的所有因素考虑在一起，可得其时间复杂度。

定理 2.45   PR 算法 (算法 2.6) 求最大流所需时间为 $O(n^2m)$。

证明   每步推送操作需 $O(1)$ 时间，因此，算法在推送操作上所花的总时间为 $O(n^2m)$。对每个顶点 i，算法需保持其出边 (i,j) 的有序表，并用指针指向最近执行推送操作的边 (i,j)。在找顶点 i 的可选边时，从上次推送流的边开始；若它不再是可选的，则把指针移向下一条边。若已到达列表尾，则顶点 i 不再有可选边，可对其执行重标操作，并重置指针到边列表的头。检查顶点 i 的所有出边所需时间为 $O(|\delta^+(\{i\})|)$。由引理 2.41 可知重标顶点 i 至多 $O(n)$ 次。所以，重标操作和遍历所有顶点的可选边总共所需时间为 $O(n\sum_{i\in V}|\delta^+(\{i\})|)) = O(nm)$。

当算法终止时，准流 f 就是流，因为 $e_f(i)=0$，$\forall i \in V - \{s,t\}$。由引理 2.37 可知 G_f 中不存在增广路径。由定理 2.7 可知 f 一定是最大流。∎

由上面证明可知，运行时间主要取决推送操作。PR 算法非常灵活，在选择推送边和重标顶点方面都有很好的选择策略。利用其灵活性，可对整体运行时间有更好的界定。尤其可开展相关研究以获得更好的非饱和推送次数，因为引理 2.44 中的界 $O(n^2m)$ 会导致运行时间为 $O(n^2m)$。为此，算法引入称为准许的新操作，该操作按特定顺序对活跃顶点执行准许操作。准许操作选择某活跃顶点 i 后，再对该顶点连续执行推送操作 (必要时可执行重标操作)，直到它不再活跃。准许操作至多导致一次非饱和推送，因为顶点 i 最后执行的推送操作是非饱和的。

此外，算法会对最高距离标记的活跃顶点执行准许操作。为支持相关顺序，用整数 d^* 保存活跃顶点的最大标记，即 $d^* = \max_{i\text{是活跃的}} d(i)$。算法保存一个桶数组 $b[0],\cdots,b[(2n-1)]$，其中第 k 个桶 $b[k]$ 是距离标记为 k 的活跃顶点列表。数据结构桶支持以下操作：

- $add(i)$: 将顶点 i 添加桶的列表中。
- $remove()$: 从桶的列表中删除并返回某个顶点 (若列表非空)。
- $remove(i)$: 从桶中删除顶点 i (若它在桶中)。
- $contains(i)$: 判断顶点 i 是否在桶中。若在，返回 true；否则，返回 false。
- $empty()$: 判断桶是否为空。若桶为空，返回 true；否则，返回 false。

过程 DISCHARGE 和算法 2.7 是采用最高标记的 PR 算法。算法 2.7 使非饱和推送的执行次数降为 $O(n^2\sqrt{m})$。

引理 2.46   算法 2.7 执行非饱和推送操作的次数为 $O(n^2\sqrt{m})$。

证明   令 $K = \sqrt{m}$，$N(i)$ 为距离标记至多为 $d(i)$ 的顶点集合，即 $N(i) = \{j \in V : d(j) \leqslant d(i)\}$。由 $i \in N(i)$ 可知 $|N(i)| \geqslant 1$。类似引理 2.44 的证明，引入势函数 $\Phi = \frac{1}{K}\sum_{i\text{是活跃的}}|N(i)|$。算法开始时，$\Phi \leqslant n^2/K$；算法终止时，$\Phi = 0$，因为不再有活跃节点。

算法 2.7 采用最高标记的 PR 算法

输入: $G = (V, A)$, $\forall (i, j) \in A$, $u(i, j) \geqslant 0$。

输出: 最大流 f。

1: **for all** $(i, j) \in A$ **do** $f(i, j) \leftarrow 0$

2: **for all** $(s, j) \in A$ **do** $f(s, j) \leftarrow u(s, j)$, $f(j, s) \leftarrow -u(s, j)$

3: $d(s) \leftarrow n$

4: **for all** $i \in A - \{s\}$ **do** $d(i) \leftarrow 0$

5: $d^* \leftarrow 0$ ▷ 置当前最高标记

6: **for all** $i \in A - \{s, t\}$ **do** $b[0].add(i)$ ▷ 把所有非源点和汇合点加入 0 号桶

7: **while** $d^* \geqslant 0$ **do**   ▷ 当最高标记非负时，继续循环

8:     **if** not $b[d^*].empty()$ **then** DISCHARGE($b[d^*].remove()$)   ▷ 若第 d^* 号桶不空

9:     **else** $d^* \leftarrow d^* - 1$

10: **return** f

1: **procedure** DISCHARGE(i)   ▷ 输入: 顶点 i; 功能: 遍历活跃顶点 i 的所有出边

2:     **while** 顶点 i 是活跃的 **do**

3:        **for all** $j \in V$ 且 $(i, j) \in A$ **do**

4:           **if** (i, j) 是可选的 **then** PUSH(i, j)

5:        **if** $e_f(i) > 0$ **then** RELABEL(i)

1: **procedure** PUSH(i, j)   ▷ 输入: 顶点 i, j; 功能: 修改边 (i, j) 和反向边 (j, i) 上的流量

2:     $\delta \leftarrow \min(e_f(i), u_f(i, j))$

3:     $f(i, j) \leftarrow f(i, j) + \delta$

4:     $f(j, i) \leftarrow f(j, i) - \delta$

5:     **if** j 是活跃的 且 not $b[d(j)].contains(j)$ **then** $b[d(j)].add(j)$ ▷ 顶点 j 不在第 $d(j)$ 号桶中

1: **procedure** RELABEL(i)   ▷ 输入: 顶点 i; 功能: 修改顶点 i 的距离标记

2:     $b[d(i)].remove(i)$

3:     $d(i) \leftarrow \min_{(i, j) \in A_f} d(j) + 1$

4:     $b[d(i)].add(i)$

5:     **if** $d(i) > d^*$ **then** $d^* \leftarrow d(i)$ ▷ 修改最高标记

我们需考虑使势函数增加和减少的操作。由先前的观察可知:

- Φ 的初值为 n^2/K。

- 重标顶点 i 使 Φ 至多增加 n/K，因为 $|N(i)|$ 可能增加到 n，而其他 $|N(j)|$ 都没增加，其中 $j \neq i$。

- 饱和推送操作使 Φ 也至多增加 n/K，因为该操作增加一个活跃顶点。

由引理 2.42 和 2.43 可得增加后的 Φ 总值为:

$$O(\underbrace{n^2/K}_{\text{初值}} + \underbrace{n^2 \times n/K}_{\text{重标部分}} + \underbrace{mn \times n/K}_{\text{饱和推送部分}}) = O(mn^2/K)$$

边 (i,j) 上的非饱和推送操作减小 Φ,因顶点 i 不再活跃而从求和中删除,且 $|N(i)| \geqslant 1$,即使顶点 j 可能因推送操作而变成活跃的。因为 (i,j) 是可选的且 $d(i) = d(j) + 1$,这可推导出 $N(j) \subset N(i)$ 和 $|N(j)| < |N(i)|$,因为 $i \notin N(j)$。因此,Φ 的减少量至少为 $(|N(i)| - |N(j)|)/K \geqslant 1/K$。

为分析非饱和推送的操作次数,将算法执行过程分成阶段:当 d^* 变化时,结束当前阶段,开始下一阶段。我们先界定算法中阶段的总数。算法开始和结束时,都有 $d^* = 0$。若 d^* 增加 (使当前阶段结束),这一定是在距离标记为 d^* 的顶点 i 上执行了重标操作,因为算法总是准许最高标记的活跃顶点。d^* 的增量等于顶点 i 标记的变化次数。由引理 2.42 可得 d^* 的增加总数为 $O(n^2)$(源自所有顶点标记的增加次数)。d^* 的减少结束一个阶段,且 d^* 的减少次数至多为 d^* 的增加总数,所以,阶段总数为 $O(n^2)$。

若在阶段中至多有 K 次非饱和推送操作,则称该阶段为短阶段,否则,称之为长阶段。因为算法有 $O(n^2)$ 个阶段,所以短阶段至多有 $O(n^2 K)$ 个非饱和推送操作。

一个关键描述是:长阶段中,至少有 K 个非饱和推送,每次非饱和推送使 Φ 至少减小 1。在边 (i,j) 上的非饱和推送是从最高标记顶点 i 开始的,即 $d(i) = d^*$。阶段结束时,要么标记为 d^* 的所有顶点都不活跃,要么标记为 d^* 的某个顶点被重标。所以,若在长阶段有 $Q > K$ 个非饱和推送,则在阶段开始时,至少有 Q 个距离标记为 d^* 的顶点。因此,在长阶段,对可选边 (i,j) 上的每个非饱和推送,有 $|N(i)| - |N(j)| \geqslant Q > K$,且每个推送操作使 Φ 至少减少 $|(N(i)| - |N(j)|)/K \geqslant 1$。因为算法使 Φ 的增量为 $O(mn^2/K)$,所以,长阶段中非饱和推送操作的总数为 $O(mn^2/K)$。因此,算法中所有非饱和推送操作的总数为 $(K = \sqrt{m})$

$$O(n^2 K + mn^2/K) = O(n^2\sqrt{m} + mn^2/\sqrt{m}) = O(n^2\sqrt{m} + n^2\sqrt{m}) = O(n^2\sqrt{m}) \qquad \blacksquare$$

定理 2.47 *最高标记的 PR 算法 (算法 2.7) 的运行时间为 $O(n^2\sqrt{m})$。*

Goldberg 和 Tarjan[92] 用数据结构中的动态树 (见练习 4.3) 证明:PR 算法的运行时间可为 $O(mn \log(n^2/m))$。

正如本节开始所说,PR 算法及其变形在实践中是最快的最大流算法,最高标记的 PR 算法是最快的 PR 算法变形。现在来描述一些实现细节,它们在算法的理论时间复杂度上没有作用,但对改善最高标记 PR 算法的运行速度非常有用。

重新定义活跃顶点:对顶点 $i \neq t$,若 $d(i) < n$,且有正过剩流量 $e_f(i) > 0$,则称顶点 i 为活跃顶点。我们将证明:仅对距离标记 $d(i) < n$ 的顶点 i 向汇合点推送其过剩流量,且当没有活跃顶点时,就已找到最小 s-t 割集。在棒球队淘汰问题中,我们仅关注流的数值,而不关心边的流量 $f(i,j)$。对该问题,有这样的算法就够了。证明的基本思路是找到一个顶点集合 S,使得 $\delta^+(S)$ 中的所有边都是饱和的。如果所有带正过剩流量的顶点都在集合 S 中,那么可证明:若继续运行 PR 算法,则 $\delta^+(S)$ 中的边仍然是饱和的。由推论 2.5 可知,当算法终止时,集合 S 是最小 s-t 割集。我们得到的顶点集合 $S = \{ i : d(i) \geqslant n \}$ 和

$\delta^+(S)$ 中的所有边都是饱和的。

若我们关注边的流量 $f(i,j)$，可选准流 f 和 s-t 割集 S，所有带正过剩流量的顶点都在 S 中，$\delta^+(S)$ 中的所有边都是饱和的，且在 $O(mn)$ 时间内可把预流转换为流 (见练习 2.13)。

引理 2.48 假设 f 是准流，S 是 s-t 割集，使得: 若 $(i,j) \in \delta^+(S)$，则 $u_f(i,j)=0$; 若 $j \notin S \cup \{t\}$，则 $e_f(j)=0$。那么，S 是最小 s-t 割集。

证明 用推理 2.5 来证明: S 是最小 s-t 割集，但 f 是准流而不是流。论证: 若继续运行基本的 PR 算法 (算法 2.6)，则 $\delta^+(S)$ 中的边仍然是饱和的。为此，任取 $\delta^+(S)$ 中的边 (i,j)，只有在边 (i,j) 或 (j,i) 上执行推送操作时，边 (i,j) 上的流才发生改变。

因为 $j \notin S$，所以 $e_f(j)=0$，且不会在边 (j,i) 上执行推送操作。因为 $u_f(i,j)=0$，算法也不会在边 (i,j) 上执行推送操作。由归纳可知，对边 $(i,j) \in \delta^+(S)$，有 $u_f(i,j)=0$。对 $j \notin S \cup \{t\}$，有 $e_f(j)=0$。所以，算法终止返回流 f 时，由推论 2.5 可知 S 一定是最小 s-t 割集。 ■

引理 2.49 若 $d(i) \geqslant n$，则顶点 i 不能用正剩余容量边到达汇合点 t。

证明 假设 P 是用正剩余容量边从顶点 i 到汇合点 t 的简单路径。由 d 是有效距离标记可得 $d(i) \leqslant d(t) + |P| \leqslant 0 + n - 1 = n - 1$。这是一个矛盾。 ■

推论 2.50 当 $e_f(i) > 0$ 可推导 $d(i) \geqslant n$ 时，算法终止。若 S 是不能用 A_f 中的边到达汇合点 t 的所有顶点集合，则 S 是最小 s-t 割集。

证明 对集合 S，由 $(i,j) \in \delta^+(S)$ 可知 $u_f(i,j)=0$。由引理 2.49 和 2.48 可直接推出本推论。 ■

由推论 2.50 可知，若重定义活跃顶点 i 为 $d(i) < n$ (和 $e_f(i) > 0$)，则当不再有活跃顶点时，构造集合 $S = \{i : i$ 不能用 A_f 中的边到达汇合点 t, $i \in V - \{t\}\}$。由推论 2.50 可知集合 S 是最小 s-t 割集。

下面引理的证明留作练习 (练习 2.13)。

引理 2.51 f 是准流，S 是 s-t 割集，使得若 $i \neq s$，且 $e_f(i) > 0$，则 $i \in S$，且 $u_f(i,j)=0$, $\forall (i,j) \in \delta^+(S)$。可在 $O(mn)$ 时间内找到流 f，且 $|f| = u(\delta^+(S))$。

在实验中，PR 算法有两个启发式变形。一个变形称为间隙重标启发算法，该算法检测距离标记中是否存在 "间隙"，即存在数值 $k < n$，使得只有距离标记大于 k 的活跃顶点，没有距离标记等于 k 的活跃顶点。若如此，则对所有标记满足 $k < d(i) < n$ 的顶点 i，置 $d(i) = n$。因为仅当 $d(i) < n$ 时，顶点 i 才是活跃的，这样可有效地使那些顶点都不是活跃顶点。

证明该启发式算法正确性的思路是: 新的距离标记仍是有效的距离标记。请读者来证

明 (见练习 2.14)。该启发式算法很容易实现：在执行重标操作时，从桶 $b[d(i)]$ 中删除顶点 i 时，检查该桶是否为空。若为空，因为顶点 i 为活跃顶点，所以它将接收一个大于 $d(i)$ 的标记，置标记大于 $d(i)$ 的所有标记为 n。3.1 节讨论 Hao-Orlin 算法时，引理 2.48 和间隙重标操作将起重要作用。

另一个变形称为全局重标。可以看到，距离标记 $d(i)$ 是用正剩余容量边从顶点 i 到汇合点 t 的距离估值。用 $d(i)$ 来计算顶点 i 和 t 之间的实际距离是有用的，修改 $d(i)$ 为实际距离，这样将得到有效距离标记，且修改需要 $O(m)$ 时间 (见练习 1.1)。由于全局重标是比较耗时的操作，不要频繁执行此操作。从实验来看，每 n 次重标操作执行一次全局重标似乎非常有用。因为算法需执行 $O(n^2)$ 次重标操作，所以，全局重标操作额外增加了 $O(mn)$ 的运行时间。

正如前面所说，PR 算法不仅非常实用，而且很灵活，它的变形可适用于许多不同需求。在练习和后续章节中，我们将看到 PR 算法的变形在不同流问题中的应用。比如，3.1 节把 PR 算法思想用于找全局最小割集，5.5 节找最小代价环流，练习 6.5 找广义最大流。我们还会看到 PR 算法的其他变形，如 FIFO-PR 算法 (练习 2.10)、过剩度量 (练习 2.11) 和波度量 (练习 2.12) 等。

练习

2.1 f 是 s-t 流 (定义 2.1)。证明：流的数值等于流入汇合点的净流量，也就是证明

$$|f| = \sum_{k:(k,t)\in A} f(k,t) - \sum_{k:(t,k)\in A} f(t,k)$$

2.2   考虑下图的最大 s-t 流问题，其中 M 是一个大整数。证明：从剩余图中选择任意增广路径的算法都不是多项式时间算法。

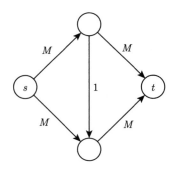

2.3   考虑 2.3 节的棒球队淘汰问题，所用符号的含义与 2.3 节一致。

(a) 证明：若球队 k 被淘汰，且 $w(k) + g(k) \geqslant w(i) + g(i)$，则球队 i 也被淘汰。

(b) 证明：用最大流算法在 $O(\log |T|)$ 时间内可判断本赛区哪支球队已被淘汰和没被淘汰，其中 T 为本赛区中的球队集合。

2.4   考虑魁地奇淘汰问题，以判断一支给定的职业魁地奇球队是否在赛季中期的某个时刻已与冠军无缘。在职业魁地奇比赛中，每场比赛有 3 分。若一队得分最高且抓获金

色飞球，则赢者得 3 分，输者得 0 分；若一队得分最高但没抓获金色飞球，则得 2 分，另一队得 1 分 (另一种理解是得分最高的队得 2 分，抓获金色飞球的队得 1 分)。赛季末得分最多的队赢得冠军。

假设每支球队在整个赛季中有相同场次的比赛。证明：用单个最大流来确定给定的魁地奇球队是否已与冠军无缘。

2.5 图像分割是计算机视觉中的一类问题。在该问题中，我们想识别图像中出现的物体。为此，为图像中的像素赋予一个标记，使得对给定对象的像素用相同标记进行标注。该问题的形式化表述如下：

给定一个无向图 $G = (V, E)$，其中顶点表示图像像素，相邻像素用边相连。给定标记 L，

- 分配代价 $c(i, \ell) \geqslant 0$，$\forall i \in V$，$\ell \in L$。对顶点 $i \in V$，分配标记 ℓ 的代价为 $c(i, \ell)$。在所有条件相同的情况下，相邻顶点被赋予相同的标记。
- 分离代价 $p(i, j) \geqslant 0$，$\forall (i, j) \in E$。对边 $(i, j) \in E$，若 i 和 j 被赋予不同标记，则其惩罚代价为 $p(i, j)$。

目标是找到一组标记，使所有顶点的总代价 (分配代价加惩罚) 达到最小。形式化描述是找到一个顶点标记函数 $f: V \to L$，使下面求和式的值最小：

$$\sum_{i \in V} c(i, f(i)) + \sum_{(i,j) \in E: f(i) \neq f(j)} p(i, j)$$

证明：若仅有两个标记 (即 $|L| = 2$)，则可用最小 s-t 割集来找最小代价标记。

2.6 给定加权无向图 $G = (V, E)$，整数权 $w(i, j) \geqslant 0$，$\forall (i, j) \in E$。我们想找到一个非空顶点子集 $S \subseteq V$，使得 $w(E(S))/|S|$ 达到最大，其中：

$$E(S) = \{ (i, j) : i, j \in S \}, \qquad w(E(S)) = \sum_{(i,j) \in E(S)} w(i, j)$$

证明：用 2.4 节中的最大流算法在 $O(\log W)$ 时间内找到加权最密子图，其中 $W = \sum_{(i,j) \in E} w(i, j)$。

2.7 (霍夫曼环流定理) $G = (V, A)$ 是有向图，$\forall (i, j) \in A$，有 $0 \leqslant \ell(i, j) \leqslant u(i, j)$。称 f 是可行环流，若

$$\forall i \in V, \quad \sum_{j:(j,i) \in A} f(j, i) - \sum_{j:(i,j) \in A} f(i, j) = 0$$

和

$$\forall (i, j) \in A, \, \ell(i, j) \leqslant f(i, j) \leqslant u(i, j)$$

对子集 $A' \subseteq A$，定义 $u(A') = \sum_{(i,j) \in A'} u(i, j)$ 和 $\ell(A') = \sum_{(i,j) \in A'} \ell(i, j)$。证明：存在可行环流 f，当且仅当 $\forall S \subset V$，$S \neq \varnothing$，$u(\delta^+(S)) \geqslant \ell(\delta^-(S))$，其中 $\delta^+(S) = \{ (i, j) \in A : i \in S, j \notin S \}$，$\delta^-(S) = \{ (i, j) \in S : i \notin S, j \in S \}$。

作为证明的一部分，证明可用单最大流找出可行环流 (若存在)。

2.8 证明：在剩余图中，可在 $O(m + n \log n)$ 时间内找到最大改进增广路径 (即增广路径中边剩余容量的最小值是最大的)。

2.9 给定有向图 $G = (V, A)$，源点 s 和汇合点 t，整数容量 $u(i, j) \geqslant 0$，$\forall (i, j) \in A$，以及一个正整数 k。目标是找到从源点 s 到汇合点 t 的最大流，该流经过 k 条路径且每条路径具有相同的流量。

我们认为最大流/最小割集定理可用于该问题，只要有一个合适的割集定义。对割集 S，$s \in S$，考虑装桶问题：有一个桶容量 $u(i, j)$，$\forall (i, j) \in \delta^+(S)$。假设 λ 是最大物体尺寸，使得 k 个尺寸为 λ 的物体正好装入一个桶中。然后定义割集 S 的容量 $\hat{c}(S)$ 为 $k\lambda$。

证明：上述最大 s-t 流量等于上述定义的最小 s-t 割集的容量，即 $\min_{S \subseteq V: s \in S, t \notin S} \hat{c}(S)$。

2.10 PR 算法的一个变形为 FIFO-PR 算法，该变形使用活跃顶点队列。开始时，将所有活跃顶点都加入队列 (见 1.2 节中有关的队列操作)。算法从队列头取出顶点 i，并对其执行准许操作。若从顶点 i 向顶点 j 推送流使 j 变成活跃的，且顶点 j 不在队列中，则算法将顶点 j 添加到队列末尾。

为界定算法的运行时间，需界定算法执行非饱和推送的次数。为此，用一个势函数来表示遍历队列中顶点。当算法对队列中的所有顶点 (算法在开始时被加入队列) 都执行准许操作后，队列的第一次遍历结束。一般情况下，当算法对第 $(k - 1)$ 次遍历时添加到队列的所有顶点都执行准许操作后，队列的第 k 次遍历结束。考虑势函数 $\Phi = \max_{i 是活跃的} d(i)$。

(a) 用势函数证明：算法有 $O(n^2)$ 次遍历。

(b) 论证：队列遍历次数的界可推出有 $O(n^3)$ 次非饱和推送操作。

(c) 论证：FIFO-PR 算法所需时间为 $O(n^3)$。

2.11 PR 算法的另一个变形称为过剩度量。在这个变形中，保持一个参数 Δ，其初始值为 $2^{\lceil \log_2 U \rceil}$。我们依次进行一系列的 Δ-度量阶段。在每个 Δ-度量阶段的开始，保持当前预流 f 为 Δ-最优。若 $e_f(i) \leqslant \Delta$，$\forall i \neq s, t$，则称准流 f 为 Δ-最优。在每个 Δ-度量阶段，略微修改 PR 算法，使之可确保：若顶点 i 的过剩流量 $e_f(i) > \Delta$，则顶点 i 不变为活跃顶点。

(a) 叙述如何修改推送操作，使过剩流量 $e_f(i) > \Delta$ 的顶点 i 不为活跃顶点。

(b) 假设对 $\forall i \in V - \{s\}$，源点 s 到顶点 i 至多有一条边。解释为什么 PR 算法初始化后，初始准流是 Δ-最优，其中 $\Delta = 2^{\lceil \log_2 U \rceil}$。

在 Δ-度量阶段，若 $e_f(i) > \Delta/2$，则称顶点 i 是 $\Delta/2$-活跃的。在 PR 算法的 Δ-度量阶段，选取 $\Delta/2$-活跃顶点 i，且 $d(i)$ 是最小距离标记，在可选边 (i, j) 上从顶点 i 推送过剩容量。继续从顶点 i 推送，直到 $e_f(i) \leqslant \Delta/2$，或重标顶点 i。然后选择下一个有最小距离标记的 $\Delta/2$-活跃顶点。当没有 $\Delta/2$-活跃顶点时，Δ-度量阶段结束。然后使 Δ 减半，并继续下一个 Δ-度量阶段。因为在前一阶段结束时没有 $\Delta/2$-活跃顶点，所以将 Δ 减半后，对 Δ 的新值，准流是 Δ-最优。

(c) 论证：对有最小距离标记的 $\Delta/2$-活跃顶点，推送操作或重标操作总被执行。所以，若界定了推送-重标操作的次数，则每个 Δ-度量阶段在有限时间内终止。

(d) 论证：若边的容量为整数，则当 $\Delta < 1$ 时，算法已求出最大流。

(e) 证明：在每个 Δ-度量阶段，非饱和推送的次数是 $O(n^2)$。(提示：用势函数 $\Phi = \sum_{i \in V - \{s,t\}} f(i)d(i)/\Delta$。)

(f) 证明：算法的总时间 (包括在每次循环中找最小距离标记的 $\Delta/2$-活跃顶点) 是 $O(mn + n^2 \log U)$。

2.12 有关过剩度量的说明见练习 2.11。本题考虑一种称为波度量的变形。为实现波度量，需按特殊方式来实现推送操作 (见过程 STACKPUSH)。对顶点 i，对其出边进行排序，并保持一条边为当前边。算法总在当前边上执行推送操作，且若不能执行推送操作，则依序考虑下一条边。完成最后一条边上的推送操作后，则需重标顶点 i，并置排序后的第一条出边为当前边。

波度量发生在一系列波过程中。对每个波，除源点 s 和汇合点 t 外，对其他顶点，按距离标记非增序进行排序 (用基数排序可在 $O(n)$ 时间内完成)，然后依序考虑顶点 i。若顶点 i 是活跃的，且在此波中没被重标，则对顶点 i 执行 STACKPUSH 操作。

定义总过剩流量 E_f 是除 s 或 t 之外所有顶点的过剩流量之和，即 $E_f = \sum_{i \in V - \{s,t\}} e_f(i)$。$\ell$ 是一个参数。算法持续执行波操作，直至总过剩流量至多为 $n\Delta/\ell$。然后算法像过剩度量算法那样，在任何过剩流量 $e_f(i) > \Delta/2$ 的顶点 i 上执行 STACKPUSH 操作，直至没有过剩流量大于 $\Delta/2$。这时，当前 Δ-度量阶段结束，将 Δ 减半。算法的描述如算法 2.8 所示。

算法 2.8　波度量的 PR 算法

1: $\Delta \leftarrow 2^{\lfloor \log_2 U \rfloor}$

2: **for all** $(i,j) \in A$ **do** $f(i,j) \leftarrow 0$

3: **for all** $(s,j) \in A$ **do** $f(s,j) \leftarrow u(s,j), \quad f(j,s) \leftarrow -u(s,j)$

4: $d(s) \leftarrow n$

5: **for all** $i \in A - \{s\}$ **do** $d(i) \leftarrow 0$

6: **while** $\Delta \geqslant 1$ **do**

7:　　**while** $E_f \geqslant n\Delta/\ell$ **do**　　　　　　　　　　　　　▷ 开始一个波：第 $7 \sim 10$ 步

8:　　　　L 是按 $d(i)$ 非增排序的顶点列表 (不包括源点 s 和汇合点 t)

9:　　　　**for** L 中下一个顶点 i **do**

10:　　　　　　**if** $e_f(i) > 0$ 且顶点 i 在此波中没被重标 **then** STACKPUSH(i)

11:　　**while** $\exists i \neq t : e_f(i) \geqslant \Delta/2$ **do** STACKPUSH(i)

12:　　$\Delta \leftarrow \Delta/2$

13: **return** f

1: **procedure** STACKPUSH(i)

2:　　把 i 压入空栈 S

3:      **while** S 非空 **do**

4:          i 是栈 S 的栈顶

5:          (i, j) 是顶点 i 的当前出边

6:          **if** (i, j) 不是可选边 **then**

7:              **if** (i, j) 是顶点 i 的最后一条出边 **then**

8:                  置顶点 i 的第一条出边为当前出边

9:                  弹出 S 的栈顶

10:                 RELABEL(i)

11:             **else** 置顶点 i 的下条出边为当前出边

12:         **else if** $e_f(j) \geqslant \Delta/2$ 且 $j \neq t$ **then** 把 j 压入空栈 S

13:         **else**

14:             PUSH(i, j)

15:             **if** $e_f(i) = 0$ **then** 弹出 S 的栈顶

在 Δ-度量阶段，若推送操作至少推送 $\Delta/2$ 个单位流量，则称之为大推送，否则，称之为小推送。

(a) 论证：在 STACKPUSH 过程中，栈顶的每个顶点 i 至多有两个非饱和推送，且仅有一个是小推送。

(b) 论证：在波结束时，任何有正过剩流量的顶点都被重标。

(c) 解释：在所有波操作结束后，为什么要对过剩流量至少为 $\Delta/2$ 的顶点执行推送操作。

(d) 证明：算法至多有 $O(n^2 + (n^2/\ell) \log U)$ 个非饱和大推送操作。(提示：用与 2.11 题 (e) 相同的势函数。)

(e) 证明：算法至多有 $O(n^2 + (n^2/\ell) \log U)$ 个非饱和小推送操作加每波中 $O(n)$ 个非饱和小推送操作。

(f) 证明：在 Δ-度量阶段，除最后一个波之外的其他波中至少有 $O(n/\ell)$ 次重标操作。

(g) 证明：若波中没有重标操作，则在波结束时没有正过剩流量的顶点，且算法结束。

(h) 用前面的结论论证：算法至多有 $O(\min(n^2, n\ell + \log U))$ 个波。

(i) 证明：若 $\ell = \sqrt{\log U}$，则波度量的 PR 算法的运行时间为 $O(mn + n^2\sqrt{\log U})$。

2.13 证明引理 2.51。

2.14 证明间隙重标启发式算法的正确性。假设存在值 $k < n$，使得不存在距离标记 $d(i) = k$ 的顶点 i，但存在活跃顶点 j，且 $k < d(j) < n$。证明：对所有那样的顶点置 $d(j) = n$，仍是有效的距离标记。

2.15 在最大流问题的变形中，设有一个参数网络，其流出源点边的容量和流入汇合点边的容量依参数 λ 而变化。对参数 λ，$u(i, j, \lambda)$ 是边 (i, j) 的容量。这样，有：

- $u(s, j, \lambda)$ 是一个 λ 的非降函数，$\forall j \in V - \{t\}$。

- $u(i, t, \lambda)$ 是一个 λ 的非增函数，$\forall i \in V - \{s\}$。
- $u(i, j, \lambda) = u(i, j)$，$\forall i \in V - \{s\}$，$\forall j \in V - \{t\}$。

在参数化最大流问题中，除最大流问题输入外，还需给定值 $\lambda_1 < \lambda_2 < \cdots < \lambda_\ell$，以及边的容量 $u(i, j, \lambda_k)$，$\forall (i, j) \in A, 1 \leqslant k \leqslant \ell$。我们的目标是：对给定参数 $\lambda_1, \lambda_2, \cdots, \lambda_k$ 和相应边的容量，找出数值为 $f_1, f_2, \cdots, f_\ell$ 的流和相应的最小 s-t 割集 $S_1, S_2, \cdots, S_\ell$。

(a) 证明：最大流问题的 PR 算法可在 $O(n^2(\ell + m))$ 时间内解决参数化最大流问题。提示：对 λ_1，先解决流问题，此后应该做什么？

(b) 证明：$S_1 \subseteq S_2 \subseteq \cdots \subseteq S_\ell$。

(c) 证明：在 S_k 中至多有 $n - 1$ 个不同的集合。

章节后记

Schrijver[176], [177, 10.8e节] 概述了最大流问题的历史。1954 年，T. E. Harris 向 Ford 和 Fulkerson 提出铁路网的最大交通量问题。Schrijver 指出，一份之前的机密报告表明：人们感兴趣的问题是，在苏联与其东欧卫星国之间的铁路运输网络中，找出一个最小 s-t 割集。更讽刺的是，这种东西方之间潜在的分裂很快就在最大流的文献中显现出来。

Ford 和 Fulkerson[63] 证明了最大流/最小割定理 (定理 2.6)，并发展了 2.1 节中的各种思路，包括剩余图、增广路径和增广路径算法 (算法 2.1)。不久，有关最大流/最小割集定理的其他证明就相继出现，包括 Elias、Feinstein 和 Shannon[58] 的证明以及 Dantzig 和 Fulkerson[49] 的证明，这些证明利用了线性规划的对偶理论。Fulkerson 和 Dantzig[75] 的研究表明如何使最大流问题适用线性规划的单纯形方法。此后，研究者用最大流/最小割集定理证明了图论和组合学中的许多结论，包括 König-Egerváry 定理、Menger 定理、Hall 定理和 Dilworth 定理。该定理的这些应用在 Ford 和 Fulkerson 的经典书籍 [66, 第 2 章] 中有所讨论。

最大流/最小割集定理比多项式时间算法概念早 10 年左右，所以，可证明的多项式时间算法是后来才出现的。这里，我们看到苏联和西方在数学文献中的分歧。Dinitz[54] (从苏联角度) 讨论了这种分歧的历史。铁幕两边的许多改进几年后才被另一边所知，因此，算法思想的改进是独立的。基于阻塞流的最大流算法是 Dinitz[52] 在苏联提出的，在第 4 章将讨论阻塞流算法。采用准流和推送操作的想法是由 Karzanov[128] 提出的。他用准流在 $O(n^2)$ 时间内获得阻塞流，从而产生所需时间为 $O(n^3)$ 的算法。在西方，Edmonds 和 Karp[57] 给出了 2.5 节中的最优增广路径算法和 2.7 节中的最短增广路径算法。2.6 节中的度量算法归功于 Ahuja 和 Orlin[6]。

2.8 节中的 PR 算法来自 Goldberg 和 Tarjan[92]。该算法相当灵活，在一些文献中也讨论了相当多的变形。2.8 节讨论了最高标记 PR 算法，练习中也给出了其他算法。引理 2.46 中最高标记 PR 算法的非饱和推送次数的界限是 Cheriyan 和 Maheshwari[34] 证明的。本书所给的证明来自 Cheriyan 和 Mehlhorn[35]。

有关最大流问题的多项式时间算法的发展过程很长, 不打算在此给出综述. Goldberg 和 Tarjan[95] 给出了一个最近的综述. 较早的参考文献包括: Ahuja、Magnanti 和 Orlin[4], Frank[68], 以及 Goldberg、Tardos 和 Tarjan[91]. 第 4 章给出了一个时间为 $O(\min(\sqrt{m}, \sqrt[3]{n^2})$ $(m \log n \log(mU))$ 的算法, 该算法由 Goldberg 和 Rao[90] 提出的. 2013 年, Orlin[159] 给出最大流的 $O(mn)$ 时间算法, 实现了该领域的长期目标, 它仍然是已知的最快的强多项式时间算法. 最近使用内点方法来研究最大流问题也取得了一些进展, 我们将在第 8 章的后记中讨论这些成果.

在 PR 算法出现之前, 相关实验表明 Dinitz 提出的算法优于其他算法, 如增广路径算法、单纯形法和 Karzanov 的算法 (见 Cheung[39], Glover、Klingman、Mote 和 Whitman[81,82], 以及 Imai[115], 尽管 Imai 觉得 Dinitz 和 Karzanov 算法是两个最好的算法). 当 Goldberg 和 Tarjan 提出 PR 算法后, 研究表明 PR 算法尤其最高标记变形比当时已知的其他算法表现都好 (见 Derigs 和 Meier[50], Anderson 和 Setubal[9], Nguyen 和 Venkateswaran[153], Cherkassky 和 Goldberg[37]). 这些实现结果表明全局重标启发式 (Goldberg 和 Tarjan[92]) 和间隔重标启发式 (Cherkassky[36], Derigs 和 Meier[50]) 是有效的. 这些实现还用到了 2.8 节末所讨论的思想, 如用距离标记小于 n 的活跃顶点, 用引理 2.13 的算法将准流转变为流. 然而, 自那以后, 更多的研究表明其他算法可与 PR 算法竞争, 甚至超越该算法. Goldberg[85] 给出了 PR 算法的另一变形——算法在两个相邻边上推送流, 并证明其性能优于最高标记 PR 算法. Hochbaum[107] 提出基于伪流的最大流算法, Chandran 和 Hochbaum[31] 所做的实验表明该算法性能优于最高标记的 PR 算法 (伪流满足容量约束, 但允许过剩或不足, 见 5.4 节). Goldberg、Hed、Kaplan、Kohli、Tarjan 和 Werneck[86] 也基于伪流提出了一种算法, 他们证明了该算法的性能优于其他算法, 如 Hochbaum 的伪流算法或 Goldberg 的两级 PR 算法. 通常, 在 Goldberg 等算法不是最快算法的示例上, 该两级算法表现最好. 他们还与 Boykov 和 Kolmogorov[28] 的流算法进行了比较, 后者被广泛用于计算机视觉领域, 但它不是强多项式运行时间的算法.

有关本章中的应用, 2.2 节的汽车共享应用是 Jon Kleinberg 在一次私下交流中向作者建议的. 2.3 节的棒球队淘汰问题是 Schwartz[178] 给出的最大流问题的经典应用. 我们认同 Wayne 的演讲 [203], 他认为 Alan Hoffman 普及了最大流的应用. 2.4 节中的最密子图算法源自 Goldberg[83].

练习 2.3 出自 Wayne[203], 练习 2.7 出自 Hoffman[108], 练习 2.9 出自 Baier、Köhler 和 Skutella[14], 练习 2.10 出自 Goldberg 和 Tarjan[92]. 练习 2.11 出自 Ahuja 和 Orlin[5], 练习 2.12 出自 Ahuja、Orlin 和 Tarjan[7], 练习 2.15 出自 Gallo、Grigoriadis 和 Tarjan[78].

全局最小割集算法

着眼全局，立足当下。

——Common Ithaca bumper sticker

在对推送–重标算法记忆犹新之际，本章暂缓最大流算法而讨论全局最小割集算法，下一章在讨论阻塞流算法时再回到最大流算法。

在前一章，我们知道，找最大 $s\text{-}t$ 流也是计算最小 $s\text{-}t$ 割集 S^*，后者即对所有 $S \subseteq V - \{t\}$，且 $s \in S$，最小化 $u(\delta^+(S))$。有时，我们更感兴趣的是最小容量割集 S，对所有非平凡子集 $S \subseteq V^{\ominus}$，称该集合为全局最小割集。该问题对有向图和无向图的描述如下：

- 给定有向图 $G = (V, A)$ 和容量 $u(i,j) \geqslant 0$，$\forall(i,j) \in A$，找到顶点非空子集 $S \subset V$，使得 $u(\delta^+(S)) = \sum_{(i,j)\in\delta^+(S)} u(i,j)$ 最小，其中 $\delta^+(S) = \{(i,j) \in A : i \in S, j \notin S\}$。
- 给定无向图 $G = (V, E)$ 和容量 $u(i,j) \geqslant 0$，$\forall(i,j) \in E$，找到顶点非空子集 $S \subset V$，使得 $u(\delta(S)) = \sum_{(i,j)\in\delta(S)} u(i,j)$ 最小，其中 $\delta(S) = \{(i,j) \in E : |\{i,j\} \cap S| = 1\}$，即 $\delta(S)$ 是仅有一个端点在 S 中的边集。

不难看出，可用若干最小 $s\text{-}t$ 割集问题来解决有向图的全局最小割集问题。例如，对顶点集 V，有 $n(n-1)$ 个顶点组 $s, t \in V$，$s \neq t$，计算每组顶点最小 $s\text{-}t$ 割集问题，再取这些割集的最小值。对全局最小割集 S，存在 $s \in S$ 和 $t \notin S$。所以，该算法可找出全局最小割集。

但我们可做得更精明些。定义最小 s-割集问题：给定有向图 $G = (V, A)$，$u(i,j) \geqslant 0$，$\forall(i,j) \in A$，以及顶点 $s \in S$。目标是找到一个非平凡子集 $S \subset V$ 且 $s \in S$，使得 $u(\delta^+(S))$ 最小。为找到最小 s-割集，可通过计算 $n-1$ 个最小 $s\text{-}t$ 割集来求最小 $s\text{-}t$ 割集，$\forall t \in V - \{s\}$，从而得到最小割集，因为对最小 s-割集 S，会有 $t \notin S$，所以，此方法可找出最小 s-割集。

下面讨论求全局最小割集的思路。任取顶点 $s \in V$，像上面那样找出最小 s-割集 S。然后找出最小割集 S'，对所有非空子集 $S' \subset V - \{s\}$。由最小割集 S 和 S' 可得到全局最小割集。

为找到最小割集 S'，可用图 G 的逆图。逆图是把原图的每条边方向变反，但容量不变。即图 $G = (V, A)$ 的逆图 $G_R = (V, A_R)$ 定义为：$A_R = \{(j,i) : (i,j) \in A\}$，其中 $u_R(j,i) = u(i,j)$，$\forall(i,j) \in A$。现在计算逆图 G_R 上的最小割集 S'。由逆图定义可知，$u_R(\delta^+(S')) = u(\delta^+(V - S'))$。所以，$V - S'$ 是原图 G 中的最小割集，且 $s \notin V - S'$。因

⊖　译者注：平凡集是仅含一个元素的集合。

此，找出有向图的全局最小割集可由求两个最小 s-割集或 $2(n-1)$ 个最小 s-t 割集来完成，而不是求 $n(n-1)$ 个最小 s-t 割集。

在下一章，我们可做得再好些。我们将证明：用执行一次 PR 算法所需的时间便可找出最小 s-割集。因此，可简单地用 PR 算法的局部操作来求全局最小割集，正如本章开篇的引言。

对无向图，把每条无向边 (i,j) 替换成容量为 $u(i,j)$ 的两条有向边 (i,j) 和 (j,i)，将无向图的全局最小割集问题转化为有向图中的问题。我们也可不用流的想法来找出全局最小割集。3.2 节讨论用顶点序中合并最后两个顶点的方法来找出全局最小割集。将两个顶点 (和相邻的边) 合并为一个顶点，我们称之为合并两个顶点。3.3 节通过随机选择要合并的两个顶点来了解随机过程在网络流算法中的作用。最后，3.4 节给出一个求全局最小割集的算法，它不仅只需计算 $n-1$ 个最小 s-t 割集，而且还给出每个可能的最小 s-t 割集，$\forall s, t \in V$。

为说明找全局最小割集的价值，我们来考虑网络可靠性问题。假设有无向图 $G = (V, E)$，概率 $p(i,j)$，$0 < p(i,j) \leqslant 1$，$\forall (i,j) \in E$。概率 $p(i,j)$ 是指在给定时间段边 (i,j) 故障的概率。假设每条边故障是独立事件。我们想找到一个非空子集 $S \subset V$，在指定时间段内，边集 $\delta(S)$ 中所有边的故障概率最大。若边集 $\delta(S)$ 中的所有边都发生故障，则图会变成不连通。因此，需找到一个非平凡集 S，使得 $\prod_{(i,j) \in \delta(S)} p(i,j)$ 最大。设 $u(i,j) = -\log p(i,j)$，$\prod_{(i,j) \in \delta(S)} p(i,j)$ 的最大化等价于下面式子的最小化：

$$-\log \prod_{(i,j) \in \delta(S)} p(i,j) = -\sum_{(i,j) \in \delta(S)} \log p(i,j) = \sum_{(i,j) \in \delta(S)} u(i,j) = u(\delta(S))$$

因此，在无向图中，求最大故障率的割集与求全局最小割集是等价的。

3.1 Hao-Orlin 算法

在上文中，我们介绍了用最小 s-割集算法求最小全局割集问题。本节用最小 X-t 割集算法求最小 s-割集问题。Hao 和 Orlin[104] 提出的最小 X-t 割集算法基于 2.8 节中的 PR 算法。

最小 X-t 割集问题：给定有向图 $G = (V, A)$，边容量 $u(i,j) \geqslant 0$，$\forall (i,j) \in A$，给定顶点子集 $X \subset V$ 和顶点 $t \in V - X$。目标是找到顶点集合 S，$X \subseteq S$ 和 $t \notin S$，使得集合 S 的出边容量 $u(\delta^+(S))$ 最小化。用最小 X-t 割集算法求最小 s-割集问题的算法如算法 3.1 所示。

由算法 3.1 可知初始集合 $X = \{s\}$。再任取顶点 $t \in V - X$，求出最小 X-t 割集 S_t，然后把顶点 t 加入集合 X。重复上述步骤，直至所有顶点都被加入集合 X。最后，求出使 $u(\delta^+(S_t))$ 最小的顶点 t'，并返回集合 $S_{t'}$。

算法 3.1 用最小 X-t 割集算法求最小 s-割集

输入: $G = (V, A)$, $\forall_{i,j \in V} u(i,j)$, $s \in V$.

输出: 最小 s 割集.

1: $X \leftarrow \{s\}$
2: **while** $X \neq V$ **do**
3:　　 在集合 $V - X$ 中任取顶点 t, 求最小 X-t 割集 S_t
4:　　 $X \leftarrow X \cup \{t\}$
5: $t' \leftarrow \operatorname{argmin}_{t \in V - \{s\}} u(\delta^+(S_t))$
6: **return** $S_{t'}$

注意, $s \in S_t$, 所以 $\{s\}$ 就是 s-割集. 下面论证其是最小 s-割集. S^* 是最小 s-割集. 算法第 1 次循环时, 选顶点 $t \notin S^*$. 因为在之前的所有循环中已选取顶点 $t \in S^*$, 所以在本次循环中, 一定是 $X \subseteq S^*$, 且 $t \notin S^*$. 因此, 本次循环所找到的 X-t 割集 S_t 的容量为 $u(\delta^+(S_t)) \leqslant u(\delta^+(S^*))$. 因为 S_t 也是 s-割集, 所以 $u(\delta^+(S_t)) \geqslant u(\delta^+(S^*))$, 且 S_t 的容量与最小 s-割集 S^* 的容量相等, 即 $u(\delta^+(S_t)) = u(\delta^+(S^*))$.

至此, 似乎使问题更复杂了: 为找到最小 s-割集, 算法需运行 $n - 1$ 次循环来找到最小 X-t 割集, 但可运行一次 PR 算法来执行这些循环. 为此, 需略微修改预流的定义和集合 X 中顶点的有效距离标记, 该距离标记类似 PR 算法中从源点 s 开始的距离. 为实现此目标, 引入 X-预流和 X-有效距离标记的概念.

- X-预流是一个预流, 所有顶点 $i \in V - X$ 有非负过剩流量, 即 $e_f(i) \geqslant 0, \forall i \in V - X$.
- X-有效距离标记是指 $\forall i \in X$, $d(i) = n$, 并把条件 $d(t) = 0$ 弱化为 $d(t) \leqslant |X| - 1$. 注意, 当 $X = \{s\}$ 时, $d(t) \leqslant 0$.

定义 3.1　对 $X \subseteq V$, X-预流 f 是定义 2.35 中的预流, 但允许 $e_f(i) < 0$, $\forall i \in X$.

定义 3.2　对 X-预流 f, 有效距离标记 $d(i)(\forall i \in V)$ 满足下列条件:

- $d(j) = n$, $\forall j \in X$.
- $d(i) \leqslant d(j) + 1$, $\forall (i, j) \in A_f$.
- $d(t) \leqslant |X| - 1$.
- $d(t) \leqslant d(i)$, $\forall i \in V$.

像 PR 算法那样, 可证明若算法保持 X-预流和 X-有效距离标记, 则在 G_f 中不存在用边集 A_f 中的边 (即有正剩余容量的边) 从 X 到顶点 t 的路径.

引理 3.3　给定 X-预流 f 和 X-有效距离标记 d, $\forall i \in X$, 在 G_f 中不存在用边集 A_f 中的边从顶点 i 到顶点 t 的路径.

证明　假设存在上述路径 P, 且 $P \subseteq A_f$. 设顶点 $j \in X$ 是路径 P 中的第一个顶点. 若顶点 j 不是唯一在集合 X 中的顶点, 则在路径 P 中找出最后一个在集合 X 中的顶点 j_i, 即

$$P: \ j \to j_1 \to \cdots \to \underbrace{j_i \to \cdots \to t}_{\text{路径 } P': \ j_i \in X}$$

这时，取子路径 P' 为路径 P。所以，路径 P 至多有 $n - |X|$ 条边。由 X-有效距离标记的性质可知，$d(j) \leqslant d(t) + |P| \leqslant (|X| - 1) + (n - |X|) = n - 1$。但这与 $d(j) = n$，$j \in X$ 相矛盾。因此，在 G_f 中不存在用边集 A_f 中的边从 X 到 t 的路径，即一定存在 X-t 割集 S_t，使得 $\delta^+(S_t)$ 中的所有边都没有剩余容量。∎

类似引理 2.48，只要有正过剩流量的顶点都在 S_t 中，则 S_t 就是最小 X-t 割集。下面引理的证明留作练习 (见练习 3.1)。

引理 3.4 f 是 X-预流，S 是 X-t 割集，且满足：若 $(i,j) \in \delta^+(S)$，则 $u_f(ij) = 0$；若 $j \notin S \cup \{t\}$，则 $e_f(j) = 0$。那么，S 是最小 X-t 割集。

我们简短定义割集层级，它由距离标记的数值 $d < n$ 来定义。算法的思路之一是，割集层级定义为距离标记 $d(i) \geqslant d^{\ominus}$ 的所有顶点的 X-t 割集，使得：若能保证 $\forall j \in V - \{t\}$，$d(j) < d$，有 $e_f(j) = 0$，则用引理 3.4 可证明已找到最小 X-t 割集。

为定义割集层级，先定义距离层级。这些集合是相同距离的所有顶点放在一起的集合，与最高标记的 PR 算法 (算法 2.7) 中的桶 $b[k]$ 相似。

定义 3.5   距离层级 k(记为 $B(k)$) 是所有顶点 i 的距离标记 $d(i) = k$ 的集合，即 $B(k) = \{i \in V : d(i) = k\}$。若 $B(k) = \varnothing$，则距离层级 k 为空。

下面把割集层级定义为一种特殊的距离层级。

定义 3.6   若 $\forall i \in B(k)$，$\forall (i,j) \in A_f$，有 $d(i) \leqslant d(j)$，则距离层级 k 是割集层级。

观察 3.7   若 $B(k) = \varnothing$，则称它是平凡割集层级。

如上讨论，对割集层级 d，若对所有有正过剩流量的顶点 i，都有 $d(i) \geqslant d$，则用引理 3.4 可证 $S(k) = \{i : d(i) \geqslant d, \forall i \in V\}^{\ominus}$ 就是最小 X-t 割集。

引理 3.8   假设距离层级 k 是割集层级，$S(k) = \{i : d(i) \geqslant k, \forall i \in V\}$。若 $(i,j) \in \delta^+(S(k))$，则 $u_f(i,j) = 0$(和 $(i,j) \notin A_f$)。

证明   任取边 $(i,j) \in \delta^+(S(k))$。由 $S(k)$ 的定义可知 $d(i) \geqslant k$ 和 $d(j) < k$。若 $d(i) = k$，由 $d(i) > d(j)$ 和割集层级的定义可知 $u_f(i,j) = 0$。若 $d(i) > k$，则 $d(i) - d(j) \geqslant 2$。所以，$d(i) \leqslant d(j) + 1$ 不成立。由有效距离标记的定义可得 $u_f(i,j) = 0$。∎

推论 3.9   对 $d(t) < k \leqslant n$，若距离层级 k 是割集层级，且对所有顶点 $i \neq t$ 都有 $d(i) < k$ 和 $e_f(i) = 0$，则 $S(k)$ 是最小 X-t 割集。

⊖   译者注：不等式两边都有符号 d，左边的 $d(i)$ 是顶点距离标记，右边的 d 是数值。请读者注意符号的含义。

⊖   译者注：集合 $S(k)$ 的定义应是 $d(i) \geqslant k$，见引理 3.8 中的描述。

证明　　因为对所有顶点 $i \in X$ 有 $d(i) = n$，由 $S(k)$ 定义可知 $i \in S(k)$，所以 $S(k)$ 是 $X\text{-}t$ 割集。由 $k > d(t)$ 可知 $t \notin S(k)$。由引理 3.8 和引理 3.4 可得 $S(k)$ 是最小 $X\text{-}t$ 割集。∎

下面给出 Hao-Orlin 算法，如算法 3.2 所示 (该算法是文献 [104] 中算法的简化形式)。

算法 3.2　　求最小 s 割集：Hao-Orlin 算法

输入: $G = (V, A)$，$\forall_{i,j \in V} u(i,j)$，$s \in V$。

输出: 全局最小割集。

1: $X \leftarrow \{s\}$

2: 任取 $t \in V - X$

3: **for all** $(i,j) \in A$ **do** $f(i,j) \leftarrow 0$

4: **for all** $(s,j) \in A$ **do** $f(s,j) \leftarrow u(s,j)$, $\quad f(j,s) \leftarrow -u(s,j)$

5: $d(s) \leftarrow n$

6: **for all** $i \in V - \{s\}$ **do** $d(i) \leftarrow 0$

7: $\ell \leftarrow n - 1$

8: **while** $X \neq V$ **do**

9: 　　运行 PR 算法，除非：

　　　　● 若 $d(i) < \ell$，选择做推送操作的顶点 i

　　　　● 对 $|B(d(i))| = 1$，重标顶点 i，且 $\ell \leftarrow d(i)$

　　　　● 若重标顶点 i 使得 $d(i) \geqslant \ell$，则 $\ell \leftarrow n - 1$

10: 　　$S_t \leftarrow S(\ell)$; $\quad X \leftarrow X \cup \{t\}$; $\quad d(t) \leftarrow n$

11: 　　**for all** $(t,j) \in A$ **do** $f(t,j) \leftarrow u(t,j)$, $\quad f(j,t) \leftarrow -u(t,j)$

12: 　　$t \leftarrow \arg\min_{i \in V-X} d(i)$

13: 　　**if** $d(t) \geqslant \ell$ **then** $\ell \leftarrow n - 1$

14: $t' \leftarrow \arg\min_{t \in V-\{s\}} u(\delta^+(S_t))$

15: **return** $S_{t'}$

该算法结构与算法 3.1 相同，从 $X = \{s\}$ 开始，取 $t \in V - X$，找出最小 $X\text{-}t$ 割集 S_t，将 t 加入集合 X 中，重复上述步骤，直至 $X = V$。然后，算法返回最小容量的割集 S_t。为找出最小 $X\text{-}t$ 割集，算法对 PR 算法 (算法 2.7) 进行了修改：顶点 i 是活跃的，若 $e_f(i) > 0$ 且距离标记 $d(i) \leqslant \ell$，其中 ℓ 是算法保持的割集层级。

割集层级 ℓ 的初值为 $n - 1$，稍后会证明它始终是一个割集层级。算法的中心思想：得到一个割集层级 ℓ，且没有正过剩流量的顶点 $i \neq t$，且 $d(i) < \ell$。由推论 3.9 可知 $S(\ell)$ 是最小 $X\text{-}t$ 割集。然后把当前的汇合点 t 加入集合 X 中。为确保 d 仍是 X-有效距离标记且 f 是有效 X-预流，对当前汇合点 t，将 t 加入集合 X 时，置 $d(t) = n$，并使汇合点 t 的所有出边都变为饱和的。在下次循环中，为保持 X-有效距离标记的性质，选取当前最小距离标记的顶点为汇合点 t。

我们对基本算法做以下三点修改。

(1) 若重标顶点 i 会使 $B(d(i))$ 为空，则不重标顶点 i，但把当前割集层级 ℓ 变为 $d(i)$。若重标顶点 i，且顶点 i 是集合 $B(d(i))$ 中的唯一顶点，则 $d(i)$ 一定是割集层次，因为当 $\forall (i,j) \in A_f$，$d(i) \leqslant d(j)$ 时，对顶点 i 进行重标。这个修改与 2.8 节中的间隙重标启发相似，后面将会看到好结果。

(2) 若重标顶点至少到距离层级 ℓ，则置 ℓ 为 $n-1$。

(3) 若到达选下一个汇合点 t 和 $d(t) = \ell$，则置 ℓ 为 $n-1$。

下面的引理表明：对 $k < n-1$，算法可保证非空距离层级 k 是连续的，即不存在距离层级 k，使得 $B(k) = \varnothing$，但 $B(k+1) \neq \varnothing$ 且 $B(k-1) \neq \varnothing$。在 $|B(d(i))| = 1$ 时，该引理解释了为什么不重标顶点 i。

引理 3.10 对 $k < n-1$，非空距离层级 k 是连续的。

证明 算法开始时，$d(s) = n$，除顶点 s 外，其他顶点都在 $B(0)$ 中。所以，结论成立。

若存在 $B(k) = \varnothing$ 且 $k < n-1$，设顶点 i 是最后从 $B(k)$ 中删除的顶点。顶点 i 从 $B(k)$ 中删除，要么因为其被重标，要么因为其是汇合点。若是前者，由重标操作的修改可知它不会被删除，因为它是最后一个顶点。若是后者，在上次循环结束时，选择它是因为其有最小距离标记，即 $B(d(i) - 1) = \varnothing$。在本次循环时，因为不重标汇合点，所以 $d(i)$ 不变，即顶点 i 仍是最小距离的顶点。因为 $B(d(i) - 1)$ 仍为空，所以从 $B(d(i))$ 中删除顶点 i 与引理结论并不矛盾。最后，若重标顶点 i 且将 i 加入集合 $B(k)$，则一定存在顶点 j，且 $d(j) = k-1$，从而使得 $B(k-1)$ 也非空。∎

为保证存在 X-有效距离标记，需下面的引理成立。

引理 3.11 $d(t) \leqslant |X| - 1$。

证明 用归纳法来证明。算法开始时，$X = \{s\}$，$d(t) = 0$，所以结论成立。主循环执行 PR 操作时，不改变 $d(t)$。每次循环结束后，把 t 加入 X 中，即 $X' = X \cup \{t\}$，并选择最小距离层级中的顶点为新汇合点 t'。由距离标记的连续性可知，新汇合点 t' 的距离标记至多比前一个汇合点 t 的距离标记大 1，即 $d(t') \leqslant d(t) + 1 \leqslant (|X| - 1) + 1 = |X'| - 1$。所以，结论仍成立。∎

引理 3.12 算法保持 X-预流和 X-有效距离标记。

证明 由引理 2.38 可知算法保持 X-预流。在主循环的每次循环结束时，当前汇合点 t 的所有出边都是饱和的，因此，$e_f(t)$ 可能为负，但将 t 加到 X 中可保持 X-预流的性质。

算法保持 X-有效距离标记的结论主要由引理 3.11 和引理 2.39 推理而得，因为算法把顶点距离改变为标准 PR 算法中的距离标记。但在每次循环尾重标当前汇合点 t 的距离标记 $d(t) = n$ 时，不会做相应的修改。汇合点 t 的所有出边都是饱和的，即 $\forall (t,j)$，都有 $u_f(t,j) = 0$。因此，条件 $d(t) \leqslant d(j) + 1$ 不成立。∎

下面证明在算法执行过程中，ℓ 始终是割集层级。

引理 3.13 若 $i \notin X$, 则 $d(i) \leqslant n - 2$。

证明 对集合 X 归纳证明。令 $i \notin X$ 是最大距离标记的顶点。由引理 3.10 可知距离层级 $d(t), d(t) + 1, \cdots, d(i)$ 的集合都非空。由引理 3.11 可知 $d(t) \leqslant |X| - 1$。除 t 和集合 X 中的顶点外, 还有 $n - |X| - 1$ 顶点。因此, $d(i) \leqslant d(t) + (n - |X| - 1) \leqslant (|X| - 1) + (n - |X| - 1) = n - 2$。 ■

引理 3.14 在算法中, 对 $d(t) < \ell \leqslant n - 1$, ℓ 是割集层级。

证明 由观察 3.7 可知 $n - 1$ 是平凡割集层级, 因为由引理 3.13 可知 $B(n-1) = \varnothing$。所以, 当 $\ell = n - 1$ 时, 它是割集层级。

如前所述, 当 $|B(d(i))| = 1$ 时, 重标操作置 ℓ 为 $d(i)$, 且是割集层级。因为算法仅在顶点 i, 且 $d(i) < \ell$(若活跃顶点 i 被重标至少为 ℓ, 则置 ℓ 为 $n - 1$)), 所以距离层级 ℓ 保持为割集层级。由算法的归纳和 $\ell \leqslant n - 1$ 可知, 从 $n - 1$ 开始, 只在距离层级小于 ℓ 的顶点上执行推送操作, 即割集层级至多被置为 $n - 1$。此外, 算法不会置 ℓ 为 $d(t)$: 若 $|B(d(t))| = 1$, 算法仅置 ℓ 为 $d(t)$, 使得仅有 $t \in B(d(t))$, 但不会重标顶点 t。 ■

引理 3.15 每次循环结束时, $S_t = S(\ell)$ 是最小 X-t 割集。

证明 没有活跃顶点 (即不存在正过剩流量顶点 $i \neq t$ 且 $d(i) < \ell$) 时, 每次循环中的 PR 过程结束。由 $d(t) < \ell \leqslant n - 1$ 和推论 3.9 可得结论成立。 ■

下面分析算法的运行时间。运行时间的主要部分与 PR 算法相同, 因此省略之。

引理 3.16 重标操作的总数为 $O(n^2)$。

证明 每个重标操作或使顶点距离标记至少增加 1(可能重置割集层级 ℓ), 或减少割集层级 ℓ。每次后者发生时, 可将其转为重置割集层级的下一次重标操作, 或结束循环。所以, 从距离标记 0 到距离标记至多为 $n - 2$ 时, 重标操作至多增加 n 个顶点。因此, 重标操作的总数为 $O(n^2)$。 ■

引理 3.17 饱和推送的次数为 $O(nm)$。

证明 可像引理 2.43 那样证明。 ■

引理 3.18 非饱和推送的次数为 $O(n^2 m)$。

证明 可像引理 2.44 那样证明。 ■

定理 3.19 Hao-Orlin 算法 (算法 3.2) 的运行时间为 $O(n^2 m)$。

Hao 和 Orlin 证明了算法 3.2 的一个复杂变形版本的运行时间为 $O(mn \log(n^2/m))$。

3.2　MA 序算法

本节讨论在无向图中找到全局最小割集，本节和下一节将给出求解该问题的算法。无向图 $G = (V, E)$，$u(i, j)$ 是无向边 (i, j) 的容量。对 $S \subseteq V$，$\delta(S)$ 是仅有一个端点在集合 S 中的所有边集，即 $\delta(S) = \{ (i, j) : |\{i, j\} \cap S| = 1, \forall (i, j) \in E \}$。

目标是找出非平凡割集 $S \subset V$，使 $u(\delta(S)) = \sum_{(i,j) \in \delta u(S)} u(i, j)$ 达到最小。对无向图，有 $u(\delta(S)) = u(\delta(V - S))$，但对有向图，该等式不成立。

任取 $A, B \subseteq V$，$A \cap B = \varnothing$，有

$$\delta(A, B) = \{ (i, j) \in E : i \in A, j \in B \}, \qquad u(\delta(A, B)) = \sum_{(i,j) \in \delta(A, B)} u(i, j)$$

为简化描述，将 $\delta(A, \{v\})$ 简写成 $\delta(A, v)$，$\delta(\{v\})$ 简写成 $\delta(v)$。

我们把无向图中的最小 s-t 割集符号推广到集合 $S(s \in S,\ t \notin S)$ 上，使 $u(\delta(S))$ 最小。用无向图 $G = (V, E)$ 构建有向图 $G' = (V, A)$：

$$A = \{ (i, j), (j, i) : (i, j) \in E \}; \qquad u(j, i) = u(i, j),\ \forall (i, j) \in E$$

用于在有向图中找出 $n - 1$ 个 s-t 割集来确定无向图中的全局最小割集。

求无向图 G 的全局最小割集的策略是：任取顶点 s，在有向图 G' 中，对所有顶点 $t \notin V - \{s\}$，求 $n - 1$ 个最小 s-t 割集，再选择总容量最小的割集。考虑全局最小割集 S^*。因为 $u(\delta(S^*)) = u(\delta(V - S^*))$，不失一般性，设 $s \in S^{*\ominus}$。因为存在顶点 $t \notin S^*$，所以，最小 s-t 割集的问题之一就是选择顶点 t，并计算割集 S^* 的容量。

在无向图中，可不用流来求全局最小割集。我们给出两个这样的算法：本节介绍一个，下一节介绍另一个 (称为随机算法)。本节介绍的算法基于最大邻接序，简称 MA 序。在 MA 序中，先任取顶点 v_1，然后在 $V - \{v_1\}$ 中选顶点 v_2，使 $u(\delta(v_1, v_2))$ 达到最大$^\ominus$。

一般情况下，令 $W_{k-1} = \{v_1, \cdots, v_{k-1}\}$，$v_k$ 是 $V - W_{k-1}$ 中使 $u(\delta(W_{k-1}, v_k))$ 达到最大的顶点。也就是说，在每次循环中，依次选择下一个顶点，使目前已选顶点集的总容量与当前所选顶点之间边的容量达到最大。因此，把前面选择的顶点次序命名为最大邻接序。上述求序思路如算法 3.3 所示。用 Fibonacci 堆 (见 1.1 节) 可在 $O(m + n \log n)$ 时间内得到 MA 序，具体算法留作练习 (见练习 3.2)。

MA 序有一些有趣且有用的性质，对本节有用的性质如下面的引理所述。

引理 3.20　对 ℓ 个顶点的无向图，其顶点的 MA 序为 $v_1, v_2, \cdots, v_{\ell-1}, v_\ell$。$\{v_\ell\}$ 是最小 v_ℓ-$v_{\ell-1}$ 割集。

下面先讨论该引理在找到全局最小割集中的作用，再证明该引理。假设图中有 n 个顶点。由引理可知 $\{v_n\}$ 是最小 v_n-v_{n-1} 割集。该引理是有用的，因为全局最小割集 S^* 或是最小 v_n-v_{n-1} 割集 (即 $v_n \in S^*$ 和 $v_{n-1} \notin S^*$，反之亦然)，或没有全局最小割集是 v_n-v_{n-1}

$\ominus$　译者注：若 $s \in V - S^*$，则 $S^* \leftarrow V - S^*$。
$\ominus$　译者注：结合算法 3.3 中第 4 行的描述，把原文的 v 改成为 v_2，含义不变。

割集。若全局最小割集 S^* 是最小 v_n-v_{n-1} 割集，由该引理可知 $\{v_n\}$ 是最小 v_n-v_{n-1} 割集。所以，$u(\delta(S^*)) = u(\delta(v_n))$，我们找到了全局最小割集。若没有全局最小割集是 v_n-v_{n-1} 割集，则在全局最小割集 S^* 中，有 $v_n, v_{n-1} \in S^*$，或 $v_n, v_{n-1} \notin S^*$。这样可把顶点 v_n 和 v_{n-1} 当作一个顶点，称为合并顶点 v_n 和 v_{n-1}。

算法 3.3   MA 序算法

输入: $G = (V, E)$，$\forall_{i,j \in V} u(i, j)$。

输出: 顶点的 MA 序 W_{k-1}。

1: 从 V 中任取 v_1
2: $W_1 \leftarrow \{v_1\}$
3: **for** $k = 2$ **to** n **do** $\triangleright$ $n = |V|$ 是图中顶点数
4:       从 $V - W_{k-1}$ 中选 v_k，使得 $u(\delta(W_{k-1}, v_k))$ 最大
5:       $W_k \leftarrow W_{k-1} \cup \{v_k\}$

下面介绍合并图中任意两个顶点的规则。给定图 $G = (V, A)$，$v_i, v_j \in V$，$v_i \neq v_j$，把顶点 v_i 和 v_j 合并为新顶点 v_{ij}。合并顶点 v_i 和 v_j 的规则如下[⊖]:

- $V \leftarrow (V - \{v_i, v_j\}) \cup \{v_{ij}\}$，即删去顶点 v_i, v_j，加入新顶点 v_{ij}。
- $A \leftarrow A - \{(v_i, v_j)\}$，即删除边 (v_i, v_j)。
- $\forall (v_i, v_k) \in A$ 且 $v_k \neq v_j$，$A \leftarrow (A - \{(v_i, v_k)\}) \cup \{(v_{ij}, v_k)\}$，且 $u(v_{ij}, v_k) \leftarrow u(v_i, v_k)$，即删去边 (v_i, v_k)，添加边 (v_{ij}, v_k)，且容量不变。
- $\forall (v_j, v_k) \in A$ 且 $v_k \neq v_i$，$A \leftarrow A - \{(v_j, v_k)\}$，即删去边 (v_j, v_k)，并把此边的容量或加到已有的合并新边上，或标在合并产生的新边上。
  - 若 $(v_{ij}, v_k) \in A$，$u(v_{ij}, v_k) \leftarrow u(v_{ij}, v_k) + u(v_j, v_k)$。
  - 若 $(v_{ij}, v_k) \notin A$，$A \leftarrow A \cup \{(v_{ij}, v_k)\}$，$u(v_{ij}, v_k) \leftarrow u(v_j, v_k)$，即添加边 (v_{ij}, v_k)。

图 3.1 是把左图中的顶点 a 和 b 合并为新顶点 ab(右图) 的例子。

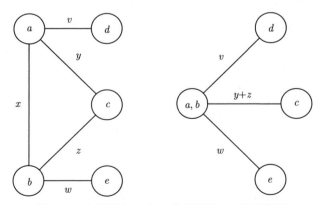

图 3.1   合并顶点 a 和 b 为新顶点 ab 的示意图

⊖ 译者注: 原文在此只特定介绍合并顶点 v_n 和 v_{n-1} 的规则，可能会误导读者只能合并两个相邻顶点，其实不然。这里把它修改为合并任意两个顶点的规则，当然也包含合并顶点 v_n 和 v_{n-1}。

按合并顶点规则可知:

- 删掉顶点 a 和 b，添加新顶点 ab，删除边 (a,b)。如图 3.1 右图所示。
- 删边 (a,d)，加边 (ab,d)，且 $u(ab,d) = u(a,d) = v$。
- 删边 $(a,c),(b,c)$，加边 (ab,c)，且 $u(ab,c) = u(a,c) + u(b,c) = y + z$。
- 删边 (b,e)，加边 (ab,e)，且 $u(ab,e) = u(b,e) = w$。

由顶点合并操作可知，上述操作可在 $O(n)$ 时间内完成，因为需修改新顶点与所有其他顶点间边的容量。若没有全局最小割集是最小 v_n-v_{n-1} 割集，则合并这两个顶点也不改变全局最小割集的容量。

因此，或 $\{v_n\}$ 是全局最小割集，或把 v_n 和 v_{n-1} 合并成一个顶点，因为它不改变任何全局最小割集的容量。虽不知哪个陈述为真，但都能保持割集 $\{v_n\}$ 的容量，合并顶点 v_n 和 v_{n-1} 成一个顶点后，再计算结果图的顶点 MA 序。重复上述操作，直至图中只剩两个顶点。若上述步骤都没找到全局最小割集，则剩下两个顶点间的边容量就是全局最小割集的容量。以上求解步骤的算法描述如算法 3.4 所示。

算法 3.4　用无向图的顶点 MA 序求全局最小割集算法

输入: $G = (V, E)$，$\forall_{i,j \in V} u(i,j)$。

输出: 全局最小割集 S。

1: $val \leftarrow \infty$;　$S \leftarrow \varnothing$
2: **for** $\ell = |V|$ downto 2 **do**　　　　　　　　　　　　　　　　▷ $|V|$ 是图中顶点数
3:　　　用算法 3.3 计算顶点 $v_1, v_2, \cdots, v_\ell$ 的 MA 序
4:　　　**if** $u(\delta(v_\ell)) < val$ **then**
5:　　　　　$val \leftarrow u(\delta(v_\ell))$,　$S \leftarrow$ 所有与 v_ℓ 不合并的顶点集
6:　　　把顶点 v_ℓ 和 $v_{\ell-1}$ 合并成一个新顶点 $v_{\ell-1}$;　修改相应边的容量;
7: **return** S

算法保存所找到的所有最小割集 $\{v_\ell\}$ 的值以及相应的割集 (即所有顶点被合并进顶点 ℓ)。最后，返回所有割集中最好的割集。图 3.2 是算法 3.4 求解过程的示意图。算法的运行时间主要取决于第 3 步求 $n-1$ 次顶点的 MA 序。上面的论述可证明下面的定理。

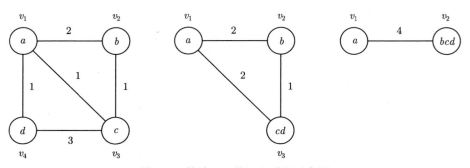

图 3.2　算法 3.4 的运行过程示意图

对图 3.2，算法 3.4 的运行过程如下:

- MA 序：a, b, c, d，割集 $\{d\}$ 的容量为 4，且合并顶点 c, d 为顶点 cd，如中图所示。
- MA 序：a, b, cd，割集 $\{cd\}$ 的容量为 3，且合并顶点 b, cd 为顶点 bcd，如右图所示。
- MA 序：a, bcd，割集 $\{bcd\}$ 的容量为 4。这时，图中只剩 2 个顶点，算法结束。割集 $\{cd\}$（即 $\{c, d\}$）是全局最小割集，因为顶点 cd 是原顶点 c 和 d 合并所产生的顶点。

定理 3.21　算法 3.4 可在 $O(n(m + n \log n))$ 时间内找到无向图的全局最小割集。

下面证明引理 3.20，重述如下。

引理 3.20　对 ℓ 个顶点的无向图，其顶点的 MA 序为 $v_1, v_2, \cdots, v_{\ell-1}, v_\ell$。$\{v_\ell\}$ 是最小 v_ℓ-$v_{\ell-1}$ 割集。

证明　令 C 为此图中的最小 v_ℓ-$v_{\ell-1}$ 割集。给定 MA 序，$W_k = \{v_1, \cdots, v_k\}$ 是前 k 个顶点的 MA 序，且 $E_k = E(W_k) \subseteq E$ 是两个顶点都在 W_k 中的边集，即

$$E_k = \{(i, j) : (i, j) \in E,\ i, j \in W_k\}$$

若 $u \in C$ 和 $v \notin C$（反之亦然），则称顶点 u 和 v 是分离的。因为 C 是 v_ℓ-$v_{\ell-1}$ 割集，所以，v_ℓ 和 $v_{\ell-1}$ 是分离的。

对分离顶点 v_k 和 v_{k-1} 用归纳法证明：对所有这样的顶点 v_k，$u(\delta(W_{k-1}, v_k)) \leqslant u(\delta(C) \cap E_k)$。当 $k = \ell$ 时，结论成立。若 v_ℓ 和 $v_{\ell-1}$ 是分离的，则有 $u(\delta(W_{\ell-1}, v_\ell)) \leqslant u(\delta(C) \cap E_\ell)$。但若 $u(\delta(v_\ell)) = u(\delta(W_{\ell-1}, v_\ell))$ 且 E_ℓ 是图中的所有边，则有 $u(\delta(C) \cap E_\ell) = u(\delta(C))$。所以，$u(\delta(v_\ell)) \leqslant u(\delta(C))$。因为 $\{v_\ell\}$ 是 v_ℓ-$v_{\ell-1}$ 割集，所以 $\{v_\ell\}$ 是最小 v_ℓ-$v_{\ell-1}$ 割集。

假设 v_k 是 MA 序中的最小下标顶点，使得 v_k 与 v_{k-1} 是分离的。不失一般性，设 $v_k \notin C$，则 $v_1, \cdots, v_{k-1} \in C$（否则，有更早的顶点 v_j，使得 v_j 与 v_{j-1} 是分离的）。显然，$u(\delta(W_{k-1}, v_k)) = u(\delta(C) \cap E_k)$。

假设对 $j < k$，所有顶点 v_j 与 v_{j-1} 分离，不等式成立。若 v_k 与 v_{k-1} 是分离的，证明结论也成立。

假设 $j (j < k)$ 是使 v_j 和 v_{j-1} 分离的最大下标。由归纳可知 $u(\delta(W_{j-1}, v_j)) \leqslant u(\delta(C) \cap E_j)$。因为从 v_k 到 W_{k-1} 的边或与 W_{j-1} 中的顶点关联，或与 $W_{k-1} - W_{j-1}$ 中的顶点关联，所以有：

$$u(\delta(W_{k-1}, v_k)) = u(\delta(W_{j-1}, v_k)) + u(\delta(W_{k-1} - W_{j-1}, v_k))$$

如图 3.3 所示。在 MA 序中，因为算法选择 v_j 在 v_k 之前，所以有 $u(\delta(W_{j-1}, v_j)) \geqslant u(\delta(W_{j-1}, v_k))$。此外，$v_k$ 一定与 $W_{k-1} - W_{j-1}$ 中的所有顶点分离：由下标 j 的选择，所有顶点 $v_j, v_{j+1}, \cdots, v_{k-1}$ 都与 v_k 分离。因此，$\delta(W_{k-1} - W_{j-1}, v_k)$ 中的所有边都在 $\delta(C) \cap E_k$ 中，即 $\delta(W_{k-1} - W_{j-1}, v_k) \subseteq \delta(C) \cap E_k$。此外，由于 $\delta(W_{k-1} - W_{j-1}, v_k)$ 中的边都不在

E_j 中，即 $\delta(W_{k-1} - W_{j-1}, v_k) \cap E_j = \varnothing$，$\delta(W_{k-1} - W_{j-1}, v_k) \cap \delta(C) \cap E_j = \varnothing$。于是，有：

$$u(\delta(W_{k-1}, v_k)) = u(\delta(W_{j-1}, v_k)) + u(\delta(W_{k-1} - W_{j-1}, v_k))$$
$$\leqslant u(\delta(W_{j-1}, v_j)) + u(\delta(C) \cap (E_k - E_j))$$
$$\leqslant u(\delta(C) \cap E_j) + u(\delta(C) \cap (E_k - E_j))$$
$$= u(\delta(C) \cap E_k)$$

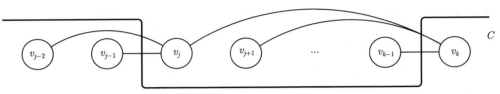

图 3.3   引理 3.20 的归纳证明示意图，割集 C 使 v_{j-1} 和 v_j 分离，v_{k-1} 和 v_k 分离

图顶点的 MA 序还有其他用途，练习 3.3 要求读者将其用于求最大 s-t 流的算法中，练习 3.5 把 MA 序用于找最小对称子模函数，该函数可泛化无向图的割集容量。

3.3   随机合并算法

本节介绍用随机算法找无向图的全局最小割集，该算法不保证能找到全局最小割集，但能大概率找到。也就是说，对常数 $c \geqslant 1$，寻找失败的概率不超过 $1/n^c$。若允许增加运行时间，这个常数 c 可以是我们所希望的任意大数。

在上节的算法中，其每次循环要么找到全局最小割集，要么确定两个合并顶点。下面，我们做最简单的随机运用和合并：在图中按与边容量 $u(i, j)$ 成正比的概率来选边 (i, j)，再将边的端点 i 和 j 合并为一个新顶点。重复此操作，直至图中只剩两个顶点，被合并的顶点集就是算法所返回的割集。

该算法的直观思路是：因为任意全局最小割集 S 都有最小容量，所以，不太可能从 $\delta(S)$ 中选择边。算法的完整描述如算法 3.5 所示。

算法 3.5   随机合并算法

输入： $G = (V, E)$，$\forall_{i,j \in V} u(i, j)$。

1: **while** $|V| > 2$ **do**
2:　　按边容量 $u(i, j)$ 的正比概率选择边 (i, j)
3:　　把边的两个端点 i 和 j 合并成一个新顶点；　修改相应边的容量;

下面来分析算法。S^* 是全局最小割集，$\lambda^* = u(\delta(S^*))$，后面的计算将引用单全局最小割集。$W = \sum_{(i,j) \in E} u(i, j)$ 表示图中所有边的总容量。在算法的第 1 次循环中，按概率 $u(i, j)/W$ 选择边 (i, j) 来进行顶点合并。若被选边 $(i, j) \notin \delta(S^*)$，则称割集 S^* 幸免于顶点合并。所以，第 1 次顶点合并后，S^* 的幸存概率是 $1 - \lambda^*/W$。下面的引理有助于界定 S^* 的幸存概率。

引理 3.22　　$W \geqslant n\lambda^*/2$。

证明　　对 $i \in V$，有 $u(\delta(i)) \geqslant \lambda^*$。因为边 (i,j) 的容量在 $u(\delta(i))$ 和 $u(\delta(j))$ 都被计算一次，所以，$W = \frac{1}{2}\sum_{i \in V} u(\delta(i)) \geqslant n\lambda^*/2$。∎

推论 3.23　　在第 1 次顶点合并后，割集 S^* 的幸存概率至少为 $1 - 2/n$。

用 W_k 表示 k 次合并后图中边的总容量。对任意被合并的顶点 i，有 $u(\delta(i)) \geqslant \lambda^*$（$\lambda^*$ 是全局最小割集的容量）。k 次合并后图中有 $n - k$ 个顶点，可得下面的推论。

推论 3.24　　$W_k \geqslant (n - k)\lambda^*/2$。

下面的引理是分析随机合并顶点算法的核心，算法需执行 $n - 2$ 次顶点合并。

引理 3.25　　算法返回全局最小割集 S^* 的概率至少为 $1/\binom{n}{2}$。

证明　　由上面的讨论可知，在 S^* 幸存前的 $(k - 1)$ 次顶点合并操作下，S^* 幸存于第 k 次合并操作的概率是容量为 λ^* 的割集中没有边选自总容量为 W_{k-1} 中边的概率。Z_k 表示 S^* 在前 k 次顶点合并中的幸存事件。由推论 3.24 可知此概率为

$$\Pr[Z_k | Z_{k-1}] = 1 - \frac{\lambda^*}{W_{k-1}} \geqslant 1 - \frac{2}{n - k + 1}$$

然后，计算 $\Pr[Z_{n-2}]$ 值的界：

$$\Pr[Z_{n-2}] = \Pr[Z_1] \cdot \Pr[Z_2 | Z_1] \cdot \Pr[Z_3 | Z_2] \cdots \Pr[Z_{n-2} | Z_{n-3}]$$

$$\geqslant \prod_{k=1}^{n-2}\left(1 - \frac{2}{n - k + 1}\right)$$

$$= \prod_{k=1}^{n-2} \frac{n - k - 1}{n - k + 1}$$

$$= \prod_{\ell=3}^{n} \frac{\ell - 2}{\ell} = \frac{(n-2)!}{n!/2} = \frac{1}{\binom{n}{2}}$$ ∎

由上节可知，其可在 $O(n)$ 时间内完成一次顶点合并操作，即修改边容量所需的时间。

定理 3.26　　随机合并算法（算法 3.5）的时间复杂度为 $O(n^2)$。

证明　　由算法描述可知有 $n - 2$ 次合并操作，且每次合并所需时间为 $O(n)$。下面论证：随机选择一条边，可在 $O(n + \log(mU))$ 时间内完成合并操作，其中 $U = \max_{(i,j) \in E} u(i,j)$。有可能把运行时间降为 $O(n)$(省略相关证明)。为获得 $O(n + \log(mU))$ 运行时间，需对当前图中的所有顶点 i 保存其出边流量之和 $D(i)$，即 $D(i) = \sum_{j:(i,j) \in E} u(i,j)$，每次合并顶点时，很容易修改 $D(i)$。在 k 次合并后，因每条边的容量被计算两次，所以 $\sum_{i \in V} D(i) = 2W_k$。

假设 $V = \{1, 2, \cdots, n\}$，用数组保存 $\left[D(1), D(1) + D(2), D(1) + (2) + D(3), \cdots, \sum_{i=1}^{n} D(i)\right]$。在 k 次合并后，为随机选择边，选一个随机数 $r \in [0, 2W_k)$。对数组用二分搜索确定下标 i，使得 $r \in \left[\sum_{\ell=1}^{i} D(\ell), \sum_{\ell=1}^{i+1} D(\ell)\right)$。然后考虑顶点 i 的所有出边，并用与容量

$u(i,j)$ 成比例的概率选取一条边。选取第 i 项的概率为 $D(i)/(2W_k)^{\ominus}$，选取边 (i,j) 的概率为 $u(i,j)/D(i)$，所以，选取边 (i,j) 的总概率是

$$\Pr[\text{select } (i,j)|\text{select } i] \cdot \Pr[\text{select } i] + \Pr[\text{select } (i,j)|\text{select } j] \cdot \Pr[\text{select } j]$$

$$=\frac{u(i,j)}{D(i)} \cdot \frac{D(i)}{2W_k} + \frac{u(i,j)}{D(j)} \cdot \frac{D(j)}{2W_k} = \frac{u(i,j)}{W_k}$$

我们可在 $O(\log W_k)$ 时间内用二分搜索来确定数组下标 i，再用 $O(n)$ 时间来选取边 (i,j)。由于 $W_k \leqslant mU$，所以，随机选取边的时间为 $O(n + \log(mU))$。 ■

由于算法返回割集 S^* 的概率很低，为获得大概率返回割集的算法，可多次运行本算法。所以，有下面的定理。

定理 3.27   对给定全局最小割集 S^*，在 $O(n^4 \ln n)$ 时间内可大概率被找到。

证明   对常数 $c \geqslant 1$，可重复运行随机合并算法 $c\binom{n}{2} \ln n$ 次。由于在给定的运行次数中算法不能返回 S^* 的事件与它在其他任何运行中是否被返回独立无关，所以，在 $c\binom{n}{2} \ln n$ 次运行中，该割集都不被返回的概率至多为 (运用 $1 - x \leqslant e^{-x}$)

$$\left(1 - \frac{1}{\binom{n}{2}}\right)^{c\binom{n}{2} \ln n} \leqslant e^{-c \ln n} = 1/n^c$$

随机合并算法的运行时间为 $O(n^2)$，且运行 $O(n^2 \log n)$ 次，所以，算法的总运行时间为 $O(n^4 \ln n)$。 ■

我们想设计一个更快的算法。开始时，割集 S^* 幸存于合并操作的概率很高，但当合并顶点增多时，该概率逐渐降低。当执行随机合并算法使图缩小到一定程度后，用其他全局最小割集算法来求解，从而使割集 S^* 有一个合理概率被保留下来。当图中仅剩 t 个顶点时，停止运行随机合并算法 (即运行 $n - t$ 次后)。下面分析割集 S^* 被保留下来的概率。

引理 3.28   在 $n - t$ 次合并操作后，全局最小割集 S^* 的幸存概率至少为 $\binom{t}{2}/\binom{n}{2}^{\ominus}$。

证明   该期望概率为：

$$\Pr[Z_{n-t}] = \Pr[Z_1] \cdot \Pr[Z_2|Z_1] \cdot \Pr[Z_3|Z_2] \cdots \Pr[Z_{n-t}|Z_{n-t-1}]$$

$$\geqslant \prod_{k=1}^{n-t}\left(1 - \frac{2}{n-k+1}\right)$$

$$= \prod_{k=1}^{n-t} \frac{n-k-1}{n-k+1}$$

$$= \prod_{\ell=t+1}^{n} \frac{\ell-2}{\ell} = \frac{(n-2)!/(t-2)!}{n!/t!} = \frac{\binom{t}{2}}{\binom{n}{2}}$$ ■

⊖   译者注：$D(i)/2W_k$ 和 $D(i)/(2W_k)$ 是不同的，原文有误。
⊖   译者注：引理 3.25 似乎没有存在价值。当 $t = 2$ 时，引理 3.25 就是引理 3.28 的特例。

我们注意到，若对有 n 个顶点的图运行随机合并算法直至剩下 $t = \lceil n/\sqrt{2} + 1 \rceil$ 个顶点，则由引理 3.28 可知给定的全局最小割集的幸存概率为：

$$\frac{\binom{t}{2}}{\binom{n}{2}} = \frac{t(t-1)}{n(n-1)} \geqslant \frac{(1+n/\sqrt{2})(n/\sqrt{2})}{n(n-1)} \geqslant \frac{n^2/2}{n^2} = \frac{1}{2} \tag{3.1}$$

所以，若两次运行随机合并算法到只剩 $t = \lceil n/\sqrt{2} + 1 \rceil$ 个顶点，则期望给定全局最小割集在两次求解中至少有一次被保留下来。本节的最后一个求解思路是：递归地在图上运行算法以找到其全局最小割集，并返回两个割集中较小的一个。该算法思路如算法 3.6 所示。

算法 3.6　递归随机合并顶点算法

1: **function** RECURSIVERANDOMCONTRACTION(G, n)   ▷ 输入：图 G，顶点数 n

                                                 功能：遍历顶点 i 的所有出边

2:     **if** $n \leqslant 6$ **then**

3:         在图 G 中用穷举搜索找最小全局割集 S

4:         **return** S ▷ 原算法在此没返回 6 个以下顶点的全局最小割集，肯定是错误的

5:     **for** $i \leftarrow 1$ **to** 2 **do**   ▷ 两次求图 G 的全局最小割集

6:         $H_i \leftarrow$ 随机合并图 G 到剩下 $\lceil n/\sqrt{2} + 1 \rceil$ 个顶点

7:         $S_i \leftarrow$ RecursiveRandomContraction($H_i, \lceil n/\sqrt{2} + 1 \rceil$)

8:     **if** $u(\delta(S_1)) \leqslant u(\delta(S_2))$ **then return** S_1

9:     **else return** S_2

引理 3.29　递归随机合并算法（算法 3.6）的运行时间为 $O(n^2 \log n)$。

证明　$T(n)$ 表示算法对有 n 个顶点图的运行时间。像前面论述的那样，在 n 个顶点图上运行顶点合并算法所需的时间为 $O(n^2)$。因此，可得运行时间的递归关系式如下：

$$T(n) = 2T(\lceil n/\sqrt{2} + 1 \rceil) + O(n^2)$$

求解该递归式可得 $T(n) = O(n^2 \log n)$。　 ■

引理 3.30　给定全局最小割集 S^*，算法能找到它的概率为 $\Omega(1/\log n)$。

证明　$P(n)$ 是 S^* 在 n 个顶点的图上幸存下来的概率。若 $n \leqslant 6$ 时，则 $P(n) = 1$；否则，S^* 没幸存的概率为 $1 - P(n)$（包括在递归调用中没幸存）。对 $t = \lceil n/\sqrt{2} + 1 \rceil$，由式 (3.1) 可知，$S^*$ 在递归调用中的幸存概率是 $\Pr[Z_{n-t}] \cdot P(t) \geqslant P(t)/2$，所以，对 $n \geqslant 7$，有：

$$P(n) \geqslant 1 - (1 - P(t)/2)^2 = P(t) - P(t)^2/4$$

为分析此概率，令 p_k 为算法在第 k 次递归调用时的成功概率，其中 $p_0 = 1$。由上面的分析可得：

$$P_{k+1} \geqslant P_k - P_k^2/4 = P_k(1 - P_k/4)$$

将 $z_k = -1 + 4/p_k$ 代入上式，即 $p_k = 4/(z_k + 1)$。可得 $z_0 = 3$，且

$$\frac{4}{z_k + 1} = \frac{4}{z_k + 1}\left(1 - \frac{1}{z_k + 1}\right)$$

$$z_{k+1} + 1 = (z_k + 1)\left(1 + \frac{1}{z_k}\right)$$

$$z_{k+1} + 1 = z_k + 2 + 1/z_k$$

$$z_{k+1} = z_k + 1 + 1/z_k$$

由该递归式可知，在第 k 次递归调用时，z_k 至少增加 1，至多增加 2。所以，$k < z_k < 3 + 2k$。因此，$k = \Theta(1/k)$。当 $k = \Theta(\log n)$（对 n 个顶点的图，需递归调用 $\Theta(\log n)$ 次）时，有 $P(n) \geqslant p_k$。所以，可得 $p(n) = \Omega(1/\log n)$。∎

定理 3.31 对任意给定全局最小割集 S^*，它可在 $O(n^2 \log^3 n)$ 时间内被大概率找到。

证明 对常数 $c \geqslant 1$，我们运行递归随机合并算法 $c \ln n \cdot O(\log n)$ 次。因为算法无法返回 S^* 与其他运行返回 S^* 是独立事件，所以，在这些运行过程中不返回 S^* 的概率至多为 $(1 - x \leqslant e^{-x})$

$$\left(1 - \Omega\left(\frac{1}{\log n}\right)\right)^{c \ln n \cdot O(\log n)} \leqslant e^{-c \ln n} = 1/n^c$$

∎

随机合并算法不仅是一种简单、易分析的算法，而且也很容易证明全局最小割集和近似最小割集的性质。练习 3.6 要求读者用引理 3.25 来证明不同全局最小割集数量至多为 $\binom{n}{2}$。练习 3.7 要求读者给出一个找近似最小割集的算法，并界定不同近似最小割集的数量。

3.4 Gomory-Hu 树

假设称两个有 n 个顶点的网络为流等价 (或简称等价)，若它们有相同的流函数 v。因此，每个网络与一棵树等价。是否有构造等价树的方法，比先求解大量流问题来确定函数 v，再构造 v-最大生成树的方法更好？

Gomory 和 Hu 肯定地回答了该问题，他们的方法含有 $n - 1$ 个最大流问题的连续解。此外，许多此类问题比原问题涉及更小规模的网络。所以，没有比此更好了。

——L. R. Ford, Jr. 和 D. R. Fulkerson, *Flows in Networks*

在前文中，求无向图的最大 s-t 流和最小 s-t 割集问题，是先把无向图转变为有向图：无向边 (i, j) 改为两条有向边 (i, j) 和 (j, i)，且每条有向边的容量均为 $u(i, j)$。在 3.2 节，我们通过求解 $n - 1$ 个最小 s-t 割集来找无向图中的全局最小割集。

本章最后一个算法是用 $n - 1$ 的最小 s-t 割集来求解无向图的全局最小割集，但在求解过程中运用 Gomory-Hu 树，该树包含图中所有最小 s-t 割集的信息。Gomory 和 Hu[101] 最早证明了 Gomory-Hu 树的存在性和用 $n - 1$ 最大流构造该树的算法。我们将给出的算法 (用 $n - 1$ 个最小 s-t 割集) 源自 Gusfield[103]，且该算法更容易实现。

给定无向图 $G = (V, E)$，$u(i, j)$，$\forall (i, j) \in E$，Gomory-Hu 树是顶点集 V 的生成树 T，其每条边 $e \in T$ 都被标一个值 $\ell(e)$。T 中的边可能不在 E 中，所以，T 不一定是图 G 的生成树。若在树 T 中删除边 $e = (i, j) \in T$，则树被分割为两个连通分量，$S(e)$ 是其中一个连通分量的顶点集。

Gomory-Hu 树有以下性质：任取两个不同顶点 $s, t \in V$，树 T 中顶点 s 和 t 间仅有唯一路径。用 e 表示该路径中最小标记值 $\ell(e)$ 的边。$\ell(e) = u(\delta(S(e)))$ 是图 G 中最小 s-t 割集的容量。因为 $s \in S(e)$ 和 $t \notin S(e)$，或反之亦然 (因为是无向图，我们假定 s-t 割集 S，有 $s \in S$ 和 $t \notin S$，反之亦然)，所以，$S(e)$ 是最小 s-t 割集。Gomory-Hu 树有时也称为割集等价树。

假设将边的标记值 $\ell(e)$ 视为树 T 中边的容量。树中最小 s-t 割集是 $S(e)$，该边 e 是树 T 中 s-t 路径中的最小标记边。由 Gomory-Hu 树的性质可知：割集 $S(e)$ 也是图的最小 s-t 割集。所以，对任意不同顶点 s, t，树中的最小 s-t 割集就是图中的最小 s-t 割集。练习 3.8 考虑一种较弱性质的流等价树。图 3.4 是一个图及其相应 Gomory-Hu 树的例子。

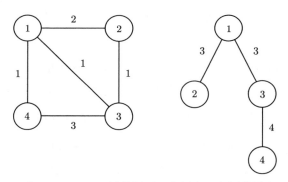

图 3.4 一个 Gomory-Hu 树的例子，右树表示左图的最小 s-t 割集

因此，$\forall s, t \in V$，$s \neq t$，Gomory-Hu 树含有最小 s-t 割集及其容量。虽然图 G 可能有 $\binom{n}{2}$ 个 s-t 顶点组，但我们仅用 $n - 1$ 个最小 s-t 割集来确定 Gomory-Hu 树中信息。

在给出算法前，对树 T 中的每条边 $e = (i, j)$，需证明 $S(e)$ 是最小 i-j 割集，且 $\ell(e)$ 是该割集的容量。有了此结论，便足以构建 Gomory-Hu 树。

引理 3.32 假设无向图 $G = (V, E)$，$u(i, j)$，$\forall (i, j) \in E$，树 T 是 V 上的生成树，所有边 $e = (i, j) \in T$，使得标记 $\ell(e)$ 等于割集 $S(e)$ 的容量，且割集 $S(e)$ 是最小 i-j 割集，即 $\ell(e) = u(\delta(S(e))) = \min_{S : i \in S, j \notin S} u(\delta(S))$。那么，树 T 就是 Gomory-Hu 树。

证明 由条件可知对树 T 中的每条边 e，都有 $\ell(e) = u(\delta(S(e))) = \min_{S : i \in S, j \notin S} u(\delta(S))$。需证明：对任意不同的两个顶点 $s, t \in V$，对树 T 中 s-t 路径上最小标记的边 e，$\ell(e)$ 是最小 s-t 割集的容量。由于 e 在 T 的 s-t 路径上，所以 $S(e)$ 一定是 s-t 割集：$s \in S(e)$ 和 $t \notin S(e)$，反之亦然。若 $\ell(e) = u(\delta(S(e)))$ 是最小 s-t 割集的容量，则 $S(e)$ 一定是最小 s-t 割集。

为方便论述，用 $c(p,q)$ 表示图 G 中最小 p-q 割集的容量，其中 $p,q \in V$，$p \neq q^{\ominus}$。

任取不同的两个顶点 $s,t \in V$，$s \equiv v_1, v_2, \cdots, v_k \equiv t$ 是树 T 中从顶点 s 到顶点 t 的路径 P 的顶点序列，且 $e_i = (v_i, v_{i+1})$。我们将证明 $c(s,t) \geqslant \min_{i=1,\cdots,k-1} c(v_i, v_{i+1})$，且 $c(s,t) \leqslant \min_{i=1,\cdots,k-1} c(v_i, v_{i+1})$，从而使得

$$c(s,t) = \min_{i=1,\cdots,k-1} c(v_i, v_{i+1})$$

因为边 $e_i = (v_i, v_{i+1})$ 在树 T 中，$i = 1, \cdots, k-1$，由假设可知 $c(v_i, v_{i+1}) = \ell(e_i)$。所以，有

$$c(s,t) = \min_{i=1,\cdots,k-1} c(v_i, v_{i+1}) = \min_{\ell \in P} \ell(e)$$

容易证明：对每条边 $e_i = (v_i, v_{i+1}) \in T$，有 $c(s,t) \leqslant c(v_i, v_{i+1})$。因为 e_i 是 s-t 路径中的边，所以 $S(e_i)$ 是 s-t 割集。因为在树 T 中删除边 e_i，顶点 s 和顶点 t 会在不同的连通分量中，所以最小 s-t 割集的容量最多为 $u(\delta(S(e_i))) = c(v_i, v_{i+1})$，$i = 1, \cdots, k-1$。

易知对 $i = 1, \cdots, k-1$，不存在 $c(s,t) \leqslant c(v_i, v_{i+1})$。用 S^* 表示 s-t 割集，且有 $s \in S^*$ 和 $t \notin S^*$。因为 $s = v_1$ 和 $t = v_k$，所以，一定存在 i，$1 \leqslant i < k$，使得 $v_i \in S^*$ 和 $v_{i+1} \notin S^*$。S^* 也是 v_i-v_{i+1} 割集，所以，一定有 $c(v_i, v_{i+1}) \leqslant c(s,t)$ 和 $c(s,t) \geqslant \min_{i=1,\cdots,k-1} c(v_i, v_{i+1})$。∎

构造 Gomory-Hu 树的算法基于这样的事实：无向图中的割集容量是顶点集上的一个对称子模函数。定义函数 $f : 2^V \to \Re$。称函数 f 是子模，若 $\forall A, B \subseteq V$，有

$$f(A) + f(B) \geqslant f(A \cap B) + f(A \cup B) \tag{3.2}$$

若 $f(S) = u(\delta(S))$，则 f 是子模函数，练习 3.4 要求读者证明之。对无向图，函数 f 是对称的：$u(\delta(S)) = u(\delta(V - S))$ 和 $f(S) = f(V - S)$，$\forall S \subseteq V$。

若函数 f 既是对称的又是子模，则称之为对称子模。对于对称子模函数 f，有

$$f(A) + f(B) \geqslant f(A - B) + f(B - A) \tag{3.3}$$

练习 3.4 要求读者证明之。

本节，我们主要证明：对函数 $f(S) = u(\delta(S))$，Gomory-Hu 树的存在性；对任意对称子模函数，Gomory-Hu 树的存在性。在本节末尾，将再讨论 Gomory-Hu 树。

为给出构造 Gomory-Hu 树的算法，先证明最小 s-t 割集的一些性质。

引理 3.33 $c(s,t)$ 是最小 s-t 割集容量。任取顶点 $r, s, t \in V$，有 $c(s,t) \geqslant \min(c(r,s), c(r,t))$。

证明   设 S 是最小 s-t 割集，且 $s \in S$。若 $r \in S$，则 S 是 r-t 割集。所以，$c(r,t) \leqslant c(s,t)$。若 $r \notin S$，则 S 是 s-r 割集。所以，$c(r,s) \leqslant c(s,t)$。所以，有 $c(s,t) \geqslant \min(c(r,s), c(r,t))$。∎

⊖   译者注：原书中，这段文字嵌入在下面的段落中，前面有 "任意顶点 s,t"，后面又有 "任意顶点 p,q"，再说明符号 $c(p,q)$ 的含义。故，把它单独提出来。

推论 3.34　给定顶点 $r, s, t \in V$，$c(r, s)$、$c(r, t)$ 和 $c(s, t)$ 的最小值不唯一。

证明　不妨假设 $c(s, t)$ 是唯一的最小值。上面引理的结论是矛盾的。　■

引理 3.35　R 是最小 r-s 割集，S 是最小 s-t 割集，$r \in R$，$s \in S$。假设 $t \notin R$。

(1) 若 $r \in S$，则 $R \cap S$ 为最小 r-s 割集，$R \cup S$ 为最小 s-t 割集。

(2) 若 $r \notin S$，则 $R - S$ 是最小 r-s 割集，$S - R$ 是最小 s-t 割集，且 $c(r, t) = c(r, s)$。

证明　证明过程中的两种情况如图 3.5 所示。

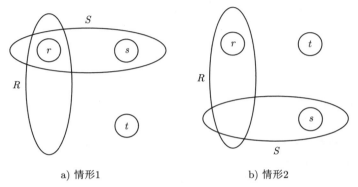

a) 情形1　　　　　　b) 情形2

图 3.5　引理 3.35 中的两种不同情况的示意图

由 $u(\delta(S))$ 是对称子模和式 (3.2) 可知：

$$c(r, s) + c(s, t) = u(\delta(R)) + u(\delta(S)) \geqslant u(\delta(R \cap S)) + u(\delta(R \cup S)) \tag{3.4}$$

由式 (3.3) 可知：

$$c(r, s) + c(s, t) = u(\delta(R)) + u(\delta(S)) \geqslant u(\delta(R - S)) + u(\delta(S - R)) \tag{3.5}$$

对情形 1，$R \cap S$ 是 r-s 割集，$R \cup S$ 是 s-t 割集。所以，$u(\delta(R \cap S)) \geqslant c(r, s)$，$u(\delta(R \cup S)) \geqslant c(s, t)$。由这些不等式与式 (3.4) 可得：$u(\delta(R \cap S)) = c(r, s)$，$u(\delta(R \cup S))) = c(S, t)$。所以，$R \cap S$ 是最小 r-s 割集，$R \cup S$ 是最小 s-t 割集。

对情形 2，$R - S$ 是 r-s 割集，$S - R$ 是 s-t 割集，使得 $u(\delta(R - S)) \geqslant c(r, s)$，$u(\delta(S - R)) \geqslant c(s, t)$。由这些不等式和式 (3.5) 可得：$R - S$ 是最小 r-s 割集，$S - R$ 是最小 s-t 割集。此外，由 R 也是 r-t 割集可得 $c(r, t) \leqslant c(r, s)$。由 S 也是 s-r 割集可得 $c(r, s) \leqslant c(s, t)$。由推论 3.34 可知 $c(r, t) = c(r, s)$。　■

下面描述求 Gomory-Hu 树的算法，该算法保存顶点集的一个划分，$\mathcal{V} = \{V_1, V_2, \cdots, V_k\}$。该划分的初值仅有一个划分块，该块含所有顶点，即 $\mathcal{V} = \{V\}$。算法对每个顶点子集 V_i 保持一个代表顶点 $r_i \in V_i$，并在所有代表顶点上构造生成树 T，保持树 T 中边的标记集。

在算法的每次循环中，取划分中的子集块 $V_i \in \mathcal{V}$，且 $|V_i| \geqslant 2$。任取顶点 $t \in V_i$，$t \neq r_i$，求最小 r_i-t 割集 $X(r_i \in X)$，将顶点子集 V_i 拆分为两个顶点子集 $V_i \cap X$ 和 $V_i - X$。顶点

r_i 代表前者，t 代表后者。添加边 $e = (r_i, t)$，并标记该边 $\ell(e) = u(\delta(X))$。最后，对所有边 $(r_i, r_j) \in T(r_j \notin X)$，将树 T 中的边 (r_i, r_j) 替换为 (r_j, t)，并保留相同的标记。当所有顶点子集都仅有一个顶点 (即 $|V_i| = 1$, $\forall V_i \in \mathcal{V}$) 时，算法终止。因此，我们得到顶点 V 上被标记的生成树 T。下面证明该生成树满足引理 3.32 的条件。所以，它就是 Gomory-Hu 树。上述求标记树的算法描述如算法 3.7 所示，图 3.6 是算法在一次循环中所做的变化的示意图。

算法 3.7   求 Gomory-Hu 树算法

输入：$G = (V, E)$，$u(i, j)$，$\forall i, j \in V$。

输出：Gomory-Hu 树。

1: $\mathcal{V} \leftarrow \{V\}$ ▷ 顶点集合划分仅有一块

2: 任取 $r \in V$，且用 r 代表 V

3: $T \leftarrow \varnothing$ ▷ 初值为空树

4: **while** 存在 $V_i \in \mathcal{V}$ 且 $|V_i| > 1$ **do**   ▷ 存在含 1 个以上顶点的顶点子集

5:      用 r_i 代表 V_i，任取 $t \in V_i$，且 $t \neq r_i$

6:      求最小 r_i-t 割集 X，$r_i \in X$

7:      **for all** $(r_i, r_j) \in T$ **do**

8:          **if** $r_j \notin X$ **then** 把 T 中的 (r_i, r_j) 替换为 (r_j, t)

9:      $\mathcal{V} \leftarrow (\mathcal{V} - \{V_i\}) \cup \{V_i \cap X\} \cup \{V_i - X\}$

10:     用 r_i 代表顶点子集 $V_i \cap X$，t 代表顶点子集 $V_i - X$

11:     把边 (r_i, t) 加入树 T，并用 $u(\delta(X))$ 标记该边

12: **return** T

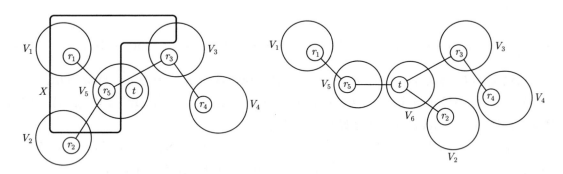

a) 循环开始时，粗线所围是 r_5-t 割集 X b) 循环之后

图 3.6   算法 3.7 在循环中选取顶点划分块 V_5 所做变化的示意图

由图 3.6 可知，在图 3.6a 中，算法选取顶点子集 V_5，$t \in V_5$，$t \neq r_5$。

- 计算最小 r_5-t 割集 X，将顶点子集 V_5 拆分为两个子集 $X \cap V_5$ 和 $X - V_5$。用 V_6 表示后面的顶点子集，t 代表该新子集 (即 $t \equiv r_6$)。

- 添加边 (r_5, t)。

- $r_1 \in X$，$r_2, r_3 \notin X$。按算法步骤：

- 保留边 $(r_1, r_5) \in T$。
- 删除 (r_2, r_5) 和加边 (r_2, t)，删除边 (r_3, r_5) 和加边 (r_3, t)。

对边 $e = (r_i, r_j) \in T$，观察可知删除边 e 将 V 拆分成两个子集：$S(e)$ 表示其中一个子集，且 $r_i \in S(e)$。算法保持 $S(e)$ 是最小 r_i-r_j 割集，且边 e 被标记为 $S(e)$ 的容量，即 $\ell(e) = u(\delta(S(e)))$。算法的正确性可由下面的引理和引理 3.32 来保证。

引理 3.36　算法 3.7 每次循环结束时，对每条边 $e = (r_i, r_j) \in T$，$S(e)$ 是最小 r_i-r_j 割集，且 $\ell(e)$ 是该割集的容量。

证明　对算法用归纳法证明。在第一次循环时，树 T 为空树。$r_1 \in V_1 = V$，用 r_1 代表它，另选顶点 $t \in V - \{r_1\}$，找最小 r_1-t 割集 X。算法拆分 V 为子集 $V_1 = X \cap V$ 和 $V_2 = V - X$，在树 T 中加上边 $e = (r_1, t)$，并加上标记 $\ell(e) = u(\delta(X))$。假设 $r_1 \in S(e) = X$。则 $S(e) = X$ 和 $S(e)$ 是最小 r_1-t 割集。

假设在前一次循环结束时引理结论成立。对算法未影响的所有边 e，割集 $S(e)$ 保持不变，所以，引理结论对这些边仍然成立。算法任取顶点子集 $V_i(|V_i| \geqslant 2)$，并用 $r_i \in V_i$ 来代表 V_i。选顶点 $t \in V_i - \{r_i\}$。算法找最小 r_i-t 割集 X，将 V_i 拆分为 $V_i \cap X$ 和 $V_i - X$，并在树 T 中加入边 (r_i, t)。

因为割集函数是对称的，不妨假设对任意边 $e \in T$，$r_i \notin S(e)$。任取边 $e = (r_i, r_j)$。由 $s = r_i$，$t = t$，$r = r_j$ 和引理 3.35 可得 $R = S(e)$ 和 $S = X$。由假设可知 $r_i \notin S(e)$。因此，$S(e) \cap V_i = \varnothing$，且 $t \notin S(e)$。若 $r_j \in X$，由引理 3.35(1) 可知 $S(e) \cup X$ 是最小 r_i-t 割集；若 $r_j \notin X$，由引理 3.35(2) 可知 $X - S(e)$ 是最小 r_i-t 割集，且 $c(r_j, t) = c(r_j, r_i)$。因此，若用 $e' = (r_j, t)$ 替换 $e = (r_i, r_j)$，仍可得到 $S(e') = S(e)$ 和 $S(e')$ 是最小的 r_j-t 割。

对顶点 r_i 的所有出边 $e = (r_i, r_j)$，重复上面操作，可得到最小 r_i-t 割集：

$$X \cup \{S(e) : e = (r_i, r_j), \forall r_j \in X\} - \{S(e) : e = (r_i, r_j), \forall r_j \notin X\}$$

因此，若把 V_i 分割为 $V_i \cap X$ 和 $V_i - X$，对边 (r_i, t) 标记 $u(\delta(X))$，并加到树 T 中，则对边 (r_i, t)，引理结论成立。　∎

下面定理的证明几乎可直接推导。

定理 3.37　算法 3.7 用 $n - 1$ 个最小 s-t 割集可求得 Gomory-Hu 树。

证明　算法开始时顶点划分仅有一个顶点子集，在每次循环中找最小 s-t 割集，得到一个新顶点子集，直至顶点划分有 n 个子集。因此，总共有 $n - 1$ 次循环。由引理 3.32 可知，对 Gomory-Hu 树中的每条边 $e = (r_i, r_j)$，证明 $S(e)$ 是最小 r_i-r_j 割集且 $\ell(e)$ 是其容量就可以了。由引理 3.36 可知最终树可满足 Gomory-Hu 树的条件。　∎

Gusfield 算法是算法 3.7 的一种实现方式。对顶点分配下标，即 $V = \{1, \cdots, n\}$。该算法保持有向树 D，顶点 i 有指向顶点 1 的有向路径。每个顶点 $i \neq 1$ 都有一条出边：从顶点 i 到顶点 $p(i)$(即存在边 $(i, p(i))$)，称顶点 $p(i)$ 为顶点 i 的父顶点。算法保持顶点划分、代表和算法 3.7 中的树如下：顶点的父顶点 (不是树 D 的叶结点) 代表一些顶点子集，某个父顶点的所有叶顶点是顶点子集中的顶点。两个不同顶点子集代表之间的边对应算法 3.7 中树 T 的边，用 $\ell(i)$ 标记边 $(i, p(i))$。

Gusfield 算法的执行过程如下：开始时置 $p(i) = 1$，$i = 1, \cdots, n$(注意，$p(1) = 1$，称之为子环)，因此，1 代表整个顶点集。算法从顶点 2 到 n 进行循环；设 t 为当前顶点，$s = p(t)$ 为其父顶点。求最小 s-t 割集 X：顶点 t 是叶子，选择含顶点 t 的顶点子集，求 s 所代表的顶点子集与包含 t 的顶点子集之间的最小割集，并用 $\ell(t) = u(\delta(X))$ 标记 (t, s)。把不在 X 中的 s 父顶点变为顶点 t 的父顶点，并用顶点 t 代表这些父顶点组成的集合。若 s 的父顶点 $p(s)$ 不在 X 中，则加入边 $(t, p(s))$，即 $p(s)$ 是 t 的父顶点。加入边 (t, s)，即 t 是 s 的父顶点，同时保持相应边的标记不变。Gusfield 算法描述如算法 3.8 所示，其正确性由定理 3.37 可得。对给定的实例图，算法的执行示例如图 3.7 所示。

算法 3.8 求 Gomory-Hu 树的 Gusfield 算法

输入: $G = (V, A)$，$u(i, j)$，$\forall i, j \in V$。

输出: Gomory-Hu 树。

1: **for all** $i \in V$ **do** $p(i) \leftarrow 1$

2: **for** $t \leftarrow 2$ to n **do**

3:      $s \leftarrow p(t)$; 求最小 s-t 割集 X; $\ell(t) \leftarrow u(\delta(X))$

4:      **for** $i \leftarrow 1$ to n **do**

5:          **if** $i \notin X$ 且 $i \neq t$ 且 $p(i) = s$ **then** $p(i) \leftarrow t$

6:      **if** $p(s) \notin X$ **then**

7:          $p(t) \leftarrow p(s)$ ▷ 把 s 的父顶点变成 t 的父顶点

8:          $p(s) \leftarrow t$ ▷ s 的父顶点是 t

9:          $\ell(t) \leftarrow \ell(s)$, $\ell(s) \leftarrow u(\delta(X))$

原始的 Gomory-Hu 算法与算法 3.7 相同，但在求最小 r_i-t 割集 $X (r_i, t \in V_i)$ 时，需将每个子集 $V_j (j \neq i)$ 合并为一个顶点 v_j。若 $v_j \in X$，则子集 V_j 中的所有顶点与 r_i 放在一起。若 $v_j \notin X$，则 V_j 中的所有顶点与 t 在一起。其结果与算法 3.7 一样，但对较小的图，存在一个计算权衡问题：划分中子集的合并操作所增的工作与求最小 r_i-t 割集所节省的工作。进一步的讨论见章节后记。

Gomory-Hu 树是图中割集的表现形式之一，一些其他割集形式的讨论见章节后记。

前面，我们定义了顶点集 V 的对称子模函数 f。对任意对称子模函数 f，算法 3.7 都可找到相似的树，但需先定义对称子模函数得到的 Gomory-Hu 树的含义。对顶点集 V 的生成树 T，$S(e) \subseteq V$ 定义为从树 T 中删除边 $e = (i, j)$ 的割集 (因为函数 f 是对称的，所以，并不在意由两个连通分量中的哪个分量来确定该割集)。

假设用 $\ell(e)$ 标记树 T 中的边，对于对称子模函数 f：

- 称 S^* 为最小 s-t 割集，若 $S^* \subseteq V$ 是使函数值 $f(S)$ 达到最小值的顶点集，且 $s \in S$ 和 $t \notin S$，即 $f(S^*) = \min_{S \subseteq V, s \in S, t \notin S} f(S)$。

- 称树 T 为 Gomory-Hu 树 T，若 $\forall s, t \in V$，$s \neq t$，有 e 是树 T 中 s-t 路径中的边，且有最小标记值 $\ell(e)$。则 $\ell(e) = f(S(e))$ 是最小 s-t 割集的值。

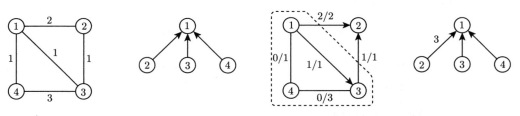

　　　　a) 原始图和算法初值　　　　　　　　　　b) 选择顶点2，找出最小1-2割集

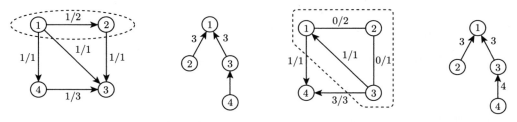

　c) 选择顶点3，找出最小1-3割集　　　d) 选择顶点4，找出最小3-4割集，右树为Gomory-Hu树

图 3.7　　算法 3.8 对实例的执行过程示意图，边上标注的含义为 "流量/容量"

　　观察可知，对函数 f，算法 3.7 用算法的存在性来找最小 s-t 割集，用对称子模函数来证明算法的正确性。因此，对函数 f，设计一个找最小 s-t 割集的子程序，对任意对称子模函数 f，算法 3.7 都可求出 Gomory-Hu 树 T。

练习

3.1　证明引理 3.4。一种方法是将其简化为引理 2.48。证明把最小 X-t 割集问题转变为最小 s-t 割集问题，使得转换后的有限 s-t 割集与原问题有相同容量的 X-t 割集，且转换后问题中的准流 f 与原问题中的 X-准流 f' 之间存在对应关系。利用该思路来论证用引理 2.48 可推导出引理 3.4。

3.2　证明：算法 3.3 中的 MA 序用 Fibonacci 堆可在 $O(m+n\log n)$ 时间内得到，Fibonacci 堆在第 1 章后记中有讨论。

3.3　用 3.2 节中的 MA 序来计算有向图的最大 s-t 流。

　　用下列方法计算 MA 序：源点 s 为 MA 序的第 1 个顶点，即 $v_1 = s$。一般来说，选择 MA 序中的下一个顶点 $v_k(k \geqslant 2)$，使得 $u_f(\delta(W_{k-1}, v_k))$ 最大，其中 $W_{k-1} = \{v_1, \cdots, v_{k-1}\}$，$v_k \notin W_{k-1}$，$\delta(W_{k-1}, v_k) = \{(j, v_k) \in A : j \in W_{k-1}\}$。

　　假设汇合点 $t = v_\ell$。$\alpha = \min_{k=2,\cdots,\ell} u_f(\delta(W_{k-1}, v_k))$。

　　(a) 给定 MA 序，证明：可在 $O(m)$ 时间内使当前流 f 增加 α 个单位流量。

　　(b) 证明：剩余图的最大流不超过 $n\alpha$。

(c) 给定一个 $O(m+n\log n)$ 时间内求出 MA 序的算法，用上面的结论设计一个在 $O((m+n\log n)n\log(mU))$ 时间内求出最大 s-t 流的算法。

3.4 定义函数 $f\colon 2^V \to \Re$。称函数 f 是子模，若 $\forall S,T \subseteq V$，有

$$f(S) + f(T) \geqslant f(S \cap T) + f(S \cup T)$$

函数 f 是对称的，若 $\forall S \subseteq V$，都有 $f(S) = f(V-S)$。若函数 f 既是对称的又是子模，则称之为对称子模。

 (a) $G = (V, A)$ 是有向图，$u(i,j) \geqslant 0$，$\forall(i,j) \in A$。证明：$f(S) = u(\delta^+(S))$ 是子模函数。

 (b) $G = (V, E)$ 是无向图，$u(i,j) \geqslant 0$，$\forall(i,j) \in E$。证明：$f(S) = u(\delta(S))$ 是对称子模函数。

 (c) 证明：函数 f 是子模，当且仅当对任意 $S \subseteq T \subseteq V$ 和 $\forall \ell \notin T$，有

$$f(S \cup \{\ell\}) - f(S) \geqslant f(T \cup \{\ell\}) - f(T)$$

 (d) 证明：若 f 是对称子模函数，则对 $S,T \subseteq V$，有

$$f(S) + f(T) \geqslant (S-T) + f(T-S)$$

3.5 练习 3.4 中有对称子模函数 $f\colon 2^V \to \Re$ 的定义。算法 3.9 是算法 3.3 中 MA 序的推广。从任意顶点 v_1 开始，为计算 MA 序中的下一个顶点 v_k，找一个顶点 v_k，使得 $f(\{v_1, \cdots, v_k\}) - f(\{v_1, \cdots, v_{k-1}\})$ 最小。

算法 3.9　　用对称子模函数求顶点 MA 序的算法

输入: $G = (V, A)$，$u(i,j)$，$\forall i,j \in V$。

输出: 顶点的 MA 序 W_{k-1}。

1: 从 V 中任取 v_1

2: $W_1 \leftarrow \{v_1\}$

3: **for** $k = 2$ to $|V|$ **do**　　　　　　　　　　　　　　　▷ $|V|$ 是图中顶点数

4:　　从 $V - W_{k-1}$ 中选 v_k，使得 $f(W_{k-1} \cup \{v_k\}) - f(W_{k-1})$ 最小

5:　　$W_k \leftarrow W_{k-1} \cup \{v_k\}$

 (a) 假设 $|V| = \ell$。证明：像算法 3.9 那样计算顶点的 MA 序，则 $\{v_\ell\}$ 在所有集合 S 上使 f 最小，其中 $v_\ell \in S$，$v_{\ell-1} \notin S$。提示：对 $i \leqslant \ell - 1$，用归纳法证明 $\forall X \subseteq W_{i-1}$，$\forall v \in V - W_i$，有 $f(W_i) + f(\{v\}) \leqslant f(W_i - X) + f(X \cup \{v\})$。解释为什么这能推导出所期望的结论。

 (b) 设计一个算法，它能找到集合 $S \subseteq V$，使 f 最小，并证明之。

3.6 用引理 3.25 证明至多存在 $\binom{n}{2}$ 个不同的全局最小割集。

3.7 给定无向图 G，λ 是全局最小割集的值。α-近似全局最小割集是一个非空顶点集 $S \subset V$，使得 $u(\delta(S)) \leqslant \alpha\lambda$。该问题用随机合并算法 (算法 3.5) 来求解 α-近似全局最小

割集。

假设常数 α，其取值为 $i/2$，$i = 3, 4, 5, \cdots$。⊖

- (a) 证明：给定 α-近似全局最小割集，在 n 个顶点合并到 2α 个顶点的过程中，该割集的幸存概率至少为 $1/\binom{n}{2\alpha}$。
- (b) 在前面结论的基础上设计算法，其输出 α-近似全局最小割集的概率至少为 $1/(2^{2\alpha}\binom{n}{2\alpha})$。
- (c) 证明：至多有 $O((2n)^{2\alpha})$ 个 α-近似全局最小割集。
- (d) (较难问题) 尽你所能设计一个好算法，其可找出所有 α-近似全局最小割集。

3.8 考虑流等价树 T，其性质比割集等价 (或 Gomory-Hu) 树弱。给定无向图 $G = (V, E)$，$u(i, j)$，$\forall(i, j) \in E$。对 V 上的生成树 T，其边 $e \in T$ 都标上值 $\ell(e)$。对 $\forall s, t \in V$，$s \ne t$，边 e 是树 T 中 s-t 路径中最小标记值 $\ell(e)$ 的边。在流等价树 T 中，$\ell(e)$ 是图 G 中最小 s-t 割集的容量。该性质比割集等价树弱，因为它不要求 $\ell(e)$ 是割集 $S(e)$ 容量。树是流等价的，若把边标记当作容量，则树中最大 s-t 流等于图中最大 s-t 流。

思考算法 3.10。与算法 3.7 一样，对顶点分配下标，使得 $V = \{1, \cdots, n\}$。算法保持树 T，树中每个顶点 i 都有指向顶点 1 的路径。每个顶点 $i \ne 1$ 都有一条出边，从 i 到 $p(i)$，称 $p(i)$ 为 i 的父顶点。

算法 3.10　求流等价树的算法

输入: $G = (V, E)$，$u(i, j)$，$\forall i, j \in V$。

输出: 流等价树。

1: **for all** $i \in V$ **do** $p(i) \leftarrow 1$

2: $n \leftarrow |V|$　　　　　　　　　　　　　　　　　　　　　　　　　▷ n 是图中顶点数

3: **for** $t \leftarrow 2$ **to** n **do**

4:　　$s \leftarrow p(t)$;　求最小 s-t 割集 X;　$\ell(t) \leftarrow u(\delta(X))$

5:　　**for** $i \leftarrow t$ **to** n **do**

6:　　　　**if** $i \notin X$ 且 $i \ne t$ 且 $p(i) = s$ **then** $p(i) \leftarrow t$

最初置所有 i 的父顶点 $p(i) = 1$(注意，$p(1) = 1$，称之为子环)。算法逐步计算树中边的标记，并用 $\ell(i)$ 标记边 $(i, p(i))$。算法主循环遍历所有 $t \geqslant 2$ 个顶点，并计算最小 s-t 割集 X，其中，$s = p(t) \in X$。因此，算法总共找 $n - 1$ 个最小 s-t 割集。该算法对边 $(t, p(t))$ 标记 $\ell(t) = u(\delta(X))$。

证明：算法 3.10 能生成流等价树。

章节后记

20 世纪 90 年代早期，除了对有向图计算 $2(n-1)$ 个最大 s-t 流 (或对无向图计算 $n-1$ 个最大 s-t 流) 外，还没有算法可在有向图 (或无向图) 中找出全局最小割集。对单位容量

⊖　译者注：修改了原书中的描述，但含义一致。

无向图 (即所有边容量为 1)，有几个这样的算法。Podderyugin[165] 给出 $O(mn)$ 时间算法，Karzanov 和 Timofeev[129] 给出 $O(\lambda^* n^2)$ 时间算法，其中，λ^* 是全局最小割集中的边数。对单位容量有向图，Gabow[76] 基于划分生成树设计了 $\tilde{O}(\lambda m)$ 时间的方法，对常数 c，最小割集的容量为 λ(即 $\tilde{O}(f(n)) = O(f(n) \log^c n)$)，即符号 $\tilde{O}$ 隐藏了多项式对数因子。

在 20 世纪 90 年代初，研究者设计出很多方法，包括本章介绍的几种方法。MA 序算法由 Nagamochi 和 Ibaraki[151] 设计，用于在无向图中找全局最小割集。3.2 节描述的算法是一个简单版本，它出现在两篇独立论文 (Stoer 和 Wagner[187]，Frank[69]) 中，Fujishige[72] 给出了一个简单的证明。我们所给的分析源自 Stoer 和 Wagner。

3.1 节中的 Hao-Orlin 算法是 Hao 和 Orlin[104] 针对有向图所设计的。书中的算法描述是文献 [104] 中的简化版，完整的 Hao-Orlin 算法保持了顶点的复杂轨迹 (如清醒顶点和休眠顶点)，它们分别对应低于当前割集层次的顶点和不在 X 中顶点。在本书的算法描述中，保存一个割集层次的堆栈。当需重置割集层次时，只需从堆栈中弹到适当层次 (而不是将割集层次重置为 $n - 1$)。Hao-Orlin 算法的完整版可在 $O(mn \log(n^2/m))$ 时间内实现。

3.3 节中的递归合并算法由 Karger 和 Stein[125] 提出。对无向图，Karger[123] 提出了找全局最小割集的近似线性时间的随机算法，该算法在 $O(m \log^3 n)$ 时间内运行。对单位容量无向图，Kawarabayashi 和 Thorup[130] 给出了确定性的近似线性时间算法，该算法在 $O(m \log^{12} n)$ 时间内运行。Henzinger、Rao 和 Wang[106] 把其运行时间改进为 $O(m \log^2 n \log \log n)$。

Gomory 和 Hu[101] 提出了 Gomory-Hu 树算法，3.4 节中的算法是 Gusfield[103] 对前者的改进。原始 Gomory-Hu 算法对图中顶点进行合并，再找最小 s-t 割集，Gusfield 算法无须进行顶点合并。对 Gomory-Hu 树问题，是否存在比找 $n - 1$ 个最大 s-t 流更快的方法，仍是一个有趣的开放问题。沿此研究思路，Bhalgat、Hariharan、Kavitha 和 Panigrahi[23] 等做了一些早期工作，他们对单位容量无向图给出了 $\tilde{O}(mn)$ 时间算法。

一些实验性论文研究了在无向图中找全局最小割集时一些算法的有效性问题。Chekuri、Goldberg、Karger、Levine 和 Stein[32] (见 Levine[144]) 对比了 Hao-Orlin 算法、MA 序算法、递归合并算法和 Karger 算法。实验表明：Hao-Orlin 算法总体上是最好的，MA 序算法次之。他们实现了用 Padberg 和 Rinaldi[160] 提出的启发式算法来加速运行速度。Nagamochi、Ono 和 Ibaraki[152] 实现了 Padberg-Rinaldi 启发法，并将其合并到 MA 序算法中以获得混合算法。他们发现混合算法性能优于 MA 序算法和 Padberg-Rinaldi 启发式算法。Jünger、Rinaldi 和 Thienel[119] 研究了 Gusfield 算法、Padberg-Rinaldi 启发式算法、MA 序算法、Nagamochi-Ono-Ibaraki 混合算法、Hao-Orlin 算法和递归合并算法的实现。他们也发现混合算法性能通常都优于其他算法。

对 Gomory-Hu 树，Goldberg 和 Tsioutsiouliklis[96] 比较了原始 Gomory-Hu 算法和 Gusfield 算法的性能。他们发现，当在原始 Gomori-Hu 算法中加入启发式时，其整体性能比 Gusfield 算法更好。虽然在图中执行合并会产生一些开销，但对最大 s-t 流问题，较小的实例会提高 Gomory-Hu 算法的性能。

除 Gomori-Hu 树之外，许多其他割集结构也被开发出来。下面仅介绍四个：

- Picard 和 Queyranne[163] 给出了表示图中所有最小 s-t 割集的数据结构。

- Dinitz、Karzanov 和 Lomonosov[53] 提出了仙人掌树结构，用于表示无向图中的所有全局最小割集，Fleischer[60] 和 Gabow[77] 介绍了用 Hao-Orlin 算法来找仙人掌树的方法，Karger 和 Panigrahi[124] 给出了一个 $\tilde{O}(m)$ 随机算法。

- Benczúr 和 Goemans[19] 给出了一个结构，用来表示图中容量在全局最小割集的 6/5 倍之内的所有割集。

- Cheng 和 Hu[33] 给出一个算法来构造一种结构，他们称该结构为祖先树结构。仅用 $n-1$ 个同样的割集就能表达 $\binom{n}{2}$ 个 s-t 割集，$\forall s, t \in V$。

练习 3.3 中的最大流算法来自 Fujishige[73]，练习 3.5 中的算法和分析来自 Queyranne[167]，练习 3.6 和 3.7 来自 Karger 和 Stein[125]，练习 3.8 中的算法来自 Gusfield[103]。

其他最大流算法

我有韵律、音乐、美人，夫复何求？

——Ira Gershwin, *I Got Rhythm*

谁要求更多，

我倾听你询问；

谁要求更多，让我告诉你，亲爱的 ……

——Stephen Sondheim, *More*

本章讨论第 2 章遗留的内容：最大流问题的其他多项式时间算法。讨论这些算法的主要目的是介绍目前最快的多项式时间算法之一——Goldberg-Rao 算法，该算法取自 Goldberg 和 Rao[90]。为构建此算法，先讨论阻塞流，再用阻塞流设计最大流问题的多项式时间算法。

4.1　阻塞流算法

在 2.7 节中，我们讨论了增广路径算法的一种变体，该变体选择在最短增广路径上推送流。本节考虑在所有最短路径上同时推送尽可能多的流。为明确这样做的用意，我们首先介绍阻塞流的概念。

定义 4.1　*若在每条由图 G 中的正容量边所组成的 s-t 路径 P 上都存在饱和边，即存在边 $(i, j) \in P$，使得 $f(i, j) = u(i, j) > 0$，则称流 f 为阻塞流。*

例如，图 2.3 中的流是阻塞流。图 2.3 中的流不是最大流：图 2.5 是其剩余图，图 2.4 给出了一个有更大数值的流。由推论 2.5 可知，最大流是阻塞流，但阻塞流一般不是最大流。练习 4.2 给出了几类图，图中的阻塞流是最大流。

如前所述，我们想在所有最短增广路径上推送尽可能多的流，由此，我们需沿着用正容量边到汇合点的最短路径来找阻塞流。在 2.7 节的最短增广路径算法中，我们知道到汇合点的距离不会减少。在本节的算法中，我们将看到每个阻塞流将使源点远离汇合点至少 1 个单位。我们将证明：在剩余图中不存在增广路径之前，至多可找到 n 个阻塞流。

现在详细描述算法：给定流 f，计算从每个顶点 $i \in V$ 到汇合点 t 的最短路径距离 $d(i)$（由练习 1.1 可知这将在 $O(m)$ 时间内完成）。若边 (i, j) 在到汇合点 t 的最短路径上，则 $d(i) = d(j) + 1$。$\hat{A}$ 是所有可选边集：

$$\hat{A} = \{ (i, j) \in A : d(i) = d(j) + 1, \text{ 且 } u_f(i, j) > 0 \}$$

在图 $G = (V, A)$，找阻塞流 $\hat{f}$，使 $\hat{u}(i, j) = u_f(i, j)$，$(i, j) \in \hat{A}$；否则，$\hat{u}(i, j) = 0$。上面的算法描述如算法 4.1 所示。

算法 4.1　最大流问题：阻塞流算法

输入： $G = (V, A)$，$\forall_{i,j \in V} u(i, j)$。

输出： 最大流 f。

1: $f \leftarrow 0$

2: **while** 在图 G_f 中存在增广路径 **do**

3: 　　**for all** $i \in V$ **do** 用正剩余容量的边求从 i 到 t 的路径的距离 $d(i)$

4: 　　$\hat{A} \leftarrow \{(i, j) \in A_f : d(i) = d(j) + 1\}$

5: 　　$\hat{u}(i, j) \leftarrow \begin{cases} u_f(i, j) & (i, j) \in \hat{A} \\ 0 & (i, j) \in A - \hat{A} \end{cases}$

6: 　　在图 G 中用容量 $\hat{u}$ 求阻塞流 $\hat{f}$

7: 　　$f \leftarrow f + \hat{f}$

8: **return** f

引理 4.2　算法 4.1 保持流 f。

证明　算法开始时，流 $f = 0$。每个阻塞流 $\hat{f}$ 是流，所以，由引理 2.19 可知新流 $f' = f + \hat{f}$ 满足流量守恒和斜对称。此外，对边 $(i, j) \in \hat{A}$，有 $f'(i, j) = f(i, j) + \hat{f}(i, j) \leqslant f(i, j) + u_f(i, j) = u(i, j)$，对边 $(i, j) \in A - \hat{A}$，有 $f'(i, j) = f(i, j) + \hat{f}(i, j) \leqslant f(i, j) \leqslant u(i, j)$。所以，新流满足容量约束。因此，每次循环结束时，$f$ 仍是流。∎

下面的引理是分析算法运行时间的关键。

引理 4.3　算法 4.1 的每次循环中，s 到 t 的距离 $d(s)$ 至少增加 1。

证明　f 和 d 分别是算法在本次循环开始时的流和距离，f' 和 d' 分别是下次循环开始时的流和距离。考虑在 A'_f 中的任意最短增广路径 P，$A_{f'}$ 是下次循环时的正剩余容量边集。需证明 $d'(s) = |P| > d(s)$，即对所有边 $(i, j) \in P$，$d(i) \leqslant d(j) + 1$，且至少有一条边，使得 $d(i) \leqslant d(j)$。这可证得：

$$d'(s) = |P| = \sum_{(i,j) \in P} 1 > \sum_{(i,j) \in P} (d(i) - d(j)) = d(s)$$

其中不等式成立，因为至少存在边 $(i, j) \in P$，有 $d(i) - d(j) < 1$。

我们先证明对所有边 $(i, j) \in P$，有 $d(i) \leqslant d(j) + 1$。由 $(i, j) \in P$ 可知，对流 f'，该边一定有正剩余容量：或在前一次循环中有正剩余容量，或在反向边 (j, i) 上增加了流量。若为前者，则在前一次循环中，$d(i) \leqslant d(j) + 1$，$d(i)$ 是到 t 最短路径的距离；若为后者，则因为仅增加可选边的流量，所以，在前一次循环时，一定有 $d(j) = d(i) + 1$。因此，$d(i) = d(j) - 1 \leqslant d(j) + 1$。

下面证明存在边 $(i, j) \in P$，使得 $d(i) \leqslant d(j)$。由阻塞流的性质可知，在前一次循环中，P 中所有边不可能都是可选边。若它们都是可选边，则由阻塞流性质可知，至少有一条边

$(i,j) \in P$ 在前一次循环中变成饱和的，即 $u_{f'}(i,j) = 0$，这与 P 是 $A_{f'}$ 中的增广路径相矛盾。因此，一定存在边 $(i,j) \in P$，要么 $d(i) < d(j)+1$(即 $d(i) \leqslant d(j)$)，要么 $u_f(i,j) = 0$。对后者，如前所述，若 $u_{f'}(i,j) > 0$，则算法增加了边 (j,i) 的流量，使得 $d(j) = d(i)+1$，$d(i) = d(j)-1 \leqslant d(j)$。 ∎

推论 4.4   算法 4.1 获最大流并终止前，其主循环至多循环 n 次。

证明   算法开始时，$d(s) \geqslant 0$。每次循环 $d(s)$ 至少增加 1。任意简单增广路径的长度至多为 $n-1$，所以，当 $d(s) \geqslant n$ 时，G_f 中就不存在增广路径，即 f 一定是最大流。 ∎

下面证明若图中无正容量边回路，则可在 $O(mn)$ 时间内找阻塞流。练习 4.3 要求读者证明用动态树的数据结构，可在 $O(m \log n)$ 时间内在同类图中找出阻塞流。

引理 4.5   在无正容量边回路的图中，可在 $O(mn)$ 时间内找到阻塞流。

证明   从源点 s 开始，沿正容量边至多走 $n-1$ 步；即选正容量边 (s,j)，然后选正容量边 (j,k)，再从 k 出发，以此类推。在 n 步内，要么到达 t(有 s-t 路径 P)，要么到达顶点 i，且它无正容量出边。若为前者，算法找到 s-t 路径 P。在路径 P 上推送尽可能多的流量，并用所推送的流量来减少路径中所有边的容量。注意：至少有一条边被饱和，即其剩余容量为零。若为后者，删除进入顶点 i 的边 (k,i)。无论哪种情况，算法至少从图中删除一条正容量边。因此，在完成求解问题前，至多进行 m 次循环。因为不再存在正容量边的 s-t 路径，显然，算法已求出阻塞流。 ∎

下面的运行时间结论几乎可直接推导。

定理 4.6   求最大流的阻塞流算法 (算法 4.1) 的运行时间为 $O(mn^2)$；若用动态树，其运行时间为 $O(mn \log n)$。

证明   在每次循环时，算法在剩余图中找最短路径 (由练习 1.1 可知这将在 $O(m)$ 时间完成)。若图中没有正容量边的回路，则可在 $O(mn)$ 或 $O(m \log n)$ 时间内找出阻塞流。因此，仅需证明每次从边集 $\hat{A}$ 中选边时，不可能存在回路 $C \subseteq \hat{A}$。这是因为 $d(i) = d(j)+1$，$\forall (i,j) \in \hat{A}$，对 $\forall (i,j) \in C$，这是不成立的，因为 $|C| = \sum_{(i,j) \in P}(d(i)-d(j)) = 0$，显然，这是矛盾。因此，用可选边不可能存在回路。 ∎

4.2 单位容量图的阻塞流

若对所有边 $(i,j) \in A$，都有 $u(i,j) \in \{0,1\}$，则称此为单位容量。阻塞流算法对单位容量有更少的运行时间。在单位容量条件下，算法 4.1 中的循环次数有更准确的界限。为开始此类情况的讨论，使用 3.1 节中定义的距离层级 k。距离层级 k 是顶点距离为 k 的所有顶点集，即 $B(k) = \{i \in V : d(i) = k\}$。用距离层级 k 定义割集 $S(k) = \{i \in V : d(i) \geqslant k\}$。下面定义本章后面经常使用的符号。

定义 4.7 $\Lambda = \min(\sqrt{m}, 2n^{2/3})$。

引理 4.8 在单位容量情况下，算法 4.1 需执行 $O(\Lambda)$ 次循环。

证明 先证明算法需执行 $O(\sqrt{m})$ 次循环，再证明算法需执行 $O(n^{2/3})$ 次循环，结合这两种情况即可证得结论。

由引理 4.3 可知，在 $\sqrt{m}$ 次循环后，$d(s) \geqslant \sqrt{m}$，且至少存在 $\sqrt{m}$ 个不同且非空距离等级 $0, 1, 2, \cdots, \sqrt{m}$（这些距离层级都非空，否则，任何 $s\text{-}t$ 路径都存在边 (i, j)，且 $d(i) > d(j) + 1$）。考虑割集 $S(1), \cdots, S(\sqrt{m})$。任意边 $(i, j) \in \delta^+(S(k))$ 一定有 $d(i) = k$ 和 $d(j) = k - 1$，否则，$d(i) > d(j) + 1$。因此，对 $k = 0, 1, \cdots, \sqrt{m}$，$S(k)$ 中的任意边恰好属于一个割集 (如图 4.1 所示)。因为至多有 m 条边，所以存在 k，使得在 $\delta^+(S(k))$ 中至多有 $\sqrt{m}$ 条边。因为 $u(i, j) \in \{0, 1\}$，所以 $u_f(i, j) \in \{0, 1\}$，且 $u_f(\delta^+(S(k))) \leqslant \sqrt{m}$。由引理 2.21 可知对当前流 f 和任意最大流 f^*，一定有 $|f^*| - |f| \leqslant \sqrt{m}$。容量为整数且流的数值在算法每次循环时至少增加 1 个单位，因此，算法结束前至多执行 $\sqrt{m}$ 次循环，即算法总共执行 $O(\sqrt{m})$ 次循环。

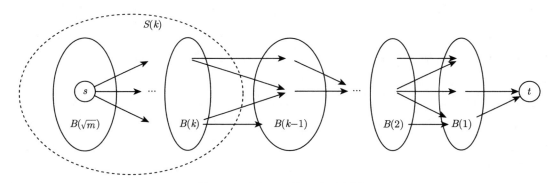

图 4.1 引理 4.8 的证明示意图

同理，在 $2n^{2/3}$ 次循环后，至少存在 $2n^{2/3}$ 个不同且非空距离层级 $0, 1, 2, \cdots, 2n^{2/3}$。考虑割集 $S(1), \cdots, S(2n^{2/3})$，因为图有 n 个顶点，所以存在 k，使得距离层级 k 和 $k - 1$ 至多有 $n^{1/3}$ 个顶点，否则，$2n^{2/3}$ 个距离层级中至少一半的集合含有多于 $n^{1/3}$ 个顶点。距离层级 k 到 $k - 1$ 至多有 $n^{2/3}$ 条边 (至多有边 (i, j)，其中 $i \in S(k)$ 和 $j \in S(k - 1)$)。因此，$u_f(\delta^+(S(k))) \leqslant n^{2/3}$，同样，算法在结束前至多可执行 $n^{2/3}$ 次循环。因此，算法总共执行 $O(n^{2/3})$ 次循环。∎

推论 4.9 阻塞流算法执行 Λ 次循环后，存在 $s\text{-}t$ 割集 $S(k)$，且 $|\delta^+(S(k))| \leqslant \Lambda$。

在下节用推论 4.9 讨论 Goldberg-Rao 算法。因为所有边有单位容量，所以，剩余图中 $s\text{-}t$ 的割集容量至多为 Λ，这意味着至多还可循环 Λ 次。对单位容量图，可在 $O(m)$ 时间内求阻塞流 (练习 4.1)。因此，有以下结论。

定理 4.10 阻塞流算法 (算法 4.1) 对单位容量图求最大流需 $O(\Lambda m)$ 时间。

4.3 Goldberg-Rao 算法

Goldberg-Rao 算法将单位容量图的阻塞流算法扩展到任意容量的图中，可证明这是一个 $O(\Lambda m \log n \log(mU))$ 时间的算法，也是理论上运行时间最快的最大流算法之一。假设在运行算法时，可确保从距离层级 k 到距离层级 $k-1$ 的每条边的剩余容量至多为 Δ(对参数 Δ)。算法开始时置 $\Delta = U$。由推论 4.9 可知阻塞流算法循环 Λ 次后，在剩余图中存在 s-t 割集 $S(k)$，使得该割集中至多有 Λ 条边。所以，该割集的总容量至多为 $\Lambda\Delta$。然后，使 Δ 减半后再重复。因此，求出 Λ 条阻塞流后，在剩余图中，最小 s-t 割集的总容量减少一半。若流的数值从 0 开始，在剩余图中，最小 s-t 的容量初值至多为 mU，所以，在 $O(\Lambda \log(mU))$ 次循环后，我们将得到最大流。用 $O(m \log n)$ 算法找阻塞流，前面已给出其运行时间。上面叙述的是算法的直观思路，实现它还会增加一些复杂度。

如何确保从距离层级 k 到距离层级 $k-1$ 的每条边至多有剩余容量 Δ？为此，在计算最短 i-t 路径距离 $d(i)$ 时，假定有正剩余容量边的长度为 1。现在对每条边 (i,j) 引入长度 $\ell(i,j)$，并用其长度计算到汇合点的距离。特别是，当剩余容量 $u_f(i,j) \leqslant \Delta$ 时，置 $\ell(i,j) = 1$；否则，置 $\ell(i,j) = 0$。因为 $d(i) \leqslant d(j) + \ell(i,j)$，若边 (i,j) 从距离层级 k 到距离层级 $k-1$，则一定有 $d(i) = k$，$d(j) = k-1$，且 $\ell(i,j) = 1$，所以，一定有 $u_f(i,j) \leqslant \Delta$。可选边仍是最短 s-t 路径上有正剩余容量的边，但现在边 (i,j) 在最短路径上，若 $d(i) = d(j) + \ell(i,j)$，且 $\hat{A} = \{ (i,j) \in A_f : d(i) = d(j) + \ell(i,j) \}$。

我们对可选边做了一点修改，这将在后面的证明中起作用。若顶点 i 和顶点 j 处于同级距离，即 $d(i) = d(j)$，$\Delta/2 \leqslant u_f(i,j) \leqslant \Delta$，$u_f(j,i) > \Delta$，则称边 (i,j) 为特殊边。若边 (i,j) 是特殊边，则置 $\ell(i,j) = 0$(否则，置 $\ell(i,j) = 1$，因为 $u_f(i,j) \leqslant \Delta$)。观察可知这不会改变距离 (因为 $d(i) = d(j)$)，但这能使边 (i,j) 为可选边，因为 $d(i) = d(j) + \ell(i,j)$。

边的长度变为 0 或 1(而非仅为 1)。假设阻塞流算法循环 Λ 次后，对所选参数 Δ，最小 s-t 割集的容量至多为 $\Lambda\Delta$，但它给阻塞流算法的证明带来了以下问题。

- 问题一：不清楚类似的引理 4.3 是否成立，也就是说，不能断定每次找阻塞流时从 s 到 t 的距离是否都增加。我们先提出此问题，以后再讨论。

- 问题二：我们假设在 $\hat{A}$ 中不存在正剩余容量边的回路。证明在 $\hat{A}$ 中不存在回路所依赖的事实是 $\hat{A}$ 中每条边的长度为 1，因为它们在顶点到汇合点的最短路径上，所以，用可选边不可能构成回路。然而，现在允许边的长度为 0，有可能用 $\hat{A}$ 中同级距离顶点间长度为 0 的边构成回路。

第二个问题比较容易处理。在计算阻塞流之前，先考虑由长度为 0 的可选边组成的强连通分量，将其收缩为一个顶点 (如图 4.2 所示)。

在不存在正剩余容量边回路的图中可求阻塞流，那么如何在原始图 (未收缩图) 中找流？假设限定流入收缩顶点的流量至多为 $\Delta/4$。在强连通分量中选择一个根顶点 r，并选择该连通分量中边的两个子集 (入树和出树允许有相同的边)：

- 入树：每个顶点到根 r 的有向路径所组成的树。
- 出树：根 r 到每个顶点的有向路径所组成的树。

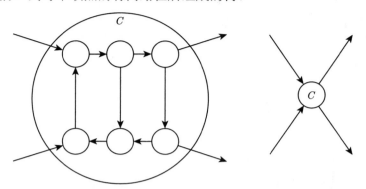

图 4.2　将强连通分量 C 收缩成一个顶点的示意图

从连通分量外经流入边流到根 r 的所有流量，再从根 r 经流出边流出该连通分量之外。流入和流出该强连通分量如图 4.3 所示。由图 4.3 可知入树获取所有入流，并将它们推送到根 r，然后把根所得到的所有流经出树中的边推送到输出边。由流量守恒约束可知这两部分流量相等，即 $a+b=c+d$。

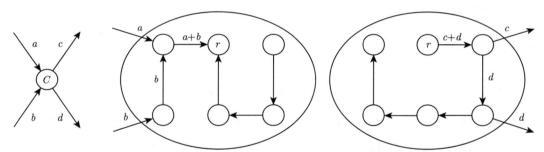

图 4.3　把图 4.2 中的强连通分量分解为入树、出树和流入/流出树的流量

因为强连通分量中每条边 (i,j) 的长度都是 0，所以，要么 $u_f(i,j) > \Delta$，要么边 (i,j) 为特殊边，且 $u_f(i,j) \geqslant \Delta/2$。不论哪种情况，若边 (i,j) 在入树中，则可在该边上推送 $\Delta/4$ 个单位流量；若它在出树中，也可在该边上推送 $\Delta/4$ 个单位流量。

为限定通过这些点的流量至多为 $\Delta/4$，把算法每次循环的目标改为：要么找到一个阻塞流，要么找到数值为 $\Delta/4$ 的流。为此，在每次求阻塞流的过程中，新设一个源点 s'，添加边 (s',s)，且置其容量为 $\Delta/4$。显然，不会找到数值大于 $\Delta/4$ 的流。若找到数值小于 $\Delta/4$ 的阻塞流，则在没有边 (s',s) 的收缩图中也存在这样的阻塞流。把上面的思路总结成如算法 4.2 所示的算法。

在算法 4.2 中，根据 F 的值，证明 F 总是剩余图 G_f 中最大流数值的上限。算法开始时，置 f 为 0，置 F 为 mU，因为要保证其是最大流数值的上界。在每次循环时，置 Δ 为 $F/(2\Delta)$。然后，重复以下步骤 5Δ 次。求顶点距离和可选边，必要时收缩图，并求阻塞流或在收缩图求数值为 $\Delta/4$ 的流，然后在原始未收缩图中求结果流 $\hat{f}$。把 $\hat{f}$ 加到 f 中，并继续循环。当完成 5Λ 次求流 $\hat{f}$ 后，使 F 减半，只要 $F \geqslant 1$ 就重复上述过程。若 F 是剩余图中流数值的上界且边的容量是整数，则当 $F < 1$ 时，我们已获得最大流，并终止算法。

算法 4.2   最大流问题：Goldberg-Rao 算法

输入： $G = (V, A)$，$\forall_{i,j \in V} u(i,j)$。

输出： 最大流问题 f。

1:    $f \leftarrow 0$; $F \leftarrow mU$

2: **while** $F \geqslant 1$ **do**

3:      $\Delta \leftarrow F/(2\Lambda)$

4:      **repeat**

5:        $\ell(i,j) \leftarrow \begin{cases} 0 & u_f(i,j) > \Delta \\ 1 & \text{其他} \end{cases}$

6:        用正剩余容量边的长度 ℓ 计算从 i 到 t 的距离 $d(i)$

7:        $\hat{A} \leftarrow \{(i,j) \in A : d(i) = d(j) + \ell(i,j), u_f(i,j) > 0\}$

8:        把特殊边 (i,j) 加到 $\hat{A}$ 中

9:        收缩 $\hat{A}$ 中的强连通分量，在结果图中求数值为 $\Delta/4$ 的流 $\tilde{f}$ 或阻塞流 $\tilde{f}$

10:       用未收缩连通分量中的流 $\tilde{f}$ 计算流 $\hat{f}$

11:       $f \leftarrow f + \hat{f}$

12:      **until** 重复 5Λ 次

13:      $F \leftarrow F/2$

14: **return** f

引理 4.11 是证明的核心，用它可证明 F 是最大流的上界。

引理 4.11   在求阻塞流的每次循环中，从 s 到 t 的距离 $d(s)$ 至少增加 1。

证明   在求阻塞流开始时，f、d 和 ℓ 分别是流、距离和长度，在求阻塞流后（下次循环开始时），f'、d' 和 ℓ' 分别是流、距离和长度。ℓ 是在上次循环确定特殊边之后的长度，ℓ' 是在下次循环确定特殊边之前的长度。因为特殊边不改变顶点距离，所以需做此区分。

采用证明引理 4.3 的思路。在 $A_{f'}$ 中任取最短增广路径 P，且该路径中的边都有正剩余容量。我们需证明 $d'(s) = \sum_{(i,j) \in P} \ell'(i,j) > d(s)$。为此，需证明对所有边 $(i,j) \in P$，一定有 $d(i) \leqslant d(j) + \ell'(i,j)$，且至少有一条边 $d(i) < d(j) + \ell'(i,j)$。于是，有：

$$d'(s) = \sum_{(i,j) \in P} \ell'(i,j) > \sum_{(i,j) \in P} (d(i) - d(j)) = d(s) - d(t) = d(s)$$

先证明对所有边 $(i,j) \in P$，$d(i) \leqslant d(j) + \ell'(i,j)$。第一步，证明 $d(i) \leqslant d(j) + \ell(i,j)$。因为 $(i,j) \in P$，所以对流 f'，它一定有正剩余容量，即 $u_{f'}(i,j) > 0$。对有正剩余容量的边，或边 (i,j) 在上次循环中有正剩余容量，或在反向边 (j,i) 上增加了流量。若为前者，由最短路径的性质可知 $d(i) \leqslant d(j) + \ell(i,j)$；若为后者，则边 (j,i) 是可选的，且 $d(j) = d(i) + \ell(j,i)$，使得 $d(i) = d(j) - \ell(j,i) \leqslant d(j) + \ell(i,j)$。

现在已确定对所有边 $(i,j) \in P$，有 $d(i) \leqslant d(j) + \ell(i,j)$，怎样会有 $d(i) \nleqslant d(j) + \ell'(i,j)$？

它只能发生在 $d(i) = d(j) + (i,j)$ 时, 有 $\ell(i,j) = 1$ 和 $\ell'(i,j) = 0$。由于 $d(i) = d(j) + 1$, 则边 (j,i) 一定不是可选边。因此, 边 (i,j) 的流量只会增加, 其剩余容量只会减小, 即 $u_f(i,j) \geqslant u_{f'}(i,j)$。然而, 由于 $\ell'(i,j) = 0$, 有 $u_{f'}(i,j) > \Delta$ 和 $u_f(i,j) > \Delta$, 这与 $\ell(i,j) = 1$ 矛盾。因此, 此种情况不会出现, 一定有 $d(i) \leqslant d(j) + \ell'(i,j)$。

现在证明一定存在边 $(i,j) \in P$, 且 $d(i) < d(j) + \ell'(i,j)$。由阻塞流的性质可知在上次循环中, 路径 P 中的所有边不都是可选边, 因为阻塞流一定使路径 P 中的某些边变为饱和边。因此, 在上次循环中, 一定存在边 $(i,j) \in P$ 不是可选边, 即 $u_f(i,j) = 0$, 或 $d(i) < d(j) + \ell(i,j)$。

假设边 (i,j) 不是可选边是因为 $u_f(i,j) = 0$。由 $(i,j) \in P$ 可知一定在边 (j,i) 上推送流量, 由此可得出边 (j,i) 是可选的, 且 $d(j) = d(i) + \ell(j,i)$, 或 $d(i) = d(j) - \ell(j,i)$。使 $d(i) \not< d(j) + \ell'(i,j)$ 的唯一可能是 $\ell'(i,j) = 0$(即 $u_{f'}(i,j) > \Delta$)。然而, 在上次循环中有 $u_f(i,j) = 0$, 仅当在边 (j,i) 上推送超过 Δ 个单位流量时才会如此。该算法的每次循环只会推送 $\Delta/4$ 个单位流量, 其可导致任意一条边至多推送 $\Delta/2$ 个单位流量 (在收缩分量的边上可能有 $\Delta/2$ 个单位流量)。因此, 在边上不会推送超过 Δ 个单位流量, 且若 $u_f(i,j) = 0$, 则一定有 $d(i) < d(j) + \ell'(i,j)$。

假设边 (i,j) 是不可选的, 因为 $d(i) < d(j) + \ell(i,j)$ 和 $u_f(i,j) > 0$。使 $d(i) \not< d(j) + \ell'(i,j)$ 的唯一可能是: 当 $\ell(i,j) = 1$ 时, $d(i) = d(j)$ 和 $\ell'(i,j) = 0$。由 $\ell(i,j) = 1$ 可知 $u_f(i,j) \leqslant \Delta$。由 $\ell(i,j) = 0$ 可知 $u_{f'}(i,j) > \Delta$。因为边 (i,j) 是不可选的, 所以, 该边一定不是特殊边, 且 $u_f(i,j) < \Delta/2$。在下次循环中, 为得到 $u_{f'}(i,j) > \Delta$, 必须在边 (j,i) 上推送超过 $\Delta/2$ 个单位流量, 这是个矛盾, 因为算法在每次循环中仅推送 $\Delta/4$ 个单位流量 (在收缩分量中, 在边上推送 $\Delta/2$ 个单位流量)。因此, 有 $d(i) < d(j) + \ell'(i,j)$。 ∎

引理 4.12 F 是图 G_f 中最大流的数值上界。

证明 用归纳法对算法进行证明。算法开始时, f 的数值为 0, 所以, 最大流的数值至多为 $F = mU$。在主循环 (步骤 2 ~ 13) 的每次循环中, 在求流 5Λ 次 (步骤 4 ~ 12) 后, 流 f 的增量是 $4\Lambda \cdot (\Delta/4)$, 或找到 Λ 阻断流。所以, 由推论 4.9 可知一定存在 s-t 割集 $S(k)$, 且 $|\delta^+(S(k))| \leqslant \Lambda$。

对第一种情况, 流 f 的增值为 $\Lambda\Delta = F/2$。因此, 图 G_f 中的最大流数值降低 $F/2$。因为循环开始时其最大值是 F, 循环后其最大值为 $F - F/2 = F/2$, 所以, 使 F 减半是正确的。

对第二种情况, 因为存在 s-t 割集 $S(k)$, 且 $|\delta^+(S(k))| \leqslant \Lambda$, 每条边 $(i,j) \in \delta^+(S(k))$ 有剩余容量 $u_f(i,j) \leqslant \Delta$, 所以, $u_f(\delta^+(S(k))) \leqslant \Lambda\Delta = F/2$。因为在剩余图中存在数值最多为 $F/2$ 的 s-t 割集, 所以, 剩余图中最大流的数值至多为 $F/2$。同样, 使 F 减半是正确的。 ∎

定理 4.13 Goldberg-Rao 算法 (算法 4.2) 的运行时间为 $O(\Lambda m \log n \log(mU))$。

证明　外循环 (步骤 2 ～ 13) 需循环 $O(\log(mU))$ 次，内循环 (步骤 4 ～ 12) 需循环 $O(\Lambda)$ 次，在内循环求阻塞流时所需时间为 $O(m \log n)$。因此，算法的总运行时间为 $O(\Lambda m \log n \log(mU))$。 ■

对最大流问题，Goldberg-Rao 算法作为理论上最快的多项式时间算法已有近 15 年的历史。基于线性规划内点方法的更快算法现已为人所知，详见本章后记。

练习

4.1　单位容量图 $G = (V, A)$，$u(i, j) \in \{0, 1\}$，$\forall (i, j) \in A$。若图中不存在正容量的回路，则设计一个 $O(m)$ 时间内求阻塞流的算法。

4.2　在一些图中，阻塞流也是最大流。在串并联图中，该论述是正确的。串并联图可归纳构造。仅有从 s 到 t 边的图是最简单的串并联图，如图 4.4 所示。

图 4.4　最简单的串并联图

两个串并联图 G_1 和 G_2 通过串联组合或并联组合构成新的串并联图。在串联组合中，G_1 中的顶点 t 等同 G_2 中的顶点 $s^{\ominus}$，G_1 中的顶点 s 为新图中的顶点 s，G_2 中的顶点 t 为新图中的顶点 t。如图 4.5 所示。

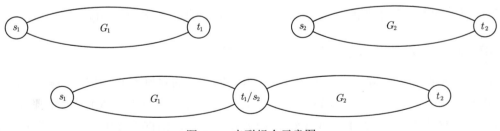

图 4.5　串联组合示意图

在并联组合中，标识 G_1 和 G_2 中的顶点 s 相同，标识 G_1 和 G_2 中的顶点 t 相同。相同的顶点 s 和 t 分别为新图的顶点 s 和 t。如图 4.6 所示。

  (a) 证明：串并联图中的阻塞流是最大流。

  (b) 证明：串并联图中没有正容量回路，并有 $O(mn)$ 时间的最大流算法。

4.3　在不存在正容量回路的图中，引理 4.5 给出一个在 $O(mn)$ 时间内找出阻塞流的算法。假设存在动态树的数据结构，可得到更快的算法。该数据结构维护一个顶点不相交的根树。每个根树都是有向树，有一个特定顶点称为根，树中其他顶点都有一条出边，

　　⊖　译者注：也可理解为合并成新图中的一个顶点。

且通过有向路径到达根。每个顶点标一个实数值。该数据结构可在 $O(\log n)$ 平摊时间内执行下列操作：

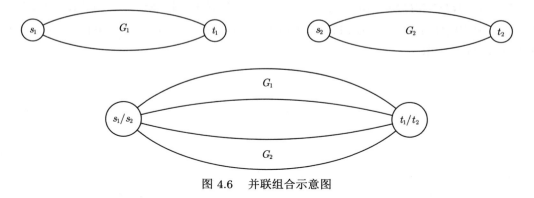

图 4.6 并联组合示意图

- *maketree*(*i*)：创建一个根为 *i* 的新树，根 *i* 的代价为 0。
- *findroot*(*i*)：返回含顶点 *i* 的树根。
- *findcost*(*i*)：返回 (j, x)，其中 x 是从 *i* 到 *findroot*(*i*) 的路径中顶点的最小代价，*j* 是路径中代价为 x 的最后顶点。
- *addcost*(*i, x*)：将 x 加到从 *i* 到 *findroot*(*i*) 的路径上每个顶点的代价中。
- *link*(*i, j*)：顶点 *i* 是一颗根树的树根，加边 (i, j) 合并包含顶点 *j* 的另一棵根树。
- *cut*(*i*)：顶点 *i* 不是树根，删除顶点 *i* 的出边，将含顶点 *i* 的树分成两棵树。

证明：用数据结构动态树，在无正容量回路的图中，可得到 $O(m \log n)$ 时间的阻塞流算法。

章节后记

4.1 节的阻塞流算法归功于 Dinitz[52](有时写成 Dinic)，此算法及其后续修改的综述见 Dinitz[54]。4.2 节的单位容量图的时间界限由 Karzanov[127]、Even 和 Tarjan[59] 独立提出。4.3 节的 Goldberg-Rao 算法自然要归功于 Goldberg 和 Rao[90]。有趣的是，Edmonds 和 Karp[57] 在最短增广路径算法的早期论文中已介绍考虑不同边长 $\ell(i, j)$ 的思想。Mehlhorn[147] 从阻塞流的角度介绍了 Goldberg-Rao 算法的思想。

Hoffman[109,110] 将练习 4.2 归因于习惯观点：众所周知，对 *s-t* 路径的顺序贪心策略可解决串并联图的最大流问题。他认为阻塞流算法是一种最大流的贪心算法，它不减少边上流量。练习 4.3 源自 Sleator 和 Tarjan[182]。

版权声明

最小代价环流算法

本章，我们讨论构造最小网络流问题。该问题的实际意义因线性规划研究得到了相当广泛的讨论而被肯定，而且线性规划的许多工业和军事应用中有很大一部分涉及该问题。

—— L. R. Ford, Jr. 和 D. R. Fulkerson，*Flows in Networks*

本章讨论涉及单位流量代价的流问题，其目标是使满足特定条件流的总代价达到最小。在某些情况下，可用最小 s-t 割集问题来建模最小代价问题 (如练习 2.5 中的图像分割问题)。在许多问题中，单位流量的代价是有意义的，例如在有单位运输代价的前提下，可对货物运输最小代价问题进行建模。

本章所讨论的基本问题是最小代价环流问题。在该问题中，给定有向图 $G = (V, A)$，对所有边 $(i, j) \in A$，有整数代价 $c(i, j)$、整数容量 $u(i, j) \geqslant 0$ 和整数下界 $\ell(i, j)$，且 $0 \leqslant \ell(i, j) \leqslant u(i, j)$，问题的目标是找最小代价环流。环流的定义如下。

定义 5.1 环流 $f\colon A \to \Re^+$ 是对有向边赋一个非负实数，使其满足下面两个性质：

- $\forall (i, j) \in A$，

$$\ell(i, j) \leqslant f(i, j) \leqslant u(i, j) \tag{5.1}$$

- $\forall i \in V$，流入顶点 i 的总流量等于流出顶点 i 的总流量，即

$$\sum_{k:(k,i)\in A} f(k, i) = \sum_{k:(i,k)\in A} f(i, k) \tag{5.2}$$

环流 f 的代价为 $\sum_{(i,j)\in A} c(i, j) f(i, j)$，记为 $c(f)$。

像最大流问题那样，式 (5.1) 称为容量约束，式 (5.2) 称为流量守恒。也有与最大流问题不同之处，它可能不存在可行环流。但判定是否存在可行环流是可能的，若存在，可用单最大流来求可行环流。该结果被称为霍夫曼环流定理 (见练习 2.7)。

另一类涉及代价的流问题被称为最小代价流问题。在该问题中，给定有向图 $G = (V, A)$，对所有边 $(i, j) \in A$，有整数代价 $c(i, j)$ 和整数容量 $u(i, j) \geqslant 0$。对每个顶点 $i \in V$，有整数需求量 $b(i)$。流 $f\colon A \to \Re^+$ 是对边的非负实数赋值，使得 $0 \leqslant f(i, j) \leqslant u(i, j)$，且满足所有顶点的需求，也就是说，对每个顶点 $i \in V$，流出 i 的流和流入 i 的流之差恰好是 $b(i)$，即

$$b(i) = \sum_{k:(i,k)\in A} f(i, k) - \sum_{k:(k,i)\in A} f(k, i)$$

若 $b(i) > 0$，称之为供应点 (其有正净流出流量)，$b(i)$ 为顶点 i 的供应量；若 $b(i) < 0$，称之为需求点，$-b(i)$ 为顶点的需求量。

最小代价环流问题的目标是使环流代价最小，即 $\sum_{(i,j) \in A} c(i,j) f(i,j)$ 最小。由观察可知，为得到可行流 f，一定有 $\sum_{i \in V} b(i) = 0$，因为所有顶点 $i \in V$ 的需求约束之和为：

$$\sum_{i \in V} b(i) = \sum_{i \in V} \left(\sum_{k:(i,k) \in A} f(i,k) - \sum_{k:(k,i) \in A} f(k,i) \right) = 0$$

其直观含义是所有需求点的总需求量等于所有供应点的总供应量。

我们论断：最小代价流问题的实例都可简化为最小代价环流问题。这使我们主要关注后者 (由练习 5.2 可知，最小代价环流问题的实例可简化为最小代价流问题)。给定图 G、容量 u 和需求 b，最小代价环流问题的创建方法如下：创建新顶点 s，并添加以下两类边，如图 5.1 所示；对任意供应点 $i(b(i) > 0)$，添加边 (s,i)，且 $\ell(s,i) = u(s,i) = b(i)$，$c(s,i) = 0$；对任意需求点 $j(b(j) < 0)$，添加边 (j,s)，且 $\ell(j,s) = u(j,s) = -b(j)$，$c(j,s) = 0$。

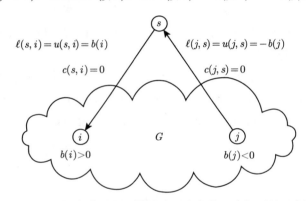

图 5.1   把最小代价流问题简化为最小代价环流问题的示意图

很容易检验实例中的任何环流所给出的流与在原始实例中的代价相同，反之亦然。因此，本章仅考虑最小代价环流问题。

与最大流问题一样，有必要对环流进行非常规的重定义。对每条边 $(i,j) \in A$，添加其反向边 (j,i)。用斜对称约束，使得 $f(j,i) = -f(i,j)$。流定义中的下界 $\ell(i,j)$ 用反向边 (j,i) 上的容量约束 $u(j,i) = -\ell(i,j)$ 来代替。由观察可知，若 $f(j,i) \leqslant u(j,i)$，则 $-f(i,j) \leqslant -\ell(i,j)$，或 $f(i,j) \geqslant \ell(i,j)$。

此外，置 $c(j,i) = -c(i,j)$，使得 $c(i,j)f(i,j) + c(i,j)f(j,i) = 2c(i,j)f(i,j)$。现在，定义环流的代价为 $\frac{1}{2}\sum_{(i,j) \in A} c(i,j)f(i,j)$。所以，新定义下的环流代价与之前定义的环流代价是相同的。最后，像最大流问题那样，流量守恒变为：

$$\sum_{k:(i,k) \in A} f(i,k) = 0$$

我们总结环流的定义如下。

定义 5.2   环流 f：$A \rightarrow \Re$ 是对每条有向边赋一个实数，使其满足下面三个性质：

- $\forall (i,j) \in A$,

$$f(i,j) \leqslant u(i,j) \tag{5.3}$$

- $\forall i \in V$, 流出顶点 i 的净流量为 0, 即

$$\sum_{k:(i,k)\in A} f(i,k) = 0 \tag{5.4}$$

- $\forall (i,j) \in A$,

$$f(i,j) = -f(j,i) \tag{5.5}$$

环流代价为 $\frac{1}{2}\sum_{(i,j)\in A} c(i,j)f(i,j)$, 记为 $c(f)$。

5.1 最优化条件

像最大流问题那样, 在找最小代价环流时, 介绍对图所设的条件。

首先引入剩余图的概念。最小代价环流问题的剩余图与最大流问题的剩余图相同。给定图 $G = (V, A)$ 上的环流 f, 对所有边 $(i,j) \in A$, 其容量为 $u(i,j)$, 则环流 f 的剩余图为 $G_f = (V, A)$。每条边 $(i,j) \in A$ 有剩余容量 $u_f(i,j) = u(i,j) - f(i,j)$。剩余容量总是非负, 即使在最小代价环流问题中, 其容量 $u(i,j)$ 可能是负的。像最大流问题那样, 用 A_f 表示有正剩余容量边的子集, 即 $A_f = \{(i,j) \in A : u_f(i,j) > 0\}$。

在最大流问题的剩余图中, 其增广路径相当于最小代价环流问题的剩余图中的负代价回路。负代价回路 Γ 是剩余图 G_f 中的简单回路, Γ 中的所有边都有正剩余容量, 且边的代价之和为负数, 也就是说, $\Gamma \subseteq A_f$, $\sum_{(i,j)\in\Gamma} c(i,j) < 0$。回路 Γ 中边的代价记为 $c(\Gamma) = \sum_{(i,j)\in\Gamma} c(i,j)$。

假设有环流 f, 存在负代价回路 $\Gamma \subseteq A_f$。令 $\delta = \min_{(i,j)\in\Gamma} u_f(i,j)$, 因为回路 Γ 中的所有边都有正剩余容量, 所以 $\delta > 0$。按下面的规则修改回路中的边可得新环流 f':

$$f'(i,j) = \begin{cases} f(i,j) + \delta & \forall (i,j) \in \Gamma \\ f(i,j) - \delta & \forall (j,i) \in \Gamma \\ f(i,j) & \forall (i,j) : (i,j), (j,i) \notin \Gamma \end{cases}$$

有时称沿着回路 Γ 推送 δ 个单位流量。我们称消去回路 Γ, 因为在新环流 f' 中, 回路 Γ 中有些边的剩余容量一定为 0, 即 $\Gamma \nsubseteq A_{f'}$。

我们需检验 f' 仍为环流。一种方法是在剩余图 G_f 中考虑环流 $\tilde{f}$:

$$\tilde{f}(i,j) = \begin{cases} \delta & \forall (i,j) \in \Gamma \\ -\delta & \forall (j,i) \in \Gamma \\ 0 & \forall (i,j) : (i,j), (j,i) \notin \Gamma \end{cases}$$

因为对所有边 $(i,j) \in \Gamma$，有 $\delta \leqslant u_f(i,j)$，所以环流 $\tilde{f}$ 满足剩余图中的容量约束。对不在回路中的顶点，它显然满足斜对称和流量守恒。对在回路中的顶点 i，以及回路中的边 (k,i) 和 (i,j)，有 $\sum_{k:(k,i) \in A} \tilde{f}(k,i) = f(k,i) + f(j,i) = \delta - \delta = 0$。因此，$\tilde{f}$ 确是环流。因为 $f' = f + \tilde{f}$，且 f 和 $\tilde{f}$ 满足流量守恒和斜对称，由引理 2.19 可得 f' 也满足。最后，$f'(i,j) = (i,j) + \tilde{f}(i,j) \leqslant f(i,j) + u_f(i,j) = u(i,j)$，所以，$f'$ 满足容量约束，f' 确是环流。

现在，证明 $c(f') < c(f)$。先考虑 $c(\tilde{f}) = \delta c(\Gamma)$，因为

$$c(\tilde{f}) = \frac{1}{2} \sum_{(i,j) \in \Gamma} (\delta c(i,j) - \delta c(j,i)) = \frac{\delta}{2} \sum_{(i,j) \in \Gamma} (c(i,j) + c(i,j)) = \delta c(\Gamma)$$

然后，因为 $c(\Gamma) < 0$ 和 $\delta > 0$，有：

$$c(f') = c(f + \tilde{f}) = c(f) + c(\tilde{f}) = c(f) + \delta c(\Gamma) < c(f)$$

由于与最大流问题的相似性，我们相信图有最小代价环流 f，当且仅当图 G_f 中没有负代价回路 (就像流 f 是最大流，当且仅当在图 G_f 中没有增广路径那样)。的确如此。为证明此论述，有必要引入一个新概念：顶点的势 (或价格)$p: V \to \Re$ 是对顶点赋予一个实数。然后，定义边 (i,j) 相对于势 p 的简约代价为 $c_p(i,j) = c(i,j) + p(i) - p(j)$。由观察可知，$c_p(j,i) = c(j,i) + p(j) - p(i) = -(c(i,j) + p(i) - p(j)) = -c_p(i,j)$。回路 Γ 的简约代价 $c_p(\Gamma)$ 恰好等于回路代价 $c(\Gamma)$：

$$c_p(\Gamma) = \sum_{(i,j) \in \Gamma} (c(i,j) + p(i) - p(j)) = c(\Gamma) + \sum_{(i,j) \in \Gamma} (p(i) - p(j)) = c(\Gamma)$$

因为所有势都抵消。练习 5.3 让读者证明一个更强的结论：对环流 f，有 $c(f) = c_p(f)$，其中 $c_p(f) = \frac{1}{2} \sum_{(i,j) \in A} c_p(i,j) f(i,j)$。

直观来看，可把 $p(i)$ 比作源点 s 的最短 s-i 路径的长度。由引理 1.6 可知对所有边 $(i,j) \in A_f, p(j) \leqslant p(i) + c(i,j)$，当且仅当在 G_f 中不存在 s 的可达负代价回路。也就是，对所有边 $(i,j) \in A_f$，有 $c_p(i,j) = c(i,j) + p(i) - p(j) \geqslant 0$，当且仅当在 G_f 中不存在负代价回路。如上所述，这就是有最小代价环流的条件。若存在势 p，对所有边 $(i,j) \in A_f$，有 $c_p(i,j) \geqslant 0$，则势就是不存在负代价回路的证据。因为对任何回路 $\Gamma \subseteq A_f$，$c(\Gamma) = c_p(\Gamma) \geqslant 0$。下面的定理给出了最小代价环流的等价条件。

定理 5.3 对环流 f，下面的表述是等价的：

(1) f 是最小代价环流。

(2) A_f 中不存在负代价回路。

(3) 存在势 p，对所有边 $(i,j) \in A_f$，有 $c_p(i,j) \geqslant 0$。

证明 因为已证明若 G_f 中存在负代价回路，则一定存在新环流 f'，使得 $c(f') < c(f)$，所以，结论 (1) 可推导出结论 (2)。

下面证明由结论 (2) 可推导出结论 (3)。考虑在剩余图 G_f 中添加一个源点 s，且 $\forall j \in V$，加边 (s,j) 和代价 $c(s,j) = 0$。如图 5.2 所示。

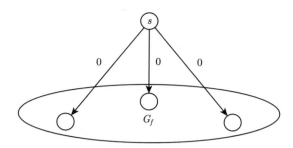

图 5.2　定理 5.3 中由结论 (2) 推导结论 (3) 的证明示意图

$p(i)$ 是用 A_f 中边所得的最短 s-i 路径的长度，其中边 (i,j) 的长度是其代价 $c(i,j)$。由 1.3 节中的讨论和引理 1.6 可知，若在剩余图 G_f 中不存在源点 s 可达的负代价回路，则可求出其最短路径。对所有边 $(i,j) \in A_f$，有 $p(j) \leqslant p(i)+c(i,j)$（即最短 s-j 路径的代价至多为最短 s-i 路径的代价加上 $c(i,j)$）。因此，$c_p(i,j) = c(i,j)+p(i)-p(j) \geqslant 0, \ \forall (i,j) \in A_f$。

下面证明由结论 (3) 可推导出结论 (1)。$\tilde{f}$ 是图 G 中的任意环流，并考虑 $f' = \tilde{f} - f$；我们认为 f' 一定是剩余图 G_f 中的环流。由引理 2.19 可知 f' 满足斜对称和流量守恒，且 $f'(i,j) = \tilde{f}(i,j) - f(i,j) \leqslant u(i,j) - f(i,j) = u_f(i,j)$。所以，$f'$ 满足剩余图中的容量约束。若 $f'(i,j) > 0$，则 $(i,j) \in A_f$。由流量守恒可知：

$$c(\tilde{f}) - c(f) = c(\tilde{f} - f) = c(f')$$
$$= c(f') + \frac{1}{2} \sum_{i \in V} p(i) \left(\sum_{k:(i,k) \in A} f'(i,k) - \sum_{k:(k,i) \in A} f'(k,i) \right)$$

可得：

$$c(\tilde{f}) - c(f) = c(f') + \frac{1}{2} \sum_{i \in V} p(i) \left(\sum_{k:(i,k) \in A} f'(i,k) - \sum_{k:(k,i) \in A} f'(k,i) \right)$$
$$= c(f') + \frac{1}{2} \sum_{(i,j) \in A} (p(i) - p(j)) f'(i,j)$$
$$= \frac{1}{2} \sum_{(i,j) \in A} (c(i,j) + p(i) - p(j)) f'(i,j)$$
$$= \frac{1}{2} \sum_{(i,j) \in A} c_p(i,j) f'(i,j)$$
$$= \sum_{(i,j) \in A: f'(i,j) > 0} c_p(i,j) f'(i,j)$$
$$\geqslant 0$$

其中，最后的等式成立，因为当 $f'(i,j) > 0$ 时，有 $c_p(i,j) f'(i,j) + c_p(j,i) f'(j,i) = 2 c_p(i,j) f'(i,j)$。最后的不等式成立，因为当 $c_p(i,j) \geqslant 0$ 时，有 $(i,j) \in A_f$，且 $c_p(i,j) \geqslant 0$。所以，$c(\tilde{f}) \geqslant c(f)$。由于 $\tilde{f}$ 是任意环流，因此 f 是最小代价环流。 ∎

下面的推论可由结论 (2) 推导结论 (3) 过程中势的计算来证明。

推论 5.4　若代价 c 是整数，且 f 是最优的，则存在整数势 p，使得 $c_p(i,j) \geqslant 0$，$\forall (i,j) \in A_f$。

最大流问题的最优条件使 Ford 和 Fulkerson 提出了增广路径算法，上述最优条件使 Klein[132] 提出了负代价回路消去算法 (如算法 5.1 所示)。给定任意可行环流 f，在剩余图 G_f 中反复找负代价回路 Γ，然后，消去 Γ 并更新 f。1.3 节给出算法可在 $O(mn)$ 时间内找出负代价回路 (若存在)。当不再有这样的回路时，我们就找到了最小代价环流。该算法未说明如何找出初始可行环流。练习 2.7 中的霍夫曼环流定理给出了一个存在可行环流的充要条件。若满足条件和容量 u 为整数，则可用单最大流找出可行整数环流 f。

算法 5.1　最小代价环流问题：Klein [132] 负代价回路消去算法

输入: $G = (V, A)$，$\forall_{i,j \in V} u(i, j)$。

输出: 最小代价环流 f。

  1: f 是任意一个可行环流
  2: while 在 A_f 中存在负代价回路 Γ **do**
  3: 　　消去回路 Γ
  4: 　　修改流 f
  5: return f

算法 5.1 的一个结果是：对最小代价环流，其整型性质成立。若容量 u 是整型，由上面的讨论可知初始环流 f 是整型。剩余容量 u_f 是整型，因此，$\delta = \min_{(i,j) \in \Gamma} u_f(i, j)$ 是整型，且其结果环流 f' 也是整型。

性质 5.5　若容量 $u(i, j)$ 是整数，则最小代价环流 f 是整数。

若容量 u 和代价 c 均为整数,则算法 5.1 是伪多项式时间算法。设 $U = \max_{(i,j) \in A} u(i, j)$，$C = \max_{(i,j) \in A} |c(i, j)|$。环流的最大数值为 mCU，每条边的流量至多为 U，因此，其代价至多为 CU。同理，环流的最小数值是 $-mCU$。对每条负代价回路 Γ，一定有 $c(\Gamma) \leqslant -1$，所以，环流代价在每次循环中至少减少 1。因此，算法总共循环 $O(mCU)$ 次。在 1.3 节，在图中找负代价回路 (或确定其不存在) 所需时间为 $O(mn)$，所以，算法 5.1 需 $O(m^2nCU)$ 时间加上找初始可行环流 (找单最大流) 的时间，所以，算法所需时间共为 $O(m^2nCU)$。

对最大流问题，任选增广路径不会产生多项式时间算法 (见练习 2.2)。对最小代价环流问题，任选负代价环流消去也不会导致多项式时间算法 (见练习 5.4)。但在后面的章节中，我们将看到在每次循环中选择适当的消去回路可得到多项式时间算法。

5.2　Wallacher 算法

选择多项式时间的负代价回路消去的变形算法的合理猜测是，该回路会使整体代价有最大的改善，该回路的选取类似 2.5 节中对最大流问题选取最大改进增广路径。遗憾的是，找这样的回路是 NP-难问题，其证明留作练习 (练习 5.5)。假设我们能找到这样的回路。$f^{(k)}$ 是从环流 f 开始经 k 次消去最大改进回路后得到的环流，f^* 是最小代价环流。练习 5.5 要读者证明：

$$c(f) - c(f^{(1)}) \geqslant \frac{1}{m}(c(f) - c(f^*)) \tag{5.6}$$

整理不等式后，得到下列等价式：

$$c(f^{(1)}) - c(f^*) \leqslant \left(1 - \frac{1}{m}\right)(c(f) - c(f^*))$$

所以，k 次循环后，有：

$$c(f^{(k)}) - c(f^*) \leqslant \left(1 - \frac{1}{m}\right)^k (c(f) - c(f^*))$$

对 $x \neq 0$，用 $1 - x < e^{-x}$，且 $c(f) - c(f^*) \leqslant 2mCU$。在 $k = m\ln(2mCU)$ 次循环后，有：

$$c(f^{(k)}) - c(f^*) < e^{-\ln(2mCU)}(c(f) - c(f^*)) \leqslant \frac{1}{2mCU} \cdot 2mCU = 1$$

由于 $f^{(k)}$ 和 f^* 是整型，代价和容量是整数，则 $k = m\ln(2mCU)$ 次循环后，$f^{(k)}$ 的代价和最小代价环流 f^* 的代价之差小于 1。所以，有 $c(f^{(k)}) = c(f^*)$，且找到了最小代价环流。下面的定理是对此推理思想的总结。

定理 5.6 若代价和容量为整数，不等式 (5.6) 在算法 5.1 的每次循环中都成立，则算法循环 $O(m\ln(mCU))$ 次后可找到最小代价环流。

读者可能会问：既然不知道如何在多项式时间内实现它，为何还要分析最大改进负代价回路算法？事实表明，一些最小代价环流算法寻找并消去回路 (或回路集) 与最大改进负代价回路有相同的优化效果，即由不等式 (5.6) 所确定的优化。下面将介绍 Wallacher 算法 (见 Wallacher [201]，练习 5.7 中给出另一个算法)。Wallacher 算法的思想可推广到其他问题，如广义流问题；而本章中的其他算法思想则不易推广。下面先介绍复杂的消去回路算法，再证明其可用于仅需找负代价回路的算法中。

Wallacher 算法通过在大剩余容量边和负代价边之间做权衡来找回路。如上节中所述，消去回路 Γ 给出回路代价 $c(\Gamma) = \min_{(i,j)\in\Gamma} u_f(i,j)$ 方面的优化，因此，要找到回路 $\Gamma \subseteq A_f$，并使此值最小 (因为 $c(\Gamma) < 0$，需使之最小)。把优化式改写为：

$$\frac{c(\Gamma)}{\max_{(i,j)\in\Gamma} \frac{1}{u_f(i,j)}}$$

我们已说明找回路 Γ 使其值最小是 NP-难问题。因此，我们找回路 Γ 以使相关值最小，于是可在多项式时间内找到使此值最小的回路。对给定环流 f 和回路 $\Gamma \subseteq A_f$，定义 $\beta(\Gamma)$ 如下：

$$\beta(\Gamma) = \frac{c(\Gamma)}{\sum_{(i,j)\in\Gamma} \frac{1}{u_f(i,j)}}$$

即 $\beta(\Gamma)$ 是回路代价与回路中边剩余容量的倒数总和之比值。观察可得，在分母中，回路边剩余容量的倒数总和取代了原最大倒数。用 $\beta(f)$ 定义最小比值回路，即

$$\beta(f) = \min_{\text{cycle } \Gamma \subseteq A_f} \beta(\Gamma)$$

若 f 不是最小代价环流，则 $\beta(f)$ 一定是负的。用练习 1.5 找最小 "权时比" 算法，可在 $O(mn\ln(nCU))$ 时间内找到此比值最小的回路 Γ。

下面证明 $\beta(f)$ 至多是最优环流代价和 f 的代价之差的 $1/m$ 倍。为此，先需类似引理 2.20 的流分解原理，下面引理的证明类似前者，把它当作练习留给读者 (练习 5.1)。

引理 5.7 给定环流 f，存在环流 $f_1,\cdots,f_\ell$，$\ell \leqslant m$，使得 $f = \sum_{i=1}^{\ell} f_i$，$c(f) = \sum_{i=1}^{\ell} c(f_i)$，并且，对 $i = 1,\cdots,\ell$，f_i 中有正流量的边组成简单回路。

下面证明前面关于 $\beta(f)$ 的描述。

引理 5.8 f 不是最小代价环流，f^* 是最小代价环流。则 $\beta(f) \leqslant \frac{1}{m}(c(f^*) - c(f))$。

证明 先证明 $f^* - f$ 在剩余图 G_f 中的可行环流。因为 f^* 和 f 都是环流，所以 $f^* - f$ 满足斜对称和流量守恒 (见引理 2.19 中的证明)。它还满足剩余容量的容量约束，因为 $f^*(i,j) - f(i,j) \leqslant u(i,j) - f(i,j) = u_f(i,j)$。

现在用引理 5.7 将图 G_f 中的环流 $f^* - f$ 分解为环流 $f_1,\cdots,f_\ell$，其中，环流 f_i 是边上有正流量的简单回路，Γ_i 是对应环流 f_i 的回路。因为 f_i 是环流，且每条边上的正流量是相同的，令 δ_i 是回路 Γ_i 中每条边的正流量，所以，$c(f_i) = \delta_i c(\Gamma_i)$。对任何回路 Γ_k，$\beta(f) \leqslant \beta(\Gamma_k)$，所以，有：

$$
\begin{aligned}
c(f^*) - c(f) &= \sum_{k=1}^{\ell} c(f_k) = \sum_{k=1}^{\ell} \delta_k c(\Gamma_k) \\
&= \sum_{k=1}^{\ell} \delta_k \beta(\Gamma_k) \sum_{(i,j)\in\Gamma_k} \frac{1}{u_f(i,j)} \\
&\geqslant \beta(f) \sum_{k=1}^{\ell} \delta_k \sum_{(i,j)\in\Gamma_k} \frac{1}{u_f(i,j)} \\
&= \beta(f) \sum_{(i,j)\in A_f} \frac{\sum_{k:(i,j)\in\Gamma_k} \delta_k}{u_f(i,j)} \quad\text{(改变求和次序)} \\
&\geqslant m\beta(f)
\end{aligned}
$$

其中最终的不等式成立，因为每条边 $(i,j) \in A_f$ 上的总流量 $\sum_{k:(i,j)\in\Gamma_k} \delta_k$ 至多为边的剩余容量 $u_f(i,j)$，且 $\beta(f)$ 非正。所以，改变求和项可得引理的结论。 ■

推论 5.9 假设代价和容量是整数。若 $\beta(f) > -1/m$，则 f 是最小代价环流。

证明 若 $\beta(f) > -1/m$，由引理可知 $c(f^*) - c(f) > -1$。因为容量是整数，由整数性质可知 f^* 是整型，在每次循环中，f 是整型。因为代价是整数，$c(f^*) - c(f)$ 是整数，所以，若 $c(f^*) - c(f) > -1$，则 $c(f^*) - c(f) = 0$。所以，f 有最小代价。 ■

Wallacher 算法如算法 5.2 所示。从任意一个可行的环流开始，当 $\beta(f)$ 至少为 $-1/m$ 时，消去最小比值回路 Γ。

算法分析相当简单。先证明每个消去回路 Γ 减少环流代价 $-\beta(\Gamma)$，然后用引理 5.8 证明它与最优环流接近一个倍数。

算法 5.2　最小代价环流问题：Wallacher 算法

输入: $G = (V, A)$，$\forall_{i,j \in V} u(i,j)$。

输出: 最小代价环流 f。

1: f 是任意一个可行环流

2: while $\beta(f) \leqslant -1/m$ **do**

3:　　找回路 $\Gamma \subseteq A_f$，且有 $\beta(f) = \beta(\Gamma)$

4:　　消去回路 Γ

5:　　修改流 f

6: return f

引理 5.10　f 不是最小代价环流，消去回路 Γ，$f^{(1)}$ 是消去回路 Γ 后的结果。则 $c(f^{(1)}) - c(f) \leqslant \beta(\Gamma)$。

证明　$\delta = \min_{(i,j) \in \Gamma} u_f(i,j)$ 是为消去回路 Γ 在回路上所推送的流量。有：

$$c(f^{(1)}) - c(f) = \delta c(\Gamma) = \delta \beta(\Gamma) \sum_{(i,j) \in \Gamma} \frac{1}{u_f(i,j)} = \beta(\Gamma) \sum_{(i,j) \in \Gamma} \frac{\delta}{u_f(i,j)} \leqslant \beta(\Gamma)$$

因为存在边 $(i,j) \in \Gamma$，使得 $\delta = u_f(i,j)$，且 $\beta(\Gamma) < 0$。　■

若 $f^{(1)}$ 是算法一次循环消去回路 Γ 后得到的环流，该回路 Γ 使 $\beta(f)$ 最小，f^* 是最小代价环流，则由引理 5.8 和 5.10 可得：

$$c(f^{(1)}) - c(f) \leqslant \beta(\Gamma) = \beta(f) \leqslant \frac{1}{m}(c(f^*) - c(f))$$

或

$$c(f) - c(f^{(1)}) \geqslant \frac{1}{m}(c(f) - c(f^*))$$

这正是本节开始的不等式 (5.6)，它给出了代价上的改进类似用消去最大改进回路所得到的优化。因此，可用定理 5.6 来界定算法的循环次数和运行时间。

定理 5.11　假设代价和容量是整数。Wallacher 算法 (算法 5.2) 需循环 $O(m \ln(mCU))$ 次，其所需时间为 $O(m^2 n \ln^2(mCU))$。

对于最大流问题，2.5 节从最大改进增广路径算法开始，它要求在每次循环中找特殊的 s-t 路径。2.6 节在选取边集时用容量度量找 s-t 路径，其结果是找增广路径，它几乎像最大改进路径那样尽可能多地增加流的数值。在此，做类似的简化。不找回路 Γ，使 $\beta(\Gamma) = \beta(f)$，而是对 $\beta(f)$，保存其估值 $\hat{\beta}$。给定当前环流 f，考虑代价 $\bar{c}(i,j) = c(i,j) - \hat{\beta}/u_f(i,j)$。考虑对每个回路 $\Gamma \subseteq A_f$，

$$\bar{c}(\Gamma) < 0 \quad \text{iff} \quad c(\Gamma) < \hat{\beta} \sum_{(i,j) \in \Gamma} \frac{1}{u_f(i,j)} \quad \text{iff} \quad \hat{\beta} > \beta(\Gamma) \tag{5.7}$$

所以，Γ 是相对代价 $\bar{c}$ 的负代价回路，当且仅当 $\hat{\beta}$ 是 $\beta(\Gamma)$ 的上界。因此，对当前估值 $\hat{\beta}$，找到并消去对应代价 $\bar{c}$ 的负代价回路。当不再存在这样的回路时，将 $\hat{\beta}$ 减半并再重复操作。

因为每条边的代价至少为 $-C$，其剩余容量至多为 U，所以，$\beta(f) \geqslant -CU$，且用 $-CU$ 作为 $\hat\beta$ 的初始估值。把上述思路写成算法 5.3 所示的算法形式。

算法 5.3　最小代价环流问题：Wallacher 算法的扩展算法

输入：$G = (V, A)$，$\forall_{i,j \in V}\, u(i, j)$。

输出：最小代价环流 f。

1: f 是任意一个可行环流
2: $\hat\beta \leftarrow -CU$
3: **while** $\hat\beta \leqslant -1/(2m)$ **do**　　　　　　　　　　　　　　　$\triangleright$ m 是边数
4:　　**if** 存在回路 Γ 且 $\bar{c}(\Gamma) < 0$ **then**
5:　　　　消去回路 Γ
6:　　　　修改流 f
7:　　**else**
8:　　　　$\hat\beta \leftarrow \hat\beta/2$
9: **return** f

现在分析算法。把保持相同 $\hat\beta$ 值的循环称为 $\hat\beta$-度量阶段。下面论证算法终止时可得到最小代价环流。为证此结论，需有下面的引理。

引理 5.12　在任意 $\hat\beta$-度量阶段开始时，都有 $\hat\beta \leqslant \beta(f)/2$。

证明　算法开始时，$\hat\beta = -CU$，对回路 Γ，有：

$$\bar{c}(\Gamma) = c(\Gamma) + CU \sum_{(i,j) \in \Gamma} \frac{1}{u_f(i,j)} \geqslant c(\Gamma) + C|\Gamma| \geqslant 0$$

因此，对回路 Γ，$\hat\beta \leqslant \beta(\Gamma)$，且 $\hat\beta \leqslant \beta(f) \leqslant \beta(f)/2$(若 f 不是最小代价环流，则 $\beta(f) < 0$)。在 $\hat\beta$-度量阶段结束时，对回路 $\Gamma \subseteq A_f$，有 $\bar{c}(\Gamma) \geqslant 0$。由式 (5.7) 可知 $\hat\beta \leqslant \beta(f)$；$\hat\beta$ 减半，所以有 $\hat\beta \leqslant \beta(f)/2$。　　　　　　　　　　　　　　■

推论 5.13　假设代价和容量是整数。若在 $\hat\beta$-度量阶段开始时，有 $\hat\beta > -1/(2m)$，则环流 f 是最优的。

证明　由引理 5.12 可知 $-1/(2m) < \hat\beta \leqslant \beta(f)/2$，所以 $\beta(f) > -1/m$。由推论 5.9 可得环流 f 是最优的。　　　　　　　　　　　　　　■

现在需界定在 $\hat\beta$-度量阶段中算法的循环次数。类似引理 2.26，由下面的引理可得到该循环次数的上界。

引理 5.14　每个 $\hat\beta$-度量阶段至多有 $2m$ 次循环。

证明　f 是 $\hat\beta$-度量阶段开始时的环流，f^* 是最小代价环流。由引理 5.8 和 5.12 可知 $\hat\beta \leqslant \beta(f)/2 \leqslant \frac{1}{2m}(c(f^*) - c(f))$。由引理 5.10 可知若消去回路 Γ，则当前环流代价的变化量为 $\beta(\Gamma) < \hat\beta < \frac{1}{2m}(c(f^*) - c(f))$。在 $2m$ 次循环后，当前环流的代价至多为：

$$c(f) + 2m \cdot \frac{1}{2m}(c(f^*) - c(f)) = c(f^*)$$

因此，在 $2m$ 循环后，$\hat{\beta}$-度量阶段结束，否则，f 是最优环流。 ■

至此，我们得到下面的定理。

定理 5.15 Wallacher 算法的扩展算法 (算法 5.3) 至多执行 $O(m\log(mCU))$ 次循环，且其时间复杂度为 $O(m^2 n \log(mCU))$。

证明 算法开始时，初值 $\hat{\beta} = -CU$；在 $\lceil\log_2(mCU)\rceil+2$ 个 $\hat{\beta}$-度量阶段，$\hat{\beta} > -1/(2m)$，且算法终止。在每个 $\hat{\beta}$-度量阶段，至多有 $2m$ 次循环，因此，算法总共有 $O(m\log(mCU))$ 次循环。每次循环都需检测负代价回路，且在 1.3 节中该检测算法可在 $O(mn)$ 时间内完成。 ■

对广义流问题，6.2 节中还会看到类似思想。

5.3 最小均值回路消去算法

本节介绍另一个最小代价环流问题算法，它也使用算法 5.1 中的负代价回路消去算法；每次循环算法找一个最小均值消去回路。最小均值回路 Γ 是回路中边的平均代价达到最小的回路，即使 $c(\Gamma)/|\Gamma|$ 最小。由练习 1.4 可知，可在 $O(mn)$ 时间内找到最小均值回路。Wallacher 算法的分析表明，每消去一个回路的代价会接近最小代价回路。对最小均值回路消去算法，用定理 5.3 的最优化条件：环流 f 有最小代价，当且仅当存在势 p，使得 $c_p(i,j) \geqslant 0$，$\forall(i,j) \in A_f$。

为满足此条件，允许所有边的简约代价为负数，并逐渐使该简约代价逐步接近 0。该算法的优点之一是对同一算法，很容易修改分析而得到一个强多项式的运行时间。明确算法后，我们先给出算法的多项式时间分析，然后转为强多项式时间分析。

对回路 Γ，定义 $\mu(\Gamma)$ 为回路中所有边的平均代价，即 $\mu(\Gamma) = c(\Gamma)/|\Gamma|$。对给定环流 f，$\mu(f)$ 是回路 Γ 代价均值 $\mu(\Gamma)$ 在 A_f 中所有回路代价均值的最小值，也就是说，

$$\mu(f) = \min_{\text{cycle } \Gamma \subseteq A_f} c(\Gamma)/|\Gamma|$$

考虑 $\mu(f) < 0$，当且仅当 A_f 中存在负代价回路。修改后的算法描述如算法 5.4 所示。

算法 5.4　最小代价环流问题：最小均值回路消去算法

输入： $G = (V, A)$，$\forall_{i,j \in V} u(i,j)$。
输出： 最小代价环流 f。
　1: f 是任意一个可行环流
　2: **while** $\mu(f) < 0$ **do**
　3:　　Γ 是 A_f 中最小均值回路，即 $\mu(f) = c(\Gamma)/|\Gamma|$
　4:　　消去回路 Γ
　5:　　修改流 f
　6: **return** f

回顾上面所讨论的最优条件：环流 f 有最小代价，当且仅当存在势 p，使得对所有边 $(i,j) \in A_f$，都有 $c_p(i,j) \geqslant 0$。我们使 A_f 中的简约代价逐渐接近 0。为证明如何满足此条件，需要下面的定义。

定义 5.16   环流 f 是 ϵ-最优的，若存在势 p，使得对所有边 $(i,j) \in A_f$，都有 $c_p(i, j) \geqslant -\epsilon$。

任何环流都是 C-最优的，因为 $\forall i \in V$，有 $p(i) = 0$，$\forall (i,j) \in A$，有 $c_p(i,j) = c(i,j) \geqslant -C$。此外，最少代价环流 f 是 0-最优的。由定理 5.3 可得，存在势 p，对所有边 $(i,j) \in A_f$，都有 $c_p(i,j) \geqslant 0$。若代价是整数，我们更有兴趣讨论环流是最优的。

引理 5.17   假设代价 $c(i,j)$ 是整数。若 $\epsilon < 1/n$，且环流 f 是 ϵ-最优的，则 f 是最小代价环流。

证明   由已知条件可知存在势 p，使得对所有边 $(i,j) \in A_f$，都有 $c_p(i,j) \geqslant -\epsilon > -1/n$。对简单回路 Γ，$\Gamma \subseteq A_f$。因为 $|\Gamma| \leqslant n$，所以，有：

$$c(\Gamma) = c_p(\Gamma) \geqslant -|\Gamma|\epsilon > -|\Gamma|/n \geqslant -1$$

因为代价是整数，若 $c(\Gamma) > -1$，则 $c(\Gamma) \geqslant 0$，所以在 A_f 中不存在负代价回路。由定理 5.3 可得 f 是最小代价环流。∎

算法分析的思路显而易见。算法从任意环流 f 开始，该流是 C-最优的。若代价是整数，由引理 5.17 可知，对 $\epsilon < 1/n$，环流是 ϵ-最优的，则该环流就是最小代价环流。现在要证明的是，当前环流 f 是 ϵ-最优的，ϵ 的值在算法执行过程中是递降的。为此，需知道使 f 是 ϵ-最优的 ϵ 最小值。

定义 5.18   给定环流 f，$\epsilon(f)$ 是使 f 是 ϵ-最优的最小 ϵ 值。

我们要证明 $\epsilon(f)$ 在算法中是非增的，在若干次循环后，它会减少为原值的某个倍数。为证明这种递降，需证明 $\epsilon(f)$ 和最小均值回路比值 $\mu(f)$ 之间存在某种关系。下面的引理将表明这两个量之间确实存在非常密切的关系。

引理 5.19   若 f 不是最小代价环流，则 $\epsilon(f) = -\mu(f)$。

证明

(1) 证明：$\mu(f) \geqslant -\epsilon(f)$。

由 $\epsilon(f)$ 的定义可知，存在势 p，对所有边 $(i,j) \in A_f$，都有 $c_p(i,j) \geqslant -\epsilon(f)$。对 A_f 中最小均值回路 Γ，有：

$$\mu(f) = \frac{c(\Gamma)}{|\Gamma|} = \frac{c_p(\Gamma)}{|\Gamma|} \geqslant \frac{-\epsilon(f)|\Gamma|}{|\Gamma|} = -\epsilon(f)$$

所以，有 $\mu(f) \geqslant -\epsilon(f)$。

(2) 证明：$-\epsilon(f) \geqslant \mu(f)$。

对所有边 $(i,j) \in A$，边代价 $\bar{c}(i,j) = c(i,j) - \mu(f)$。对任意回路 $\Gamma \subseteq A_f$，有 $\mu(f) \leqslant c(\Gamma)/|\Gamma|$。所以，一定有：

$$\bar{c}(\Gamma) = c(\Gamma) - |\Gamma|\mu(f) \geqslant c(\Gamma) - |\Gamma|\frac{c(\Gamma)}{|\Gamma|} = 0$$

在剩余图 G_f 中添加源点 s、代价为 0 的边 (s,j) 和正剩余容量，对所有顶点 $j \in V$（见图 5.2）。$p(i)$ 是用正剩余容量边所得到的最短 s-t 路径的长度，$\bar{c}(i,j)$ 是边 (i,j) 的长度。我们已证明：对 $\bar{c}$，在 G_f 中不存在负代价回路。因此，由定理 1.4 可知，可找到最短 s-i 路径。此外，一定有 $p(j) \leqslant p(i) + \bar{c}(i,j) = p(i) + c(i,j) - \mu(f)$。因此，存在势 p，使得 $(i,j) + p(i) - p(j) \geqslant \mu(f)$，且 f 是 $-\mu(f)$-最优的。所以，$\epsilon(f) \leqslant -\mu(f)$ 或 $-\epsilon(f) \geqslant \mu(f)$。

综合上述结论可得 $\mu(f) = -\epsilon(f)$。 ■

下面的推论将在后面的章节中用到。

推论 5.20 可在 $O(mn)$ 时间内计算 $\epsilon(f)$ 和势 p，使得 f 是相对势 p 的 $\epsilon(f)$-最优。

证明 由定理 1.4 和引理 5.19 可知计算势和数值 $\mu(f)$ 的计算方法，且都可在 $O(mn)$ 时间内完成计算。 ■

假设算法在循环中找到环流 f。$f^{(k)}$ 是主循环在 k 次循环后所得到的环流。可证明在 m 次循环后，$\epsilon(f)$ 至少下降为原来的 $1 - \frac{1}{n}$。

引理 5.21 $\epsilon(f^{(m)}) \leqslant \left(1 - \frac{1}{n}\right)\epsilon(f)$

从引理 5.21 可推出下面的定理。

定理 5.22 若代价 c 是整数，则最小均值回路消去算法（算法 5.4）需执行 $O(mn\ln(nC))$ 次循环。

证明 如前文所述，任何可行环流 f 都是 C-最优的。所以，$\epsilon(f) \leqslant C$。在 $k = mn\ln(nC)$ 次循环后，由引理 5.21，有：

$$\epsilon(f(k)) \leqslant \left(1 - \frac{1}{n}\right)^{n\ln(nC)} \epsilon(f) < e^{-\ln(nC)}\epsilon(f) \leqslant \frac{1}{nC} \cdot C = \frac{1}{n}$$

其中 $x \neq 0$，$1 - x < e^{-x}$。由引理 5.17 可知环流 $f^{(k)}$ 一定是最优的。 ■

由练习 1.4 可知，可在 $O(mn)$ 时间内找到最小均值回路。因此，有下面的结论。

定理 5.23 若代价 c 是整数，则最小均值回路消去算法所需时间为 $O(m^2n^2\ln(nC))$。

证明引理 5.21 前，先证明 $\epsilon(f)$ 是非增的。

引理 5.24 $\epsilon(f^{(1)}) \leqslant \epsilon(f)$。

证明 f 是当前循环的环流，Γ 是当前循环所消去的最小均值回路，$f^{(1)}$ 是消去回路后的环流。我们知道存在势 p，对所有边 $(i,j) \in A_f$，有 $c_p(i,j) \geqslant -\epsilon(f)$。所以，有：

$$\mu(f) = \frac{c_p(\Gamma)}{|\Gamma|} \geqslant \frac{-\epsilon(f)|\Gamma|}{|\Gamma|} = -\epsilon(f)$$

由引理 5.19 可知 $\mu(f) = -\epsilon(f)$，因此，对所有边 $(i,j) \in \Gamma$，一定有 $c_p(i,j) = -\epsilon(f)$。我们论断：对任何边 (i,j)，$u_{f^{(1)}}(i,j) > 0$。即若边 (i,j) 在下次循环中有正剩余容量，则 $c_p(i,j) \geqslant -\epsilon(f)$。边 (i,j) 在下次循环中有正剩余容量，那么，若该边在本次循环中有正剩余容量（即 $u_f(i,j) > 0$），则 $c_p(i,j) \geqslant -\epsilon(f)$；若消去回路 Γ 在边 (j,i) 上推送流量（即 $(j,i) \in \Gamma$），则 $c_p(i,j) = -c_p(j,i) = \epsilon(f) \geqslant -(f) \geqslant 0 \geqslant -\epsilon(f)$。所以，存在势 p，对所有边 $(i,j) \in A_{f^{(1)}}$，有 $c_p(i,j) \geqslant -\epsilon(f)$。因此，可推导出 $\epsilon(f^{(1)})$ 不会大于 $\epsilon(f)$. ■

现在证明引理 5.21。

引理 5.21 的证明   令 $\epsilon = \epsilon(f)$，势为 p，使得对所有边 $(i,j) \in A_f$，有 $c_p(i,j) \geqslant -\epsilon$。考虑 $k \leqslant m$ 个消去回路序列。N_k 是在 k 次消去后的边集，其中边有正剩余容量且相对势 p 的负简约代价。

我们看到，在算法循环消去回路 Γ 且回路中的所有边都在 N_k 中（即 $\Gamma \subseteq N_k$）时，N_k 中的边数只会变少：若在第 k 次循环后有新边 (i,j)，那是因为在消去第 k 个回路时在边 (j,i) 上推送了流量。因为 $(j,i) \in N_k$，所以，一定有简约代价 $c_p(i,j) = -c_p(j,i) > 0$。由于消去回路 Γ 使其中的某些边变为饱和边，所以，$N_{k+1} \subset N_k$。最后，若每条边 $(i,j) \in N_k$ 有 $c_p(i,j) \geqslant -\epsilon$，则每条边 $(i,j) \in N_{k+1}$ 也有 $c_p(i,j) \geqslant -\epsilon$。现在，我们分析以下两种情况。

- 假设每个消去回路 Γ 中的每条边都有相对势 p 的负简约代价，使得 $\Gamma \subset N_k$，$0 \leqslant k \leqslant m$。由上面的论述可知 $N_m \subset N_{m-1} \subset \cdots \subset N_0 \subseteq A$。因此，一定有 $N_m = \varnothing$。若 $f^{(m)}$ 是 m 次消去回路后所得到的环流，则对势 p，对所有边 $(i,j) \in A_{f^{(m)}}$，有 $c_p(i,j) \geqslant 0$。由定理 5.3 可得环流 $f^{(m)}$ 是最优的。所以，$\epsilon(f^{(m)}) = 0$ 且引理结论成立。

- 假设在 $k-1$ 次循环中，消去回路 Γ 中的每条边都有相对势 p 的负可约代价，但在 $k < m$ 次循环时，论断不成立。Γ 是在第 k 次循环时被消去的回路。由上面的推理可知，在算法开始时，对所有边 $(i,j) \in N_0$，有 $c_p(i,j) \geqslant -\epsilon$，那么对所有边 $(i,j) \in N_k$，有 $c_p(i,j) \geqslant -\epsilon$。由假设可知存在边 $(i,j) \in \Gamma$，使得 $c_p(i,j) \geqslant 0$。所以，有：

$$\underbrace{-\epsilon(f^{(m)}) \geqslant -\epsilon(f^{(k)})}_{\epsilon(f^{(k)}) \text{是非增的}} = \mu(f^{(k)}) = \underbrace{\frac{c_p(\Gamma)}{|\Gamma|} \geqslant \frac{|\Gamma|-1}{|\Gamma|}(-\epsilon)}_{\substack{\Gamma \text{中至少有一条边有非负简约代价，}\\ \text{其余边的简约代价至少为} -\epsilon}} \geqslant \underbrace{\left(1 - \frac{1}{n}\right)(-\epsilon)}_{|\Gamma| \leqslant n}$$

所以，$\epsilon(f^{(m)}) \leqslant (1 - \frac{1}{n})\epsilon = (1 - \frac{1}{n})\epsilon(f)$。 ■

为总结本节，对最小均值回路消去算法做另一种分析，并证明该算法是强多项式时间算法。该分析的基本思想是：在运行算法时，某些边上的流量是不变的，也就是说，边上流量在此后的循环中保持不变。特别是，证明每循环 $O(mn \ln n)$ 次后，就有新边流量固定不变。因为至多存在 m 条边，这意味着需要 $O(m^2 n \ln n)$ 次循环，或共需 $O(m^3 n^2 \ln n)$ 时间。

定义 5.25　边 $(i,j) \in A$ 是 ϵ-不变的，若对所有 ϵ-最优环流 f，其流量 $f(i,j)$ 不变。

在确定不变边之前，需用下面的引理来描述环流的基本性质。由斜对称和流量守恒可知，任何非平凡割集的流出流量一定为 0。

引理 5.26　f 是任意环流。对任意非空顶点子集 $S \subset V$，$\sum_{(k,l) \in \delta^+(S)} f(k,l) = 0$。

证明　由流量守恒 (式 5.4) 可知，对任意顶点 $i \in V$，有 $\sum_{k:(i,k) \in A} f(i,k) = 0$。于是，有：

$$
\begin{aligned}
0 &= \sum_{i \in S} \sum_{k:(i,k) \in A} f(i,k) \\
&= \sum_{i \in S} \left(\sum_{k \notin S:(i,k) \in A} f(i,k) + \sum_{k \in S:(i,k) \in A} f(i,k) \right) \\
&= \sum_{i \in S} \sum_{k \notin S:(i,k) \in A} f(i,k) + \sum_{i \in S} \sum_{k \in S:(i,k) \in A} f(i,k) \\
&= \sum_{i \in S} \sum_{k \notin S:(i,k) \in A} f(i,k) + 0 \\
&= \sum_{(i,k) \in \delta^+(S)} f(i,k)
\end{aligned}
$$

由斜对称可知，对 $\forall i, k \in S$，有 $f(k,i) = -f(i,k)$。所以，边 (i,k) 上的流量 $f(i,k)$ 都被反向边 (k,i) 上的流量 $f(k,i)$ 所抵消。∎

下面证明主要引理：边是 ϵ-不变的，若其简约代价是一个大负数。我们将证明在算法运行过程中，一定存在此类边。引理证明的主要思路是，若边的简约代价是一个大负数，则它一定是饱和的。若存在用此非饱和边的其他 ϵ-最优环流 f'，则在环流 f' 的剩余图中存在含有这些边的回路，且最小的代价均值小于 $-\epsilon$。由引理 5.19 可知这与 f' 是 ϵ-最优的相矛盾。

引理 5.27　对 $\epsilon > 0$，f 是环流，p 是势，使得 f 是相对势 p 的 ϵ-最优。若 $c_p(i,j) \leqslant -2n\epsilon$，则边 (i,j) 是 ϵ-不变的。

证明　用反证法证明。假设边 (i,j) 不是 ϵ-不变的。那么，一定存在其他 ϵ-最优环流 f'，且 $f'(i,j) \neq f(i,j)$。实际上是 $f'(i,j) < f(i,j)$，因为 f 是相对势 p 的 ϵ-最优，对所有边 $(k,\ell) \in A_f$，有 $c_p(k,\ell) \geqslant -\epsilon$。所以，由 $c_p(i,j) < -2n\epsilon$ 可得 $(i,j) \notin A_f$，这可推出 $u_f(i,j) = 0$ 和 $f(i,j) = u(i,j)$。因此，$f'(i,j) < f(i,j) = u(i,j)$。

令 $A_< = \{(k,\ell) \in A : f'(k,\ell) < f(k,\ell)\}$。有 $(i,j) \in A_<$。下面证明存在回路 $\Gamma \subseteq A_<$，使得 $(i,j) \in \Gamma$。S 是从顶点 j 用边集 $A_<$ 中的边可达的顶点集合。证明 $i \in S$ 和 $(i,j) \in A_<$，可得出存在回路 $\Gamma \subseteq A_<$。

假设不如此。由引理 5.26 可知 $\sum_{(k,\ell) \in \delta^+(S)} f(k,\ell) = 0$ 和 $\sum_{(k,\ell) \in \delta^+(S)} f'(k,\ell) = 0$，所以，$\sum_{(k,\ell) \in \delta^+(S)} (f(k,\ell) - f'(k,\ell)) = 0$。因为 $f'(i,j) < f(i,j)$，由斜对称可知 $f'(j,i) > f(j,i)$。

因为 $(j, i) \in \delta^+(S)$，则一定存在边 $(k, \ell) \in \delta^+(S)$，使得 $f'(k, \ell) < f(k, \ell)$，从而使其和为 0。但若 $k \in S$，$\ell \notin S$，$f'(k, \ell) < f(k, \ell)$，则有 $(k, \ell) \in A_<$ 和 $\ell \in S$。至此得出矛盾，即 $i \in S$，且回路 Γ 一定存在。

对任意边 $(k, \ell) \in \Gamma$，$f'(k, \ell) < f(k, \ell) \leqslant u(k, \ell)$，且 $\Gamma \subseteq A_{f'}$。对边 (ℓ, k)，有 $f(\ell, k) < f'(\ell, k) \leqslant u(\ell, k)$。所以，$(\ell, k) \in A_f$。因为 f 是 ϵ-最优的，$c_p(\ell, k) \geqslant -\epsilon$，所以 $c_p(k, \ell) \leqslant \epsilon$。下面考虑回路 $\Gamma \subseteq A_{f'}$，有：

$$
\begin{aligned}
\frac{c(\Gamma)}{|\Gamma|} = \frac{c_p(\Gamma)}{|\Gamma|} &= \frac{1}{|\Gamma|} \left(c_p(i, j) + \sum_{(k, \ell) \in \Gamma, (k, \ell) \neq (i, j)} c_p(k, \ell) \right) \\
&\leqslant (-2n\epsilon + (|\Gamma| - 1)\epsilon)/|\Gamma| \\
&< (-|\Gamma|\epsilon)/|\Gamma| \\
&= -\epsilon
\end{aligned}
$$

所以，回路 Γ 的代价均值小于 $-\epsilon$，$\mu(f') < -\epsilon$。引理 5.19 可知 $\epsilon(f') = -\mu(f') > \epsilon$，$f'$ 不是 ϵ-最优，这与假设 f' 是 ϵ-最优的相矛盾。∎

下面证明当 $\epsilon(f)$ 减去足够大的倍数时，一定存在有足够大的负简约代价的新边，即该新边上的流量一定是不变的。

引理 5.28 f 和 f' 是环流，使得 $(f') \leqslant \epsilon(f)/(2n)$，且 f 不是最小代价环流。则一定存在 $\epsilon(f')$-不变的边多于 $\epsilon(f)$-不变的边。

证明   因为 $\epsilon(f') < \epsilon(f)$，任何 $\epsilon(f)$-不变的边也是 $\epsilon(f')$-不变的，所以，需证明存在 $\epsilon(f')$-不变的边不是 $\epsilon(f)$-不变的。p 是势，使得 f 是相对 p 的 $\epsilon(f)$-最优。因为 f 不是最小代价环流，所以在 A_f 中存在负代价回路。Γ 是 A_f 中的最小均值回路。由引理 5.24 的证明可知：

$$
-\epsilon(f) = \mu(f) = c_p(\Gamma)/|\Gamma| \geqslant -\epsilon(f)|\Gamma|/|\Gamma| = -\epsilon(f)
$$

因此，对所有边 $(i, j) \in \Gamma$，有 $c_p(i, j) = -\epsilon(f)$。回路 Γ 中没有边是 $\epsilon(f)$-不变的，因为消去回路 Γ 改变环流 f 中边的流量，由引理 5.24 可知其结果流仍是 $\epsilon(f)$-最优。

设 f' 是相对势 p' 的 $\epsilon(f')$-最优，讨论与上面同样的回路 Γ，有

$$
c_{p'}(\Gamma)/|\Gamma| = -\epsilon(f) \leqslant -2n\epsilon(f')
$$

因为边的平均简约代价至多为 $-2n\epsilon(f')$，所以一定存在边 $(i, j) \in \Gamma$，使得 $c_{p'}(i, j) \leqslant -2n\epsilon(f')$。由引理 5.27 可知边 (i, j) 是 $\epsilon(f')$-不变的，但不是 $\epsilon(f)$-不变的。∎

最后，证明算法 5.4 是强多项式时间算法。

定理 5.29   算法 5.4 循环 $O(m^2 n \ln n)$ 次，所需时间为 $O(m^3 n^2 \ln n)$。

证明   我们将论断每循环 $k = mn\ln(2n)$ 次后，有边的流量变为固定不变的；这会给出循环次数的界限。任取一次循环，f 是当前环流。若 $f^{(k)}$ 是 k 次循环后的环流，由引理

5.21 和 $1 - x \leqslant e^{-x}$ 可知:

$$\epsilon(f^{(k)}) \leqslant \left(1 - \frac{1}{n}\right)^{n\ln(2n)} \epsilon(f) < e^{-\ln(2n)}\epsilon(f) = \epsilon(f)/(2n)$$

由引理 5.28 可知, 有边的流量变为固定不变的。因为总共有 m 条边, 循环 $O(m^2 n\ln(n))$ 次后, 所有边的流量都固定不变, 所以, 找到了最小代价环流。 ∎

练习 5.9 要求读者证明可设计出稍快的最小均值回路消去算法。

5.4 容量度量算法

关于最小代价环流问题的下一个算法不像算法 5.1 那样用回路消去算法。本节用称为伪流的不可行环流设计一个算法, 并使用定理 5.3 中的结论: 环流 f 是最小代价, 当且仅当存在势 p, 对所有边 $(i,j) \in A_f$, 使得 $c_p(i,j) \geqslant 0$。本节算法的基本思想是保持 A_f 的子集, 使得 $c_p(i,j) \geqslant 0$, 并逐步将伪流 f 变为环流 (即把边集逐步扩大为 A_f)。当 f 是环流时, 且对所有边 $(i,j) \in A_f$, 有 $c_p(i,j) \geqslant 0$, 则 f 就是最小代价环流。

本节从伪流的定义开始, 它类似环流, 除不满足流量守恒之外。与 2.8 节中 PR 算法所用的准流有所不同, 伪流不要求流入顶点的净流量非负。

定义 5.30 伪流 $f: A \to \Re$ 对有向边赋一个实数, 使得:

- $f(i,j) \leqslant u(i,j)$, $\forall (i,j) \in A$。
- $f(i,j) = -f(j,i)$, $\forall (i,j) \in A$。

伪流 f 在顶点 $i \in V$ 的过剩流量是流入顶点 i 的总流量, 或 $\sum_{k:(k,i)\in A} f(k,i)$, 记为 $e_f(i)$。

与 2.8 节中的准流不同, 伪流可以有正过剩顶点和负过剩顶点 (有时称为透支)。由 $f(i,j)$ 与 $f(j,i)$ 相抵和斜对称可知, $\sum_{i\in V} e_f(i) = \sum_{i\in V}\sum_{k:(k,i)\in A} f(k,i) = \sum_{(i,j)\in A} f(i,j) = 0$。

为使后面的算法有效工作, 对任意给定顶点 i 和 j, 需确保从顶点 i 向顶点 j 可推送任意数量的流量。为此, 需修改图来保证有这种推送的可能性 (除非边的代价为 ∞)。在图中添加两个新顶点 x 和 y, 并按下列方式添加边及其相应的初值 (如图 5.3 所示): 添加边 (x,y), 代价 $c(x,y) = \infty$, 容量 $u(x,y) = \infty$, $u(y,x) = 0$, 使得 $f(x,y) \geqslant 0$; 对每个顶点 $i \in V$, 添加边 (i,x), $c(i,x) = 0$, $u(i,x) = \infty$, $u(x,i) = 0$; 对每个顶点 $i \in V$, 添加边 (y,i), $c(y,i) = 0$, $u(y,i) = \infty$, $u(i,y) = 0$。

若容量是整数, 由整数性质 (性质 5.5) 可知, 存在最小代价环流 f, 使得 $f(x,y)$ 是整数; 显然, 若 $f(x,y) \geqslant 1$, 则 $c(f) = \infty$。因此, 若在原图 G 中存在非无限代价的可行环流, 则在新图中存在最小代价环流, 且该环流不使用任何上面新添加的边 (即只用原图 G 中的边)。

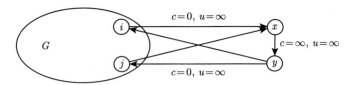

图 5.3 为容量度量算法所做的最小代价环流修改示意图

下面介绍容量度量算法的主要思想。算法保持伪流 f 和势 p。像 2.6 节中对最大流问题的容量度量算法那样，算法也保持一个度量参数 Δ，其值是至少与最大容量 U 一样大的 2 的幂。我们可推送 Δ 个单位流量，从任何至少有 Δ 个过剩流量的顶点，经剩余容量至少为 Δ 的边，到达至多有 $-\Delta$ 个过剩流量的顶点。为准确起见，定义下面的集合符号：

- $A_f(\Delta) = \{\, (i,j) \in A : u_f(i,j) \geqslant \Delta \,\}$，即 $A_f(\Delta)$ 是剩余容量至少为 Δ 的边集。
- $S_f(\Delta) = \{\, i \in V : e_f(i) \geqslant \Delta \,\}$。
- $T_f(\Delta) = \{\, i \in V : e_f(i) \leqslant -\Delta \,\}$。

在边上推送流量如下图所示。

$$\underset{i \in S_f(\Delta)}{\textstyle\bigcirc\; i} \xrightarrow[\;(i,j) \in A_f(\Delta)\;]{\text{推送} \Delta \text{个单位流量}} \underset{j \in T_f(\Delta)}{j \;\textstyle\bigcirc}$$

所有边 $(i,j) \in A_f(\Delta)$，仍保持性质 $c_p(i,j) \geqslant 0$。算法反复用 $A_f(\Delta)$ 中的边，从 $S_f(\Delta)$ 中的顶点向 $T_f(\Delta)$ 中的顶点推送 Δ 个单元流量。当 $S_f(\Delta) = \varnothing$ 或 $T_f(\Delta) = \varnothing$ 时，我们将证明网络中的总过剩流量相对 Δ 是较小的，从而使算法有所进展。然后，使 Δ 减半，并再从头开始循环。为使所有边 $(i,j) \in A_f(\Delta)$ 保持 $c_p(i,j) \geqslant 0$，当将 Δ 减半时，对所有边 $(i,j) \in A_f(\Delta)$ 且 $c_p(i,j) < 0$，算法使该边变为饱和的。

算法的初步描述如算法 5.5 所示，很快将给出算法的更多细节，并对其进行适当修改。对图做上面的修改后，总可用 $A_f(\Delta)$ 中的边找到从顶点 s 到顶点 t 的路径 P。

算法 5.5　最小代价环流问题：容量度量算法 (初版)

输入： $G = (V, A)$，$\forall_{i,j \in V}\, u(i,j)$，$\forall_{i,j \in V}\, c(i,j)$。

输出： 最小代价环流 f。

1: $f \leftarrow 0$;　$p \leftarrow 0$;　$\Delta \leftarrow 2^{\lceil \log_2 U \rceil}$
2: **while** $\Delta \geqslant 1$ **do**
3:　　**for all** $(i,j) \in A_f(\Delta)$ **do**
4:　　　　**if** $c_p(i,j) < 0$ **then** $f(i,j) \leftarrow u(i,j)$,　$f(j,i) \leftarrow -u(i,j)$
5:　　**while** $S_f(\Delta) \neq \varnothing$ 且 $T_f(\Delta) \neq \varnothing$ **do**
6:　　　　任取 $s \in S_f(\Delta)$, $t \in T_f(\Delta)$
7:　　　　P 是最短 s-t 路径，该路径用 $A_f(\Delta)$ 中的边和代价 $c_p(i,j)$
8:　　　　沿路径 P 从顶点 s 到顶点 t 推送 Δ 个单位流量
9:　　$\Delta \leftarrow \Delta/2$
10: **return** f

算法在每次循环中，需详细描述选择路径 P 的方法，但可对算法做适当推理。特别是可证明：若对所有边 $(i, j) \in A_f(\Delta)$，保持 $c_p(i, j) \geqslant 0$ 不变，则算法所得的伪流 f 就是最小代价环流。

引理 5.31 假设容量 u 为整数，在每次循环结束时，在 Δ 减半前，对所有边 $(i, j) \in A_f(\Delta)$，都有 $c_p(i, j) \geqslant 0$。当算法终止时，算法所得的伪流 f 就是最小代价环流。

证明 算法开始时，Δ 的初值为 2 的幂，在每次循环中，Δ 都是整数。算法修改流的数值有两种方式：一是通过饱和边，一是沿路径推送 Δ 个单元流量。因容量 u 是整数，所以，流 f 的数值总是整数，且边的剩余容量 $u_f(i, j)$ 也是整数。

现在论证 f 是环流。在 $\Delta = 1$ 时，循环结束，算法将 Δ 减半前，我们知道 $S_f(\Delta) = \varnothing$ 或 $T_f(\Delta) = \varnothing$。假设前者为真 (后者情况类似)，即 $\{i \in V : e_f(i) \geqslant 1\} = \varnothing$。因为流的数值是整数，所以，对所有顶点 $i \in V$，$e_f(i) \leqslant 0$。由过剩总流量为 0 可得，对所有顶点 $i \in V$，$e_f(i) = 0$，即对所有顶点 $i \in V$，流量守恒成立。因为 f 是伪流满足容量约束和斜对称，所以它一定是环流。

最后，论证 f 是最小代价环流。在 $\Delta = 1$ 时，循环结束，算法将 Δ 减半前，对所有边 $(i, j) \in A_f(\Delta)$，有 $c_p(i, j) \geqslant 0$。由于边的剩余容量 $u_f(i, j)$ 是整数，若对所有边 $c_p(i, j) \geqslant 0$，有 $u_f(i, j) \geqslant 1$，则 $u_f(i, j) > 0$，$(i, j) \in A_f$。由定理 5.3 可得 f 是最小代价环流。 ∎

至此，在循环过程中，对于如何确保不变陈述 "对所有边 $(i, j) \in A_f(\Delta)$，都有 $c_p(i, j) \geqslant 0$" 仍有不详之处。循环开始时，算法使所有边 $(i, j) \in A_f(\Delta)$，且 $c_p(i, j) < 0$ 都变为饱和。显然，在循环开始时，前面的论述成立。在每次循环中，算法在最短的 s-t 路径 $P(P \subseteq A_f(\Delta))$ 的边上推送 Δ 个单元流量。若不变陈述成立，则 $A_f(\Delta)$ 中的所有边都有非负简约代价，且最短路径是明确的。考虑若边 $(i, j) \in A_f(\Delta)$，$c_p(i, j) > 0$，且在其上推送 Δ 个单元流量，则推送流量后，有 $u_f(j, i) \geqslant \Delta$，$(j, i) \in A_f(\Delta)$，且 $c_p(j, i) < 0$。因此，我们希望在边 (i, j) 上推送流量，使得 $c_p(i, j) = 0$。在推送流量后，再把边 (j, i) 添入 $A_f(\Delta)$ 时，有 $c_p(j, i) = 0$，且前面的不变论述成立。

下面证明：用算法中的最短 s-t 路径 P，可对势 p 进行调整，使对所有边 $(i, j) \in P$，都有 $c_p(i, j) = 0$，从而使相应的不变陈述得以保持。

引理 5.32 $s \in S_f(\Delta)$ 是算法在循环中选择的顶点，$\tilde{p}(i)$ 是用 $A_f(\Delta)$ 的边和代价 $c_p(i, j)$ 的最短 s-i 路径。若在每次循环中，对所有顶点 $i \in V$，算法把 $p(i)$ 修改为 $p(i) + \tilde{p}(i)$，则在每次循环结束时，对所有边 $(i, j) \in A_f(\Delta)$，都有 $c_p(i, j) \geqslant 0$。

证明 假设在算法开始时，对所有边 $(i, j) \in A_f(\Delta)$，都有 $c_p(i, j) \geqslant 0$。由已知条件可知，对所有边 $(i, j) \in A_f(\Delta)$，$\tilde{p}(j) \leqslant \tilde{p}(i) + c_p(i, j)$。此外，若 P 是最短 s-t 路径，则 $\forall (i, j) \in P$，$\tilde{p}(j) = \tilde{p}(i) + c_p(i, j)$。因此，若对所有顶点 $i \in V$，置 $p'(i) = p(i) + \tilde{p}(i)$，则对所有边 $(i, j) \in A_f(\Delta)$，有：

$$c_p(i, j) + \tilde{p}(i) - \tilde{p}(j) \geqslant 0$$

于是，可推出：

$$c(i, j) + (p(i) + \tilde{p}(i)) - (p(j) + \tilde{p}(j)) \geqslant 0$$

即 $c_{p'}(i, j) \geqslant 0$。同理，因为对所有边 $(i, j) \in P$，$c_p(i, j) + \tilde{p}(i) + \tilde{p}(j) = 0$，可推出 $c_{p'}(i, j) = 0$。

当沿路径 P 从顶点 s 向顶点 t 推送 Δ 个单位流量时，对任意边 $(i, j) \in P$，在推送流量后，边 (j, i) 上的剩余容量至少为 Δ，但 $c_{p'}(j, i) = 0$。因此，在推送流量后，对所有边 $(i, j) \in A_f(\Delta)$，$c_{p'}(i, j) \geqslant 0$，且前面的不变式仍成立。∎

算法 5.6 是对算法 5.5 的更新。

算法 5.6   最小代价环流问题：容量度量算法 (终版)

输入: $G = (V, A)$，$\forall_{i,j \in V} u(i, j)$，$\forall_{i,j \in V} c(i, j)$。

输出: 最小代价环流 f。

1: $f \leftarrow 0;\quad p \leftarrow 0;\quad \Delta \leftarrow 2^{\lceil \log_2 U \rceil}$
2: **while** $\Delta \geqslant 1$ **do**
3:    **for all** $(i, j) \in A_f(\Delta)$ **do**
4:      **if** $c_p(i, j) < 0$ **then** $f(i, j) \leftarrow u(i, j),\quad f(j, i) \leftarrow -u(i, j)$
5:    **while** $S_f(\Delta) \neq \varnothing$ 且 $T_f(\Delta) \neq \varnothing$ **do**
6:      任取 $s \in S_f(\Delta)$，$t \in T_f(\Delta)$
7:      $p(i)$ 是最短 $s\text{-}i$ 路径的长度，该路径的所有边都在 $A_f(\Delta)$ 中，且代价为 $c_p(i, j)$
8:      P 是最短 $s\text{-}t$ 路径
9:      **for all** $i \in V$ **do** $p(i) \leftarrow p(i) + \tilde{p}(i)$
10:     沿路径 P 从顶点 s 到顶点 t 推送 Δ 个单位流量
11:   $\Delta \leftarrow \Delta / 2$
12: **return** f

下面来界定算法的循环次数。算法开始时，$\Delta \leqslant 2U$，且每次主循环使 Δ 减半，直至 $\Delta < 1$。所以，主循环至多循环 $O(\log_2 U)$ 次。对每个 Δ 值，需界定其内循环的循环次数。为此，在内循环开始时需确定过剩流量的总数。令 e_+ 是正过剩流量之和，e_- 是负过剩流量之和的绝对值，即

$$e_+ = \sum_{i \in V : e_f(i) > 0} e_f(i), \qquad e_- = -\sum_{i \in V : e_f(i) < 0} e_f(i)$$

因为 $\sum_{i \in V} e_f(i) = 0$，所以，$e_+ = e_-$。下面的引理界定 e_+ 的值。

引理 5.33   在内循环 (步骤 $5 \sim 10$) 开始时，$e_+ \leqslant 2\Delta(n + m)$。

证明   在算法开始时，$\Delta \geqslant U$。内循环开始前，算法使满足 $c_p(i, j) < 0$ 的所有边 (i, j) 都变为饱和的，这使得总正过剩流量至多为 mU。因此，算法第一次到达内循环起点时，有 $e_+ \leqslant mU \leqslant 2\Delta(n + m)$。

在内循环结束时，将 Δ 减半前，由引理 5.32 可知，对所有边 $(i, j) \in A_f(\Delta)$，都有 $c_p(i, j) \geqslant 0$，且 $S_f(\Delta) = \varnothing$ 或 $T_f(\Delta) = \varnothing$。对前者，$e_+ \leqslant n\Delta$。对后者，$e_- \leqslant n\Delta$。因为 $e_+ = e_-$，所以任意情况下，都有 $e_+ \leqslant n\Delta$。将 Δ 减半后，$e_+ \leqslant 2n\Delta$。

在下次内循环开始前，满足 $c_p(i,j) < 0$ 的所有边 $(i,j) \in A_f(\Delta)$ 都变为饱和的。若 $\Delta \leqslant u_f(i,j) < 2\Delta$，算法仅使边 (i,j) 饱和。在内循环结束时，将 Δ 减半前，对所有边 $(i,j) \in A_f(\Delta)$，都有 $c_p(i,j) \geqslant 0$。在 Δ 减半后，对所有边 $(i,j) \in A_f(2\Delta)$，都有 $c_p(i,j) \geqslant 0$。因为算法仅使满足 $u_f(i,j) < 2\Delta$ 的边 (i,j) 饱和，所以因这些饱和边而使正过剩流量增加的总量至多为 $2m\Delta$。因此，在内循环开始时，有 $e_+ \leqslant 2\Delta(n+m)$。　∎

最后，可界定算法的整体运行时间。算法的运行时间主要取决于在内循环中找最短路径。由于最短路径中边的代价都是非负的，可用 1.1 节提到的 Dijkstra 算法在 $O(m+n\log n)$ 时间内找到最短路径。

定理 5.34　算法需要找 $O(m\log U)$ 个最短路径，所需的总时间为 $O((m\log U)(m+n\log n))$。

证明　我们先前看到主循环有 $O(\log U)$ 次循环。对每次主循环，内循环至多有 $2(n+m)$ 次循环：内循环开始时，$e_+ \leqslant 2\Delta(n+m)$，且在每次内循环中，正过剩流量都减少 Δ。因此，在每次主循环中，内循环有 $O(m)$ 次循环，从而使总循环次数为 $O(m\log U)$。　∎

练习 5.8 给出另一个回路消去算法，该算法使用本节算法中的容量度量思想。

5.5　逐次逼近

在本节的算法中，像 5.4 节的容量度量算法那样，再次使用伪流思路。在算法中，用伪流来推送过剩流量，这样使过剩流量在算法过程中逐渐变小。本节还将再次使用最小均值回路消去算法的分析策略。算法从 C-最优环流开始，对给定的 $\epsilon < 1/n$，逐渐把环流变成 ϵ-最优的。若代价是整数，由引理 5.17 可知结果环流是最小代价环流。

实际上，我们将上述策略变作一个算法框架，然后考虑如何使之细化。算法从任意一个可行环流 f、势 $p = 0$ 和 $\epsilon = C$ 开始，使得环流 f 是相对势 p 的 ϵ-最优。在每次循环时将 ϵ 减半，并找新环流 f 和势 p，使得 f 是 ϵ-最优的。当 $\epsilon < 1/n$ 时，算法结束。所给的算法框架如算法 5.7 所示，下面的定理可被直接推导。

算法 5.7　最小代价环流问题：多项式时间的逐次逼近算法框架

输入： $G = (V, A)$，$\forall_{i,j \in V} u(i,j)$。

输出： 最小代价环流 f。

  1: f 是任意一个可行环流

  2: $p \leftarrow 0$;　$\epsilon \leftarrow C$

  3: while $\epsilon \geqslant 1/n$ **do**

  4: $\epsilon \leftarrow \epsilon/2$

  5: $f, p \leftarrow \text{Find}\epsilon\text{OptCirc}(f, \epsilon, p)$

  6: return f

定理 5.35　算法 5.7 求最小代价回路需循环 $O(\log(nC))$ 次。

算法调用子程序 FINDεOPTCIRC，其入口参数为环流 f、势 p 和 ϵ，使得 f 是相对 p 的 2ϵ-最优，其返回一个新环流 f' 和势 p'，使得 f' 是相对 p' 的 ϵ-最优。为实现子程序 FINDεOPTCIRC，将采用 2.8 节中对最大流问题的 PR 算法思路。

我们用 5.3 节的算法思想来设计一个强多项式时间算法的变形，假设有强多项式时间的子程序。算法 5.8 是所给的强多项式时间算法的变形。在该算法的每次循环中，用推论 5.20 计算势 p，使得 f 是 $\epsilon(f)$-最优的。若 $\epsilon(f) = 0$（即 f 是 0-最优的），则 f 是最小代价环流，且算法终止。否则，置 ϵ 为 $\epsilon(f)/2$，并调用子程序获得新的 $\epsilon(f)/2$-最优环流。

算法 5.8　　最小代价环流问题：强多项式时间逐次逼近算法框架

输入： $G = (V, A)$，$\forall_{i,j \in V} u(i, j)$。

输出： 最小代价环流 f。

　1: f 是任意一个可行环流
　2: **while** $\epsilon > 0$ **do**
　3: 　　计算 $\epsilon(f)$，势 p，使 f 是 $\epsilon(f)$-最优
　4: 　　**if** $\epsilon(f) = 0$ **then break**
　5: 　　$\epsilon \leftarrow \epsilon(f)/2$
　6: 　　$f, p \leftarrow$ FINDεOPTCIRC(f, ϵ, p)
　7: **return** f

引理 5.36　　算法 5.8 找最小代价回路需执行 $O(m \log n)$ 次循环。

证明　　在有环流 f 的循环中，在 $\log_2(2n)$ 次循环后，算法将计算一个新环流 f'，使得 $\epsilon(f') \leqslant \epsilon(f)/(2n)$。由引理 5.28 可知，有其他边的流量变成不变的。因此，在 $m \log_2(2n)$ 循环后，所有边的流量都变成不变的，且算法终止。　■

推论 5.37　　算法 5.8 找最小代价环流需循环 $O(\min(\log(nC), m \log n))$ 次。

下面给出所需的子程序，其入口参数为 ϵ、环流 f 和势 p，使得 f 是相对势 p 的 2ϵ-最优。其出口参数为环流 f' 和势 p'，使得 f' 是相对势 p' 的 ϵ-最优。为此，我们用 2ϵ-最优环流得到 ϵ-最优伪流。如 5.4 节所述，伪流是流，它满足容量约束和斜对称，但不满足流量守恒。然后我们逐步使之满足流量守恒，把 ϵ-最优伪流转变为 ϵ-最优环流。有多种方法可进行转换，本节用推送–重标样式的子程序来实现这种转换。伪流 f 流入顶点 $i \in V$ 的净流量为 $e_f(i) = \sum_{k:(k,i) \in A} f(k, i)$。顶点 i 有可能是流量透支顶点，即 $e_f(i) < 0$。

对每条边 $(i, j) \in A_f$，若其满足 $-2\epsilon \leqslant c_p(i, j) < -\epsilon$，则使之变成饱和边。这样，可使 2ϵ-最优环流 f 转变为 ϵ-最优伪流。这时，我们有伪流 f，且对所有边 $(i, j) \in A_f$，有 $c_p(i, j) \geqslant -\epsilon$。但可通过在开始时使负简约代价边变为饱和边来做更多工作。

我们想把 ϵ-最优伪流转变为 ϵ-最优环流，该转变方法从过剩流量顶点向透支流量顶点推送流量，这样可保持 ϵ-最优性。如上所述，用 PR 算法中的思路来实现转变。为保持容量约束和 ϵ-最优性，我们只在有正剩余容量（$u_f(i, j) > 0$）的边 (i, j) 和负简约代价边

$(c_p(i,j) < 0)$ 上推送流量，使得若在边 (i,j) 上推送流量使边 (j,i) 有正剩余容量，则可知边 (j,i) 的简约代价为正（因为 $c_p(j,i) = -c_p(i,j) > 0$）。

对任意边 $(i,j) \in A$，若 $u_f(i,j) > 0$，且 $c_p(i,j) < 0$，则称边 (i,j) 为可选的；若 $i \in V$，且 $e_f(i) > 0$，则 i 为活跃顶点。因此，若有活跃顶点 i 和可选边 (i,j)，则可从顶点 i 向顶点 j 推送 $\delta = \min(e_f(i), u_f(i,j))$ 个单位流量。对活跃顶点 i，若对所有边 (i,j)，$u_f(i,j) > 0$，且 $c_p(i,j) \geqslant 0$，则重标顶点 i。在这种情况下，通过改变势 $p(i)$ 来重标顶点。重标顶点使 ϵ-最优性得以保持，所以，至少有一条正剩余容量边 (i,j) 有负简约代价。为此，置 $p(i)$ 为在所有边 $(i,j) \in A_f$ 上 $p(j) - c(i,j) - \epsilon$ 的最大值。然后，对任意边 $(i,j) \in A_f$，$c_p(i,j) = c(i,j) + p(i) - p(j) \geqslant -\epsilon$，且对达到最大值的边 (i,j)，有 $c_p(i,j) = -\epsilon$。因为在重标前，对所有边 $(i,j) \in A_f$ 有 $c_p(i,j) \geqslant 0$，所以一定使 $p(i)$ 至少减少 ϵ。因为顶点 i 的入边 $(k,i) \in A_f$ 有 $c_p(k,i) \geqslant -\epsilon$，所以在重标顶点 i 后，一定有 $c_p(k,i) \geqslant 0$，即不再有流入顶点 i 的可选边。上述子程序的思路如算法 5.9 所示。

算法 5.9 用推送–重标样式的算法思路实现的子程序 FINDϵOPTCIRC

1: **function** FINDϵOPTCIRC(f, ϵ, p) ▷ 输入：环流 f、ϵ 和势 p；功能：环流 f' 和势 p'
2:     **for** $(i,j) \in A_f$ 且 $c_p(i,j) < 0$ **do**
3:         $f(i,j) \leftarrow u(i,j), \quad f(j,i) \leftarrow -u(i,j)$
4:     **while** 存在活跃顶点 $i(\exists i \in V(e_f(i) > 0))$ **do**
5:         **if** 存在可选边 $(i,j)(u_f(i,j) > 0$ 且 $c_p(i,j) < 0)$ **then** PUSH(i,j)
6:         **else** RELABEL(i)
7:     **return** f, p

1: **procedure** PUSH(i,j) ▷ 输入：顶点 i、j；功能：修改边 (i,j) 和反向边 (j,i) 上的流量
2:     $\delta \leftarrow \min(e_f(i), u_f(i,j))$
3:     $f(i,j) \leftarrow f(i,j) + \delta$
4:     $f(j,i) \leftarrow f(j,i) - \delta$

1: **procedure** RELABEL(i) ▷ 输入：顶点 i；功能：修改势 $p(i)$
2:     $p(i) \leftarrow \max_{(i,j) \in A_f}(p(j) - c(i,j) - \epsilon)$

为分析算法 5.9，需证明下面的引理，该引理与 PR 算法的引理 2.40 相似。在伪流 f 中，从有过剩流量的顶点到透支流量顶点存在路径，该路径有特殊性质。后面将证明该路径相对势 p 是短的。对此证明，我们会经常引用事实：子程序开始时有 2ϵ-最优环流 f'。

引理 5.38 f 是伪流，f' 是环流。对任意顶点 $i(e_f(i) > 0)$，存在到顶点 $j(e_f(j) < 0)$ 的路径 $P \subseteq A_f$。此外，对每条边 $(k,\ell) \in P$，有 $(\ell,k) \in A_{f'}$。

证明 我们断言：用 $A_< = \{(k,\ell) \in A : f(k,\ell) < f'(k,\ell)\}$ 中的边，可找到所需路径 P。考虑对任意边 $(k,\ell) \in A_<$，$f(k,\ell) < f'(k,\ell) \leqslant u(k,\ell)$，可推出 $(k,\ell) \in A_f$。因此，若 $P \subseteq A_<$，则 $P \subseteq A_f$。若 $(k,\ell) \in P$，则由 $f(k,\ell) < f'(k,\ell)$ 可推出 $f'(\ell,k) < f(\ell,k) \leqslant u(\ell,k)$（斜对称），则 $(\ell,k) \in A_{f'}$。

任取顶点 i，$e_f(i) > 0$，且 S 是由顶点 i 经 $A_<$ 中的边可到达的顶点集合。有：

$$
\begin{aligned}
-\sum_{k \in S} e_f(k) &= -\sum_{k \in S} \sum_{\ell:(\ell,k) \in A} f(\ell,k) \\
&= \sum_{k \in S} \sum_{\ell:(k,\ell) \in A} f(k,\ell) \\
&= \sum_{k \in S} \left(\sum_{\ell \in S:(k,\ell) \in A} f(k,\ell) + \sum_{\ell \notin S:(k,\ell) \in A} f(k,\ell) \right) \\
&= \sum_{k \in S} \sum_{\ell \in S:(k,\ell) \in A} f(k,\ell) + \sum_{k \in S} \sum_{\ell \notin S:(k,\ell) \in A} f(k,\ell) \\
&= 0 + \sum_{k \in S} \sum_{\ell \notin S:(k,\ell) \in A} f(k,\ell) \\
&= \sum_{(k,\ell) \in \delta^+(S)} f(k,\ell)
\end{aligned}
$$

其中，由斜对称性得到第 $2 \sim 4$ 个等式。对 $k, \ell \in S$，$f(k,\ell)$ 被 $f(\ell,k)$ 消去。对任意边 $(k,\ell) \in \delta^+(S)$，一定有 $f(k,\ell) \geqslant f'(k,\ell)$，否则 $(k,\ell) \in A_<$，ℓ 是从顶点 i 经 $A_<$ 中的边可达的顶点，则 $\ell \in S$。这里有矛盾。所以，有：

$$
-\sum_{k \in S} e_f(k) = \sum_{(k,\ell) \in \delta^+(S)} f(k,\ell) \geqslant \sum_{(k,\ell) \in \delta^+(S)} f'(k,\ell)
$$

因为 f' 是环流，由引理 5.26 可知 $\sum_{(k,\ell) \in \delta^+(S)} f'(k,\ell) = 0$。所以，$-\sum_{k \in S} e_f(k) \geqslant 0$ 或 $\sum_{k \in S} e_f(k) \leqslant 0$。我们知道 $i \in S$，且 $e_f(i) > 0$，因此，一定存在 $j \in S$，使得 $e_f(j) < 0$。j 是从顶点 i 经 $A_<$ 中的边可达的顶点，所以，用 $A_<$ 中的边有 $i\text{-}j$ 路径 P。结论证得。∎

下面的引理用引理 5.38 来界定在算法过程中势的变化，它可界定算法执行中重标操作的次数。像分析 PR 算法一样，通过界定重标操作的次数，就可界定推送流量操作的次数。

引理 5.39 对任意顶点 $i \in V$，在算法 5.9 的子程序执行过程中，$p(i)$ 至多减少 $3n\epsilon$。

证明 f' 和 p' 分别是 2ϵ-最优环流和势（子程序的入口参数），且 f' 是相对势 p' 的 2ϵ-最优。在算法执行过程中，f 和 p 是伪流和势，算法保持 f 是相对势 p 的 ϵ-最优。若 $p(i)$ 被重标，则顶点 i 是活跃的，且 $e_f(i) > 0$。由引理 5.38 可知，存在顶点 $j \in V$，使得 $e_f(j) < 0$，且存在 $i\text{-}j$ 路径 P，使得 $P \subseteq A_f$。P' 是 $j\text{-}i$ 路径（P 的反向路径）。由引理可知 $P' \subseteq A_{f'}$。因为每条边 $(k,\ell) \in P$ 也在 A_f 中，它相对势 p 的简约代价至少为 $-\epsilon$，所以，有：

$$
\begin{aligned}
-\epsilon |P| &\leqslant \sum_{(k,\ell) \in P} c_p(k,\ell) \\
&= \sum_{(k,\ell) \in P} (c(k,\ell) + p(k) - p(\ell)) = p(i) - p(j) + \sum_{(k,\ell) \in P} c(k,\ell)
\end{aligned}
$$

因为每条边 $(\ell,k) \in P'$ 也在 $A_{f'}$ 中，它相对势 p' 的简约代价至少为 -2ϵ，所以，有：

$$
\begin{aligned}
-2\epsilon |P| &\leqslant \sum_{(\ell,k) \in P'} c_{p'}(\ell,k) \\
&= \sum_{(\ell,k) \in P'} (c(\ell,k) + p'(\ell) - p'(k)) = p'(j) - p'(i) + \sum_{(\ell,k) \in P'} c(\ell,k)
\end{aligned}
$$

因为 P 和 P' 是互逆的，且 $c(k, \ell) = -c(\ell, k)$，所以，有：

$$\sum_{(k, \ell) \in P} c(k, \ell) + \sum_{(\ell, k) \in P'} c(\ell, k) = 0$$

所以，上面两个不等式相加，可得：

$$-3\epsilon|P| \leqslant p(i) - p'(i) + p'(j) - p(j)$$

在算法中，从未创建新的流量透支顶点。所以，若 $e_f(j) < 0$，则顶点 j 始终是流量透支顶点，且一直不是活跃顶点。特别是，有 $p'(j) = p(j)$。所以，有 $p'(i) - p(i) \leqslant 3\epsilon|P| \leqslant 3n\epsilon$。因为这在算法执行过程中始终成立，其中顶点 i 是活跃顶点且被重标，所以，$p(i)$ 从 $p'(i)$ 的初值至多减少 $3n\epsilon$。∎

下面的引理是引理 5.39 的简单结论。

引理 5.40 算法中重标操作的次数至多为 $O(n^2)$。

证明 对顶点 $i \in V$ 的重标操作中，$p(i)$ 至少减少 ϵ。因为 $p(i)$ 被减少的总量至多为 $3n\epsilon$，所以，在顶点 i 上，至多有 $3n$ 次重标操作。因为图 G 有 n 个顶点，所以，算法至多有 $3n^2$ 次重标操作。∎

像之前一样，我们区分饱和推送 (在边 (i, j) 上推送 $\delta = u_f(i, j)$ 个单位流量) 和非饱和推送 (在边 (i, j) 上推送 $\delta = e_f(i) < u_f(i, j)$ 个单位流量)。用类似 PR 算法的证明可界定在算法中饱和推送和非饱和推送操作的次数，下面先界定饱和推送操作的次数。

引理 5.41 饱和推送操作的次数为 $O(mn)$。

证明 任选边 (i, j)。开始时，$c_p(i, j) \geqslant 0$，所以，需先重标顶点 i，才能在边 (i, j) 上执行饱和推送。由于饱和推送后 $u_f(i, j) = 0$，为能在边 (i, j) 上再推送流量，需先在边 (j, i) 上推送流量，为使边 (j, i) 是可选边，则一定有 $c_p(j, i) < 0$，即 $c_p(i, j) = -c_p(j, i) > 0$。在边 (j, i) 上推送流量后，为在边 (i, j) 上推送流量，需重标顶点 i。因此，在边 (i, j) 上做任何饱和推送前，需重标顶点 i，这意味着在边 (i, j) 上至多可做 $3n$ 次饱和推送。因此，一定至多有 $3mn$ 次饱和推送操作。∎

在界定非饱和推送操作的次数时，需要下面的引理。

引理 5.42 可选边集是无环的。

证明 算法开始时，因为对所有边 (i, j)，有 $c_p(i, j) \geqslant 0$，所以不存在可选边。推送操作可删除可选边 (通过使之饱和)，但不会增加任何新的可选边。若在边 (i, j) 上推送流量，可使 $u_f(j, i) > 0$，但因为只在边 (i, j) 边上推送流量，且其满足 $c_p(i, j) < 0$，所以 $c_p(j, i) = -c_p(i, j) > 0$，且 (j, i) 不是可选的。对顶点 $i \in V$ 的重标操作使 $p(i)$ 至少减少 ϵ，并至少导致一条边 (i, j) 变为可选的。先前已论证：重标顶点 i 后，顶点 i 的入边都不是可选的。因此，可选边集仍是无环的。∎

引理 5.43   非饱和推送操作的次数为 $O(mn^2)$。

证明   我们使用势函数来讨论。$\Phi(i)$ 是用可选边从顶点 i 可达的顶点数。因顶点 i 总可达自身，则 $\Phi(i) \geqslant 1$。$\Phi = \sum_{i\text{是活跃的}} \Phi(i)$。因为存在没有可选边的情况，所以 Φ 总是非负的。因为子程序结束时没有活跃顶点，所以子程序结束时，有 $\Phi = 0$。下面考虑子程序执行时使 Φ 增加和减少的因素。

因为非饱和推送选取当前活跃顶点 i，并使之变为非活跃的，所以，顶点 i 从求和公式中消去。在边 (i, j) 上执行非饱和推送操作要求边 (i, j) 是可选边，且 $\Phi(i) > \Phi(j)$，因为顶点 j 经可选边可达的所有顶点，顶点 i 也可达，但顶点 i 可达自身而顶点 j 不能到达顶点 i。由引理 5.42 可知可选边集是无环的。因此，即使顶点 i 出边上的非饱和推送操作使顶点 j 变为活跃的，Φ 的变化量仍为 $\Phi(j) - \Phi(i) \leqslant -1$。

Φ 的增加是因为重标操作和饱和推动。具体分析如下：在边 (i, j) 上的饱和推送增加 Φ 是因为它使顶点 j 变为活跃的，且使 Φ 增加 $\Phi(j) \leqslant n$；重标顶点 i 使 $\Phi(i)$ 的增加量为从 1 到 n。但对任何顶点 $j \neq i$，该重标操作都不能使 $\Phi(j)$ 增加，因为重标顶点 i 使顶点 i 的所有入边都变为不可选的。

所以，在子程序中 Φ 的总增量为 $O(n(n^2 + mn)) = O(mn^2)$。因此，非饱和推送操作的总数为 $O(mn^2)$。 ∎

综合上述结论可得下面的定理。

定理 5.44   算法 5.9 中执行子程序所需时间为 $O(mn^2)$。

算法 5.7 的算法框架需调用 $O(\min(\log(nC), m \log n))$ 次子程序，由此可得下面的定理。

定理 5.45   算法 5.7 可在 $O(mn^2 \min(\log(nC), m \log n))$ 时间内找到最小代价环流。

对最大量问题的 PR 算法，实践中加入各种启发式方法会加快算法的运行速度。练习 5.10 和 5.11 给出两个算法变形：集合重标和势 (价格) 细化。

练习 2.10 用队列实现 PR 算法，练习 5.12 用类似方法实现子程序，使之可在 $O(n^3)$ 时间内运行。练习 5.13 用阻塞流方法来实现子程序 FINDϵOPTCIRC，并使子程序可在 $O(mn \log n)$ 时间内运行，由这种子程序的实现推出可在 $O(mn \log n \min(\log(nC), m \log n))$ 时间内找到环流。

5.6   网络单纯形

本节介绍找最小代价环流的最新算法。该算法是线性规划单纯形法的应用，最小代价环流问题可转化为线性规划。该单纯形方法的应用通常称为网络单纯形算法。单纯形方法在最小代价环流问题上有特殊的简化形式，因此，无须给出更一般化的算法。网络单纯形算法在实践中具有很好的性能，见本章后记中的讨论。

网络单纯形算法保持可行环流 f、有向 (或无向) 生成树 T 和势 p，且满足下面的不变性：

(1) 若边 (i,j) 和 (j,i) 都有正剩余容量，则无向边 $\{i,j\}$ 在树 T 中。

(2) 对树中边 $\{i,j\}$，边 (i,j) 和 (j,i) 的简约代价均为 0 (即 $c_p(i,j) = c_p(j,i) = 0$)。

对不变性 (1)，其逆命题无须为真，即若 $\{i,j\}$ 在树中，边 (i,j) 和 (j,i) 不一定都有正剩余容量。若边 $\{i,j\}$ 是树 T 的边，则称边 (i,j) 为树边，否则称之为非树边。

下面从可行环流 f 开始，用环流 f 找树 T、势 p 和相应的环流 $f'(c(f') \leqslant c(f))$，使其满足上述不变性。考虑边集 $E = \{\{i,j\} : (i,j),(j,i) \in A_f\}$ 中的无向边。若存在无向回路 $C \subseteq E$，则考虑沿回路 C 的两个方向推送流量，记这两个方向的回路为 Γ' 和 Γ''。

对每条边 $(i,j) \in \Gamma'$、$(j,i) \in \Gamma''$ 和 $c(i,j) = -(j,i)$，则 $c(\Gamma') = -c(\Gamma'')$。所以，两回路之一有非正代价。假设 $c(\Gamma') \leqslant 0$。消去回路 Γ'，f' 是消去回路后的结果环流。因为回路 Γ' 中有边被饱和，则存在边 $\{i,j\} \in C$，使得 $(i,j) \notin A_{f'}$ 或 $(j,i) \notin A_{f'}$。所以，在 E 中至少少一条边，继续上述步骤，直至 E 中无回路。若 E 中不含生成树，则向 E 中加任意边 $\{i,j\}$ 使之构成生成树。然后，有环流 f'，使得 $c(f') \leqslant c(f)$，且满足不变性 (1)。

给定树 T，容易算出势 p，使其满足不变性 (2)。任取顶点 r 为树根，并置 $p(r) = 0$。假设对每个顶点 i 算出势 $p(i)$，且 j 是顶点 i 的子顶点。置 $p(j) = c(i,j) + p(i)$，因为 $c_p(i,j) = c(i,j) + p(i) - p(j) = 0$，可得 $c_p(j,i) = -c_p(i,j) = 0$。继续沿树向下计算每个顶点的势，所以，计算势所需时间为 $O(n)$。

网络单纯形算法也是负代价回路消去算法，如算法 5.1 中的 Klein 算法。网络单纯形算法仅考虑由树 T 所定的回路集合。特别是，每条非树边 $(i,j) \in A_f$ 定义一个基本回路，记为 $\Gamma(i,j)$。该回路包含边 (i,j) 和 T 中的 j-i 有向路径 (如图 5.4 所示)。

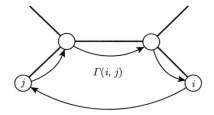

图 5.4   基本回路 $\Gamma(i,j)$，粗边是树 T 中的边

因为树 T 的有向 j-i 路径中所有边的简约代价都为 0，所以，回路 $\Gamma(i,j)$ 的代价为负，当且仅当 $c_p(i,j) < 0$，因为 $c(\Gamma(i,j)) = c_p(\Gamma(i,j)) = c_p(i,j)$。现在需考虑消去基本回路 $\Gamma(i,j)$ 时树 T 的变化。我们知道回路中存在边 (k,ℓ) 被饱和 (也可能是 (i,j))，这时，边 (i,j) 和 (j,i) 都有正剩余容量。为满足不变性 (5.6)，向树 T 中加边 $\{i,j\}$ 并删边 $\{k,\ell\}$，使得 T 仍为树 (若 $(k,\ell) = (i,j)$，无须修改树 T)。用单纯形法来描述，边 $\{i,j\}$ 进入树 T，边 $\{k,\ell\}$ 离开树 T，且称边 (i,j) 为中轴。网络单纯形算法如算法 5.10 所示。

不难看出下面的定理。

定理 5.46   在算法终止时，f 是最小代价环流。

证明   在算法终止时，对所有树边 (i,j)，有 $c_p(i,j) = 0$。对所有非树边 $(i,j) \in A_f$，有 $c_p(i,j) \geqslant 0$。由定理 5.3 可知 f 一定是最小代价环流。   ∎

算法 5.10   网络单纯形算法

输入: $G = (V, A)$，$\forall_{i,j \in V} u(i,j)$，$\forall_{i,j \in V} c(i,j)$。

输出: 最小代价环流 f。

  1: f 是任意一个可行环流
  2: 求满足不变性 (1) 和 (2) 的 f、T 和 p
  3: **while** 存在非树边 $(i,j) \in A_f$ 且 $c_p(i,j) < 0$ **do**
  4:     消去回路 $\Gamma(i,j)$
  5:     修改 f、T、p
  6: **return** f

在每次循环时选择消去基本回路，使网络单纯形算法有多项式循环次数，这是可能的 (见本章后记)。对之前的回路消去算法，若选满足 $c_p(i,j) \geqslant 0$ 的非树边 (i,j) 为中轴，则很容易给出网络单纯形算法的多项式版本。假设回路消去算法 (如 5.2 节中的 Wallacher 算法，或 5.3 节中的最小均值回路消去算法) 将消去回路 Γ。我们可证明至多有 n 条中轴可消去回路 Γ。任选回路中的顶点 k，沿回路中的边，直到 (i,j) 不是树边。选边 (i,j) 为中轴，若使边 (i,j) 饱和，或使回路 Γ 中的其他树边饱和，可消去 Γ。否则，使树边 $(k,\ell) \notin \Gamma$，使边 $\{k,\ell\}$ 离开树 T，$\{i,j\}$ 进入树 T。然后继续从顶点 j 沿回路 Γ 中的边直至再次遇到一条非树边。对于每个中轴，要么消去回路 Γ，要么从回路 Γ 向树 T 添加边 $\{i,j\}$，因此在选取至多 $n-1$ 条中轴后，树 T 一定只含回路 Γ 中的边。被下一个中轴消去的基本回路仅含回路 Γ 中的边，且消去 Γ 时，回路 Γ 中的一些边变为饱和的。

定理 5.47   对任意需循环 $O(K)$ 次才能找到最小代价环流的负代价回路消去算法 (如算法 5.1)，若允许选 $c_p(i,j) \geqslant 0$ 的非树边 (i,j) 为中轴，则网络单纯形算法需选 $O(nK)$ 个中轴来找最小代价环流。

5.7   应用: 带时限的最大流问题

为总结本章，本节介绍用最小代价环流解决一种带时限的流问题。有很多带时限的问题，但本节仅考虑最简单的一个: 带时限的最大 s-t 流问题。我们采用相同输入的最大 s-t 流问题，再给定非负整数 T，称为时间约束，对所有边 $(i,j) \in A$，设定整数传输时间 $\tau(i,j) \geqslant 0$。$\tau(i,j)$ 是单位流量通过边 (i,j) 所需的时间，单位流量流入顶点 i 的时间为 θ，到达顶点 j 的时间为 $\theta + \tau(i,j)$。容量 $u(i,j)$ 限制流入边 (i,j) 的流速，在单位时间内，至多有 $u(i,j)$ 个单位流量流入边 (i,j)。目标是找从源点 s 开始时间为 0，到达汇合点 t 的时间为 T 的最大流。

对本应用有简单的解决方法，尽管该方法不能产生多项式时间算法。先创建时间扩展网络，该网络在每个时间点 θ 都复制原图中的每个顶点。具体规则如下: 对顶点 i，创建

$T+1$ 个副本 $i(0), i(1), \cdots, i(T)$，创建边 $(i(\theta), i(\theta+1))$，$\theta = 0, \cdots, T-1$，这些边称为延时边，表示在两个时间点流停留在顶点 i 的可能性；对每条边 (i,j)（传输时间为 $\tau(i,j)$），创建 $T+1-\tau(i,j)$ 个边副本，即边 $(i(\theta), j(\theta+\tau(i,j)))$，$\theta = 0, \cdots, T-\tau(i,j)$。图 5.5 是一个时间扩展网络的小示例。

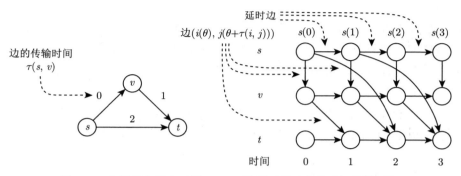

图 5.5　右图是左图在时限 $T=3$ 情况下所对应的时间扩展网络

在时间扩展网络中用求最大 $s(0)$-$t(T)$ 流问题的方法来求带时限的最大 s-t 流问题。该算法不是多项式时间算法，因为网络的大小是时限 T 的指数级，其中 T 是二进制编码。

对本节的应用问题，采用最小代价环流问题的求解方法可在多项式时间内求解。我们定义路径 P 的传输时间为 $\tau(P) \equiv \tau(P) \equiv \sum_{(i,j) \in P} \tau(i,j)$。假设在原图中存在 s-t 路径 P，其传输时间至多为 T，即 $\tau(P) \leqslant T$。若 $\delta = \min_{(i,j) \in P} u(i,j)$，则在每个时间点 θ，可沿路径 P 发送 δ 单位流量，$\theta = 0, 1, \cdots, T-\tau(P)$。称沿路径 P 的流为时序重复流。下面给出标准 s-t 流的数值和带时间限制流数值之间的联系，后者的数值是用时序重复流来表达的。

引理 5.48　给定标准的 s-t 流 f，将流 f 分解在 s-t 路径 $P_1, \cdots, P_\ell$ 的流 $f_1, \cdots, f_\ell$ 中（像引理 2.20 中那样），使得 $\tau(P_k) \leqslant T$，$k = 1, \cdots, \ell$，则沿这些路径的时序重复流所得流的数值为

$$(T+1)|f| - \sum_{(i,j) \in A} \tau(i,j) f(i,j)$$

证明　引理描述的直观含义是所有 $T+1$ 个时间单位内发送流 f 的数值 $|f|$，减去 $T+1$ 时刻在图中所有仍在传输的流数值，即 $\sum_{(i,j) \in A} \tau(i,j) f(i,j)$。另外，在 $T+1$ 时刻不能发送仍在图中的流量，把这些也加入 $\sum_{(i,j) \in A} \tau(i,j) f(i,j)$ 之中。下面形式化表达这个直观含义。

对 $k = 1, \cdots, \ell$，在每个时间点 $t = 0, \cdots, T-\tau(P_k)$，沿路径 P_k 发送 $|f_k|$ 个单位流量。首先要问：带时限的流是否是有效流？即在时刻 t，流入边 (i,j) 的流是否至多为其容量？在时刻 t，流入边 (i,j) 的总流量至多为 $\sum_{k:(i,j) \in P_k} f_k(i,j) = f(i,j) \leqslant u(i,j)$，其中等式成立，因为 f_k 是 f 的分解流，且满足容量约束，因为 f 是 s-t 流。

按这种方式，时序重复路径发送流的总量为

$$\sum_{k=1}^{\ell} |f_k|((T+1) - \tau(P_k)) = \sum_{k=1}^{\ell} |f_k|(T+1) - \sum_{k=1}^{\ell} |f_k| \tau(P_k)$$

$$= |f|(T+1) - \sum_{k=1}^{\ell} |f_k| \sum_{(i,j) \in P_k} \tau(i,j)$$

$$= |f|(T+1) - \sum_{(i,j) \in A} \tau(i,j) \sum_{k:(i,j) \in P_k} f_k(i,j)$$

$$= |f|(T+1) - \sum_{(i,j) \in A} \tau(i,j) f(i,j) \quad \blacksquare$$

现在用引理 5.48 来计算一个分流 s-t 流，使总流量 $(T+1)|f| - \sum_{(i,j) \in A} \tau(i,j) f(i,j)$ 最大化。这样的分流将是最佳可能时序重复流，尽管还不清楚这样的流是否是带时限的最大 s-t 流。为了获得使总流量最大的时序重复流，需求在新图 $G' = (V, A')$ 中的最小代价环流。

$G = (V, A)$ 是求带时限的最大 s-t 流问题的原图，$u(i,j) \geqslant 0$，$\tau(i,j) \geqslant 0$。对每条边 $(i,j) \in A$，其传输时间为 $\tau(i,j)$，添加边 (j,i)，并置 $c(i,j) = \tau(i,j)$，$c(j,i) = -\tau(i,j)$，$u(j,i) = 0$；添加边 (t,s) 和 (s,t)，且 $u(t,s) = \infty$，$u(s,t) = 0$，$c(t,s) = -(T+1)$，$c(s,t) = (T+1)$。新图 G' 如图 5.6 所示。

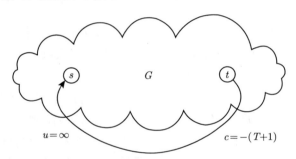

图 5.6　最大时序重复流：最小代价环流示例

观察可知，任何负代价回路一定有边 (t,s)，因为所有其他带正容量的边都有非负代价。所以，每条负代价回路都由 s-t 路径 P 和边 (t,s) 组成。因为 $c(t,s) = -(T+1)$，为使回路的代价为负，路径 P 的代价至多为 T，即 $\tau(P) \leqslant T$。所以，最小代价环流 f 的代价为：

$$c(f) = \frac{1}{2} \sum_{(i,j) \in A'} c(i,j) f(i,j) = \sum_{(i,j) \in A} \tau(i,j) f(i,j) - (T+1) f(t,s)$$

其中，1/2 因子被斜对称和反向边上的流消去，反向边在 A' 中，不在 A 中。

像引理 5.7 那样，可把环流 f 分解为环流 $f_1, \cdots, f_\ell$，使得 $f = \sum_{i=1}^{\ell} f_i$，$c(f) = \sum_{i=1}^{\ell} c(f_i)$，且每个正流量的环流 f_i 是一个简单回路，$i = 1, \cdots, \ell$。观察可知，每个环流 f_k 有负代价，否则，$f - f_k$ 的代价为 $c(f - f_k) = c(f) - c(f_k) \leqslant c(f)$，且 $f - f_k$ 也是环流——$f - f_k$ 满足流量守恒和斜对称，因为 f 和 f_k 都满足。

对正流量 f_k 中的每条边 (i,j)，$f(i,j) - f_k(i,j) \leqslant u(i,j) - f_k(i,j) \leqslant u(i,j)$，在其反向边 (j,i) 上一定有 $u(j,i) = 0$ 和 $f_h(j,i) \leqslant 0$，$1 \leqslant h \leqslant \ell$，因为每个 f_h 仅在有正容量的边上才有正流量。因此，$f(j,i) - f_k(j,i) = \sum_{h \neq k} f_h(j,i) \leqslant 0 = u(j,i)$。

因为每个环流 f_k 有负代价，且在简单回路上有正流量，则边 (t,s) 上有正流量，且 s-t 路径 P_k 满足 $\tau(P_k) \leqslant t$。因此，若考虑 A 中边（不包括反向边、(t,s) 和 (s,t)）的流 f，则

由引理 5.48 可知，存在流 f 的分流使 $(t+1)|f| - P(i,j) \in \tau(i,j)f(i,j)$ 达到最大，因为它使 $c(f) = P(i,j) \in \tau(i,j)f(i,j) - (t+1)f(t,s)$ 达到最小，且 $f(t,s) = |f|$。

我们仍需证明最佳可能时序重复流是带时限的最大 s-t 流，下面的定理可证明此结论。证明策略用本节前面描述的时间扩展网络，并证明在网络中存在 $s(0)$-$t(T)$ 割集，该割集的容量最大值至多为时序重复流的数值。因此，虽然时间扩展网络对设计多项式时间算法没有直接帮助，但用此概念可证明时序重复流的确是最大的。

定理 5.49 (Ford 和 Fulkerson[66])　带时限的最大 s-t 流的数值等于最大时序重复流的数值。

证明　如上所述，在时间扩展网络中，可找到 $s(0)$-$t(T)$ 割集，该割集的容量最多为上文所述的最小代价环流 f 的时间重复流的数值。我们从考虑一些环流的简约代价开始，这在后面的证明中需要用到。

像定理 5.3 那样，p 是势，使得对环流 f，有 $c_p(i,j) \geqslant 0$，对所有边 $(i,j) \in A'_f$。考虑该不等式可推出：若 $c_p(i,j) < 0$，则 $f(i,j) = u(i,j)$，对任意边 $(i,j) \in A$；若 $(j,i) \in A$，则 $f(i,j) = 0$。此外，环流的代价是 $c(f) = \sum_{(i,j) \in A} \tau(i,j)f(i,j) - (T+1)f(t,s)$。由练习 5.3 可知 $c(f) = c_p(f)$。然后，因为

$$c(f) = c_p(f) = \frac{1}{2}\sum_{(i,j) \in A'} c_p(i,j)f(i,j) = \sum_{(i,j) \in A': c_p(i,j) < 0} c_p(i,j)f(i,j)$$

所以，有：

$$\sum_{(i,j) \in A': c_p(i,j) < 0} c_p(i,j)f(i,j) = \sum_{(i,j) \in A} \tau(i,j)f(i,j) - (T+1)f(t,s) \tag{5.8}$$

假设 $f(t,s) > 0$，使环流确有负代价。定义时间扩展网络中的割集 S (如图 5.7 所示)，且

$$S = \{ i(\theta) : p(i) - p(s) \leqslant \theta \}$$

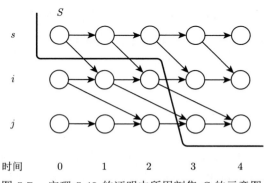

图 5.7　定理 5.49 的证明中所用割集 S 的示意图

因为边的传输时间 $\tau(i,j)$ 是整数，由推论 5.4 可知代价 $c(i,j)$ 是整数，假设势 p 是整数。若 $\theta = p(i) - p(s)$，则顶点 $i(\theta), i(\theta+1), \cdots, i(T) \in S$。因为 $p(s) - p(s) = 0$，观察可知 $s(0) \in S$，所以可推出顶点 s 的所有副本都在割集 S 中，即 $s(0), \cdots, s(T) \in S$。因

为 $e_f(t,s) = u(t,s) - f(t,s) = \infty$，$u_f(s,t) = u(s,t) - f(s,t) = 0 - f(s,t) = f(t,s) > 0$，且边 (s,t) 和 (t,s) 都在 A_f 中，所以，由势 p 的选取，一定有 $c_p(t,s) \geqslant 0$ 和 $c_p(s,t) \geqslant 0$。因为 $c_p(s,t) = -c_p(t,s) \leqslant 0$，所以 $c_p(t,s) = 0$。因此，$c(t,s) + p(t) - p(s) = 0$ 或 $-(t+1) + p(t) - p(s) = 0$ 或 $p(t) - p(s) = t + 1$。因此，由割集 S 的定义可知 $t(T) \notin S$。所以，S 是剩余图中的 $s(0)$-$t(T)$ 割集。

现在来确定割集 S 的容量。由割集 S 的定义可知在 $\delta^+(S)$ 中不存在延时边 $(i(\theta), i(\theta+1))$。对每个整数 θ，对割集中的边 (i,j) 复制一份，使得 $p(i) - p(s) \leqslant \theta$，$p(j) - p(s) > \theta + \tau(i,j)$。因此，在割集中边 (i,j) 的副本数为（因为可假设势 p 是整数）：

$$\max(0, p(j) - p(s) - \tau(i,j) - (p(i) - p(s))) = \max(0, p(j) - p(i) - \tau(i,j))$$

所以，有：

$$
\begin{aligned}
u(\delta^+(S)) &= \sum\nolimits_{(i,j) \in A'} u(i,j) \cdot \max(0, p(j) - p(i) - \tau(i,j)) \\
&= \sum\nolimits_{(i,j) \in A'} u(i,j) \cdot \max(0, -c_p(i,j)) \\
&= -\sum\nolimits_{(i,j) \in A' : c_p(i,j) < 0} u(i,j) c_p(i,j) \\
&= -\sum\nolimits_{(i,j) \in A' : c_p(i,j) < 0} c_p(i,j) f(i,j) \\
&= (T+1) f(t,s) - \sum\nolimits_{(i,j) \in A} \tau(i,j) f(i,j)
\end{aligned}
$$

其中的倒数第二个等式成立，因为对所有 $(i,j) \in A'$，若 $c_p(i,j) < 0$，则 $f(i,j) = u(i,j)$。由式 (5.8) 可知最后一个等式成立。

因此，有 $s(0)$-$t(T)$ 割集 S，其容量等于 $s(0)$-$t(T)$ 流的数值（即时序重复流的数值）。所以，该时序重复流一定是带时限的最大 s-t 流。 ∎

还应考虑其他带时限问题。在最快运输问题中，有向图的边上有运输时间，每个顶点 $i \in V$ 上有数值 $b(i)$。需确定最短时间 T，使得存在一个带时限的流，它在每个顶点 i，若 $b(i) > 0$，则发送 $b(i)$ 个单位流量，若 $b(i) < 0$，则在时间 T 内收到数值为 $-b(i)$ 的流。该问题可在多项式时间内解决，但算法比较复杂，见章节后记中的说明。最快最小代价流问题是 NP-难问题。

练习

5.1 证明引理 5.7。

5.2 证明：给定最小代价环流问题的实例，可将其转化为最小代价流问题的实例，使得最小代价流问题的最优解可很容易地还原为最小代价环流问题的最优解。

5.3 证明：对任意环流 f 和任意势 p，有 $c(f) = c_p(f)$。

5.4 考虑下面的最小代价环流问题示例，用定义 5.1 中的环流，边上的容量为 u，所有边的容量下界 $\ell = 0$，M 是很大的数。除 $c(t,s) = -1$ 以外，所有边的代价为 0。证明：从剩余图中任选负代价回路消去算法都不是多项式时间算法。

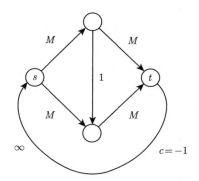

5.5 考虑在剩余图中找负代价回路的思路，使得消去该回路将使总代价得到最大的改善，如 5.1 节末尾所讨论。

(a) 证明：一般情况下，找该回路问题是 NP-难问题。

(b) 证明：能找到并消去满足不等式 (5.6) 的回路。

5.6 考虑二部图的最小代价完全匹配问题。在该问题中，给定二部图 $G = (X, Y, E)$，$|X| = |Y|$，对每条边 $(i, j) \in E$，代价为 $c(i, j)$，$i \in X$，$j \in Y$。

目标是找最小代价子集 $F \subseteq E$，使得 X 中每个顶点和 Y 中每个顶点在边集 F 中仅有一条相邻边 (一个完美匹配)。当然，也可能不存在满足条件的子集 $F \subseteq E$，这时输出的结论是 "无完美匹配"。

将该问题转变为最小代价环流问题的建模方法如下。在二部图 G 中添加新顶点 s 和 t，对所有顶点 $i \in X$，添加边 (s, i) 和 (i, s)，置 $c(s, i) = c(i, s) = 0$，$u(s, i) = 1$，$(i, s) = 0$。对所有顶点 $j \in Y$，添加边 (j, t) 和 $j(t, j)$，置 $c(j, t) = c(t, j) = 0$，$u(j, t) = 1$，$u(t, j) = 0$。添加边 (t, s) 和 (s, t)，置 $c(s, t) = c(t, s) = 0$，$u(t, s) = n$，$u(s, t) = -n$。对每条边 (i, j)，$i \in X$，$j \in Y$，添加边 (i, j) 和 (j, i)，置 $c(i, j)$，$c(j, i) = -c(i, j)$，$u(i, j) = 1$，$u(j, i) = 0$。二部图 G 的最小代价环流问题如图 5.8 所示。

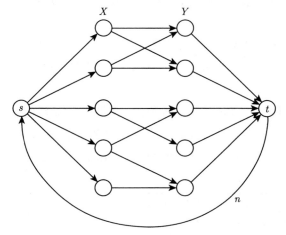

图 5.8 把二部图的最小代价完美匹配问题转换为最小代价环流问题的示意图

(a) 论证：在此最小代价环流实例中存在可行解，当且仅当二部图 G 中存在完全匹配，且最小代价环流给出最小代价完全匹配。

(b) 论证：在二部图中，可在 $O(mn^2)$ 时间内找到最小代价完全匹配。

用求解 n 条最短路径的最小代价环流问题的方法来解最小代价环流问题，可得到在 $O(n(m + n \log n))$ 时间内求二部图中的最小代价的完全匹配算法。置 $u(t,s) = u(s,t) = 0$，在算法的每次循环中，$u(t,s)$ 加 1，$u(s,t)$ 减 1，并用最短路径为之前的环流增加一个新环流。当 $u(t,s) = u(s,t) = 0$ 时，显然，$f = 0$ 是最小代价环流。每次循环用边集 A_f 中 (有正剩余容量) 的边找最短 s-t 路径 P，并沿路径 P 和边 (t,s) 发送单位流量，这样，对该问题可找到最小代价环流，使 $u(t,s)$ 加 1，$u(s,t)$ 减 1。上述求解思路可描述成算法 5.11 所示的形式。

算法 5.11   在二部图中找最小代价完美匹配算法 (I)

输入： $G = (X, Y, E)$，$c(i,j)$，$\forall i \in X$，$\forall j \in Y$。

输出： 最小代价环流 f。

1: 把二部图 $G = (X, Y, E)$ 按上面的建模方法转变成图 $G' = (V, A)$，其中 $V = X \cup Y \cup \{s, t\}$

2: $f \leftarrow 0$; $u(t,s) \leftarrow 0$; $u(s,t) \leftarrow 0$

3: **for** $k \leftarrow 1$ **to** n **do**

4:     用代价 $c(i,j)$ 找最短 s-t 路径 $P \subseteq A_f$

5:     $f'(i,j) \leftarrow \begin{cases} 1 & (i,j) \in P，或(i,j) = (t,s) \\ -1 & (j,i) \in P，或(i,j) = (s,t) \\ 0 & 其他 \end{cases}$

6:     $u(t,s) \leftarrow k$; $u(s,t) \leftarrow -k$

7:     $f \leftarrow f + f'$

8: **return** f

(c) 归纳证明：在第 k 次循环求出最短 s-t 路径时，用 A_f 中的边一定没有负代价回路，并且在第 k 次循环结束时，对 $u(t,s) = k$ 的问题，f 就是其最小代价环流。

(d) 由于边的代价可以为负，在每次循环中，需用 1.2 节中的 Bellman-Ford 算法。证明：该算法在 $u(t,s) = n$ 和 $u(s,t) = -n$ 的图中可在 $O(mn^2)$ 时间内找到最小代价环流。

用 Dijkstra 算法代替 Bellman-Ford 算法。在第 k 次循环时，对最短 s-u 路径，用代价 $c_k(i,j) \equiv c(i,j) + p_{k-1}(i) - p_{k-1}(j)$ 来计算势 $p_k(u)$。证明：在每次循环中，对所有边 $(i,j) \in A_f$，有 $c_k(i,j) \geqslant 0$，所以可用 Dijkstra 算法来求最短路径环流。该新算法描述如算法 5.12 所示。

算法 5.12   在二部图中找最小代价完美匹配算法 (II)

输入： $G = (X, Y, E)$，$c(i,j)$，$\forall i \in X$，$\forall j \in Y$。

输出： 最小代价环流 f。

1: 把二部图 $G = (X, Y, E)$ 按上面建模方法转变成图 $G' = (V, A)$，其中：$V = X \cup Y \cup \{s, t\}$

2: $f \leftarrow 0$; $u(t,s) \leftarrow 0$; $u(s,t) \leftarrow 0$

3:　$p_0(i)$ 是用边集 A_f 中边所得到的最短 s-i 路径的长度 (用 $c(i,j)$ 来计算)，$\forall i \in V$

4:　**for** $k \leftarrow 1$ **to** n **do**

5:　　$c_k(i,j) \leftarrow c(i,j) + p_{k-1}(i) - p_{k-1}(j)$

6:　　用代价 $c_k(i,j)$ 找最短 s-t 路径 $P \subseteq A_f$

7:　　$p_k(i)$ 是用边集 A_f 中边所得到的最短 s-i 路径的长度 (用 $c_k(i,j)$ 来计算)，$\forall i \in V$

8:　　$f'(i,j) \leftarrow \begin{cases} 1 & (i,j) \in P，或(i,j) = (t,s) \\ -1 & (j,i) \in P，或(i,j) = (s,t) \\ 0 & 其他 \end{cases}$

9:　　$u(t,s) \leftarrow k; \quad u(s,t) \leftarrow -k$

10:　　$f \leftarrow f + f'$

11: **return** f

(e) 论证：在每次循环中，新算法可找到与算法 5.11 相同的 s-t 路径 P。所以，当 $u(t,s) = n$ 和 $u(s,t) = -n$ 时，结束时可得最小代价环流 f。

(f) 论证：在第 k 次循环求最短路径时，对所有边 $(i,j) \in A_f$，有 $c_k(i,j) \geqslant 0$。

(g) 论证：算法的运行时间为 $O(n(m + n \log n))$。

二部图的最小代价完全匹配问题有时也称为分配问题。

5.7　如练习 5.5 所示，找出一个消去回路，使其能最大改善目标函数，该问题是 NP-难问题。但可在多项式时间内找一个顶点不相交的回路集 $\mathcal{C}$，使得消去集合 $\mathcal{C}$ 中的所有回路可改善目标函数，就像采用最大改进单回路那样。对该问题，可设计找回路集 $\mathcal{C}$ 的算法。

为设计此算法，考虑练习 5.6 中二部图的最小代价完美匹配问题也许有帮助。

(a) f 是环流，Γ 是图 G_f 中的回路，该回路是消去回路集 $\mathcal{C}$ 所得到的最优目标，即若环流 $\hat{f}$ 是消去回路 Γ 所得到的结果，则 Γ 使 $\delta = c(f) - c(\hat{f})$ 达到最大。证明：在 $O(mn(m + n \log n))$ 时间内可找到不相交的回路集 $\mathcal{C}$，使得若 f' 是消去 $\mathcal{C}$ 中所有回路所得到的环流，则 $c(f) - c(f') \geqslant \delta$。

(b) 证明：对最小代价环流问题，可得运行时间为 $O(m^2 n(m + n \log n) \log(mUC))$ 的求解算法。

5.8　5.2 节中的 Wallacher 算法消去在代价和剩余容量间折中的回路。在此，考虑用 5.4 节中的容量度量算法思路来实现此目标。优化此解的一种方法是确保在每次消去回路的循环中考虑用 "足够大" 的剩余容量边。

给定环流 f、势 p 和参数 Δ，$A_f(\Delta) = \{ (i,j) \in A_f : u_f(i,j) \geqslant \Delta \}$。若 $c_p(i,j) < 0$，则称边 $(i,j) \in A_f$ 为可选边。若边 (i,j) 是可选的，且 $(i,j) \in A_f(\Delta)$，则称边为 Δ-可选的。若 $\Gamma \subseteq A_f(\Delta)$，$c_p(i,j) \leqslant 0$，$\forall (i,j) \in \Gamma$，且存在边 $(i,j) \in \Gamma$，有 $c_p(i,j) < 0$，则称回路 Γ 为 Δ-回路。由此可推出 $c_p(\Gamma) = c(\Gamma) < 0$。

给定子程序 FINDΔCYCLE(p,i,j)，输入参数势 p 和 Δ-可选边 (i,j)，子程序功能是找 Δ-回路 Γ。

可调用算法 5.13 中的子程序 CANCELΔCYCLES。

算法 5.13 另一个消去回路算法：$\textsc{Cancel}\triangle\textsc{Cycles}$

输入： $G = (X, Y, E)$，$u(i,j)$，$c(i,j)$，$\forall i \in X$，$\forall j \in Y$。

输出： 最小代价环流 f。

1: $f \leftarrow 0$; $p \leftarrow 0$; $\Delta \leftarrow 2^{\lceil \log U \rceil}$

2: **while** $\Delta \geqslant 1$ **do**

3: **while** 存在 Δ-可选边 (i,j) **do**

4:    $(\Gamma, p) \leftarrow \textsc{Find}\triangle\textsc{Cycle}(p, i, j)$

5:    **if** $\Gamma \neq \varnothing$ **then**

6:      消去回路 Γ

7:      修改流 f

8: $\Delta \leftarrow \Delta/2$

9: **return** f

1: **function** $\textsc{Find}\triangle\textsc{Cycle}(p, i, j)$ ▷ 输入：势 p，边 (i,j)。功能：返回回路 Γ 和势 p'

2: $\Gamma \leftarrow \varnothing$

3: S 是用边集 $A_f(\Delta) - \{(j,i)\}$ 中的边从顶点 j 可达的顶点集

4: **if** $i \notin S$ **then**

5: $f(k) \leftarrow \begin{cases} p(k) + c_p(i,j) & k \in S \\ p(k) & \text{其他} \end{cases}$ ▷ 译者从原书中没有看出 k 的来源

6: **else**

7:    用边集 $A_f(\Delta)$ 和代价 $\max(0, c_p(i,j))$ 求最短 j-k 路径的距离 $\tilde{p}(k)$，$\forall k \in S$

8:    $\tilde{p}_{\max} = \max_{k \in S} \tilde{p}(k)$

9: $f(k) \leftarrow \begin{cases} p(k) + \tilde{p}(k) - \tilde{p}_{\max} & k \in S \\ p(k) & \text{其他} \end{cases}$

10:    **if** $c_p(i,j) < 0$ **then**

11:      $\Gamma \leftarrow \{(i,j)\} \cup \{(i',j') : (i',j') \text{ 是从顶点 } j \text{ 到顶点 } i \text{ 的最短路径中的边}\}$

12: **return** Γ, p' ▷ 译者从原书中没有看出 p' 的来源

(a) 证明：子程序 $\textsc{Find}\triangle\textsc{Cycle}$ 不创建任何新的 Δ-可选边。

(b) 证明：若子程序 $\textsc{Find}\triangle\textsc{Cycle}$ 返回一个回路，则该回路是 Δ-回路。

(c) 证明：子程序 $\textsc{Find}\triangle\textsc{Cycle}$ 要么返回含边 (i,j) 的回路，要么使边 (i,j) 变为不可选。

(d) 证明：在 $\textsc{Cancel}\triangle\textsc{Cycles}$ 的每次内循环开始时，对每条可选边 (i,j)，有 $u_f(i,j) < 2\Delta$，且在循环过程中都为真。

(e) 证明：在 $\textsc{Cancel}\triangle\textsc{Cycles}$ 的每次内循环，Δ-可选边的数量是减少的。

(f) 证明：算法终止时，可返回最小代价环流。

(g) 在 1.1 节末尾，用 Dijkstra 算法可在 $O(m + n \log n)$ 时间内找出图中非负边长度的最短路径。证明：本算法的运行时间为 $O(m \log U(m + n \log n))$。

5.9 基于 5.3 节中的最小均值回路消去算法，考虑另一个最小代价环流算法。若 $c_p(i,j) < 0$，$u_f(i,j) > 0$，则称边 (i,j) 是相对势 p 可选的。若回路中的边都是可选边，则称

该回路是可选的。对当前势 p，该算法重复消去可选回路，直至不存在可选回路。证明：算法需时间 $O(m)$，再加消去一个可选回路所需的时间 $O(n)$，直至消去所有可选回路。然后，修改势 p，使得对所有边 $(i,j) \in A_f$，$c_p(i,j) \geqslant -\epsilon(f)$；在推论 5.20 中描述了如何做到这一点。现在考虑算法 5.14，称之为消去和紧缩算法。

算法 5.14　最小代价环流问题：消去和紧缩算法

输入： $G = (V, A)$，$u(i,j)$，$c(i,j)$，$\forall i, j \in V$。

输出： 最小代价环流 f。

1: f 是任意一个可行环流

2: 计算势 p，使得 $c_p(i,j) \geqslant -\epsilon(f)$，$\forall (i,j) \in A_f$

3: **while** f 不是最小代价环流 **do**

4: **　　while** 存在可接受回路 Γ **do**

5: **　　　　** 消去回路 Γ

6: **　　　　** 修改流 f

7: **　　** 修改势 p，使得 $c_p(i,j) \geqslant -\epsilon(f)$，$\forall (i,j) \in A_f$

8: **return** f

在下面分析中，假设边的代价 c 都是整数。

(a) 证明：在修改势时，$\epsilon(f)$ 减少为上次修改值的 $(1 - 1/n)$。

(b) 证明：在主循环的每次循环中，至多消去 m 个回路。

(c) 证明：主循环至多循环 $O(n \log(nC))$ 次就能获得最优环流 f。

(d) 证明：算法的总运行时间为 $O(mn^2 \log(nC))$。

5.10 算法 5.9 有时一次重标多个顶点。S 是正过剩流量的顶点集合 (非空)，没有负过剩流量顶点。假设没有流入集合 S 的可选边，即对所有边 $(i,j) \in \delta^-(S)$，要么 $(i,j) \notin A_f$，要么 $c_p(i,j) \geqslant 0$。证明：对每个顶点 $i \in S$，$p(i)$ 减少 ϵ，使得 f 仍是 ϵ-最优 $(c_p(i,j) \geqslant -\epsilon, \forall (i,j) \in A_f)$，且可选边集仍是无回路的。该启发式方法称为集合重标法。

5.11 在算法 5.7 中，在 ϵ 减半后，可能存在势 p'，使得当前环流 f 是 ϵ-最优。在此情况下，无须调用 FINDϵOPTCIRC。设计一个 $O(mn)$ 时间的算法来找这样的势 p'(若存在)。若每次 ϵ 减半时调用此算法，会改变算法的总运行时间吗？该启发式方法称为价格细化。

5.12 考虑 5.5 节中最小代价环流问题的逐次逼近算法。在 FINDϵOPTCIRC 中，用推送-重标子程序把 2ϵ-最优环流转变为 ϵ-最优环流。该子程序的运行时间由算法中所做的 $O(n^2 m)$ 次非饱和推送操作来决定。

类似练习 2.10，通过安排推送和重标操作 (FIFO 推送–重标)，将最大流问题的推送–重标运行时间从 $O(n^2 m)$ 降为 $O(n^3)$，在此例中可做同样的操作。

(a) 证明：在 $O(m)$ 时间内，可找到顶点序，使得在可选边上的任何推送操作都是按顶点序中的前顶点推向后顶点。

该算法根据顶点序依次考虑顶点。当考虑顶点 i 时，连续从顶点 i 推送过剩流量，直至顶点 i 不再有过剩流量 (在非饱和推送后)，或顶点 i 没有可选出边。

(b) 证明：若必须重标顶点 i，则可将顶点 i 移到顶点序的首位，且新的顶点序满足 (a) 中的顶点序性质。

重标顶点 i 后，算法将顶点 i 移到顶点序首位。算法返回顶点序首位 (顶点 i 的位置)，并以新顶点序考虑顶点。

(c) 论证：若到顶点序尾也没有重标顶点操作，则获得一个可行环流，并终止子程序。

(d) 论证：非饱和推送的次数至多为 $O(n^3)$，该子程序的总运行时间为 $O(n^3)$。

5.13 5.5 节给出了基于子程序 FindϵOptCirc 的 PR 算法，用该 PR 算法把 2ϵ-最优环流转变为 ϵ-最优环流，从而获得在 $O(n^2 m \min(\log(nC), m \log n))$ 时间内求最小代价环流的算法。对此问题，基于阻塞流也可设计一个子程序。考虑算法 5.15 中所给的子程序，其中 G_A 是当前可选边所组成的图 (即 $c_p(i,j) < 0$ 和 $(i,j) \in A_f$)。当不存在正剩余容量回路时，设计阻塞流算法的运行时间为 $O(m \log n)$。证明该子程序的正确性，且运行时间为 $O(mn \log n)$。对最小代价环流问题，可得运行时间为 $O(mn \log n \min(\log(nC), m \log n))$ 的算法。

算法 5.15   练习 5.13 中算法

输入： $G = (V, A)$，$\forall_{i,j \in V} u(i,j)$，$\forall_{i,j \in V} c(i,j)$。

输出： 最小代价环流 f 和势 p。

1: **for** $(i,j) \in A$ **do**
2:     **if** $c_p(i,j) < 0$ **then** $f(i,j) \leftarrow u(i,j)$
3: **while** f 不是环流 **do**
4:     $S \leftarrow \{i : \exists j \in V$，使得 $e_f(j) > 0$，且在图 G_A 中从顶点 j 可达到顶点 $i\}$
5:     **for** $i \in S$ **do** $p(i) \leftarrow p(i) - \epsilon$
6:     用图 G_A 构造网络 N：添加源点 s 和汇合点 t；$\forall i \in V$，有：
        − 若 $e_f(i) > 0$，则设边 (s,i) 的容量为 $e_f(i)$
        − 若 $e_f(i) < 0$，则设边 (i,t) 的容量为 $e_f(i)$
7:     找网络 N 中的阻塞流 b
8:     $f \leftarrow f + b$
9: **return** f, p

章节后记

该方法似乎不适合机器计算，但对低阶矩阵的手工计算可能有效。

—— Julia Robinson[174]

Schrijver[176],[177, 21.13e 节] 给出了运输问题的历史概述，这是最小代价流问题的一个重要特殊情况，其中的图是二部图，且无容量约束。像最大流问题一样，该问题的早期应用之一是苏联的铁路网,虽然在此情况下,苏联研究人员试图尽量降低铁路运输货物的费用。Schrijver 指出,Tolstoi 在 1930 年的论文中观察到负代价回路的存在性证明其解决方案非最优。

Ahuja、Magnanti 和 Orlin[3,4],以及 Goldberg、Tardos 和 Tarjan[91] 给出了最小代价流问题的综述。

对定理 5.3 的优化条件,该定理的几个先前版本证明环流是最优的,当且仅当在剩余图中不存在负代价回路,详见 Schrijver[176]。Robinson[174] 阐述了交通问题的优化条件。Busacker 和 Saaty[30, 定理 7-8] 提出了该定理的早期表述。环流的最优性,当且仅当存在势 p,对所有带正剩余容量的边 (i,j),有 $c_p(i,j) \geqslant 0$。该描述源自线性规划的对偶性,并出现在 Fulkerson[74] 以及 Ford 和 Fulkerson[66] 中。算法 5.1 中的负代价回路消去算法来自 Klein[132]。

Weintraub[205] 证明了 5.2 节开始的观察,即找最大改进回路的算法可快速收敛,并进一步论证找回路或回路集的算法与最大改进回路同阶算法一样可快速收敛。5.2 节的算法源自 Wallacher[201] 的技术报告。虽然该算法在时间上晚于本章的其他算法,但由于其分析复制了最大改进回路的分析,所以,把它放在本章的开始。尽管 Wallacher 的技术报告从未在期刊上发表过,但其中的一些观点还是很有影响力的。

5.3 节中的最小均值回路消去算法源自 Goldberg 和 Tarjan[93]。最小代价环流问题的第一个强多项式时间算法出自 Tardos[188],其分析被 Goldberg 和 Tarjan[93,94] 应用于最小均值回路消去算法。Tardos 算法是一大突破。5.4 节的容量度量算法来自 Ahuja、Magnanti 和 Orlin[4, 10.2 节],Ahuja、Magnanti 和 Orlin 认为该算法是 Orlin[157] 开发的 Edmonds 和 Karp[57] 算法的变体。其他度量技术包括代价度量;最小代价流算法中的代价度量思想由 Röck[175] 以及 Bland 和 Jensen[25] 独立提出。5.5 节的逐次逼近算法由 Goldberg 和 Tarjan[94] 提出。

5.6 节中的网络单纯形算法是 Dantzig[47] 针对运输问题设计的,并由其推广到容量化问题 [48, 第 17~18 章]。Tarjan[193] 以及 Goldfarb 和 Hao[97] 独立对定理 5.47 进行了研究,该定理的结论是:若允许中轴代价递增,则网络单纯形算法是多项式时间算法。Orlin[158] 给出了网络单纯形的多项式变形,其不允许中轴代价递增。5.7 节的带时限的最大流问题和算法源自 Ford 和 Fulkerson[64,66(3.9 节)]。涉及时间的流问题最初称为动态流。Skutella[181] 对带时限的流问题和算法做了很好的综述。关于 5.7 节末尾提到的最快运输问题,Hoppe 和 Tardos[111] 给出了多项式时间算法。

Orlin[157] 对最小代价流问题给出了目前最快的强多项式时间算法,其运行时间为 $O(m \log n(m + n \log n))$。

本节开头的引言源自 1950 年,涉及运输问题中的负代价回路消去算法。数十年来,本章涉及的算法有很多实现方面的研究,负代价回路消去确被实现,但还没发现它相对其他算法更有竞争力。Goldberg 和 Kharitonov[87],Goldberg[84],以及 Bünnagel、Korte 和 Vygen[29] 都研究了 5.5 节中 Goldberg-Tarjan 逐次逼近算法的实现,并引入各种启发式信息来帮助它在实践中具备更快的运行性能，包括练习 5.10 中的集合重标策略和练习 5.11 中的价格细化策略。Goldberg[84] 和 Kovács[136] 发现价格细化的特殊实现是有益的。其他有益的启发式方法包括向前推送策略，以确保从顶点 i 推到顶点 j 的流不会简单地推回到顶点 i。Goldberg[84] 将其代码与 Bertsekas 和 Tseng[21] 的 RELAX 代码以及一些网络单纯形代码进行比较，发现他的代码通常 (并不总是) 比那些代码的性能更好。Bünnagel 等人将他们的代码与连续最短路径算法进行比较，发现他们的启发式算法性能明显更好。Löbel[145] 比较了他的网络单纯形实现与 Goldberg 的代码、另一个网络单纯形代码和主要用于大型车辆调度问题中的 RELAX[22] 的更新版本，他发现其代码优于其他实现。

Joshi、Goldstein 和 Vaidya[118] 以及 Resende 和 Veiga[172] 比较了最小代价流问题的 LP-内点算法、网络单纯形算法和 Bertsekasi-Tseng 的 RELAX 算法，发现内点算法在足够大的问题上表现更好。Portugal、Resende、Veiga 和 Júdice[166] 设计的 Goldberg-Tarjan 逐次逼近算法在通常情况下比内点算法好，在多数情况下比网络单纯形的性能好。

Kovács[136] 对最小代价流问题的算法做了最新而又广泛的研究，他发现 5.3 节的最小均值回路消去算法 (和练习 5.9 中的消去-紧缩变体) 以及 5.4 节的容量缩放算法是没有竞争性的。他考虑的其他候选算法包括许多不同的网络单纯形代码和 Portugal 等人的内点代码。Kovács 发现他实现的网络单纯形算法在大多数情况下都优于其他算法，而 Goldberg-Tarjan 逐次逼近算法的实现在大稀疏实例上优于其他算法。

对最小代价流问题，内点算法的研究工作最近已得到理论上更快的算法。Lee 和 Sidford[140] 给出了 $\tilde{O}(m\sqrt{n}\log^{O(1)}(CU))$ 时间的算法。对 $U = 1$ 条件下的最小代价流问题，Cohen、Madry、Sankowski 和 Vladu[43] 用电流和内点算法思想，给出了 $\tilde{O}(m^{10/7}\log C)$ 时间的算法。这些算法采用快速 Laplacian 求解器，其中有些工作将在第 8 章及其后记中有所讨论。

练习 5.6 所给出的二部图的最小代价完全匹配算法使用了最小代价流问题的连续最短路径算法。Ahuja、Magnanti 和 Orlin[3] 把连续最短路径的应用归功于 Edmonds 和 Karp[57] 以及 Tomizawa[194] 的观察，该应用在每次循环中使用简约代价的 Dijkstra 算法。练习 5.7 源自 Barahona 和 Tardos[15]，来自 Weintraub 之前的观察。练习 5.8 源自 Sokkalingam、Ahuja 和 Orlin[183]。练习 5.9 源自 Goldberg 和 Tarjan[93]。练习 5.12 和 5.13 源自 Goldberg 和 Tarjan[94]。

广义流算法

......

此刻，它缓慢消失，先是尾梢消失，最终是笑脸消失。在尾梢消失后的一段
时间里，一直维持的嬉笑也渐渐远去。

"好吧！我常见没有笑脸的猫，"爱丽丝想，"但没有猫的笑脸才是生活中最
奇异的画面！"

—— Lewis Carroll，*Alice in Wonderland*

上帝造出整数，其他是人类的杰作。

—— Stephen Sondheim，*Leopold Kronecker*

本章将讨论广义流问题，特别是研究广义最大流问题。在广义流问题中，对每条边 (i,j)
附加收益系数 $\gamma(i,j) > 0$，它表示边 (i,j) 上流的比例，使得若 $f(i,j)$ 个单位流量从顶点 i
流入边 (i,j)，则 $f(i,j)\gamma(i,j)$ 个单位流量离开边 (i,j) 流入顶点 j。这个收益系数可用于
建模边由于泄漏、传输代价、摩擦、噪声、税等导致的损失。我们也可用收益对边上流的
传输进行建模。例如，见图 6.1，每个顶点代表一种货币，收益 $\gamma(i,j)$ 是把货币 i 兑换为
货币 j 的兑换率。边 (i,j) 有收益 $\gamma(i,j) > 0$，则边 (j,i) 有收益 $1/\gamma(i,j)$。对广义流问题，
考虑在所有可能的兑换方式下使给定货币的资产最大化。

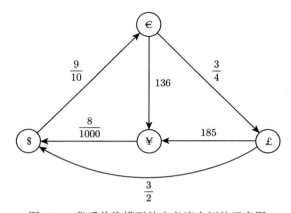

图 6.1　货币兑换模型的广义流实例的示意图

在广义最大流问题中，对所有边 $(i,j) \in A$，给定有向图 $G = (V, A)$、容量 $u(i,j) \geqslant 0$
和收益 $\gamma(i,j) > 0$。假设容量为整数，收益为整数比，B 是容量和收益的最大整数。有汇
合点 $t \in V$。目标是最大化流入汇合点 t 的净流量。无源之流似乎很奇怪，就像没有猫的

笑脸一样。但很快就会看到，广义流问题颠覆了我们所拥有的关于流问题本质的一些直觉，且无源之流仅是我们将遇到的奇异现象之一。

我们可直接给出采用斜对称条件的问题公式。假设若边 $(i, j) \in A$，则还存在反向边 $(j, i) \in A$，且 $\gamma(i, j) = 1/\gamma(j, i)$。那么，从顶点 i 向顶点 j 在边 (i, j) 上推送 1 个单位的流，在顶点 j 就有 $\gamma(i, j)$ 个单位的流，再在边 (j, i) 上推送 $\gamma(i, j)$ 个单位流就回到最初的一个单位流量。这里的斜对称条件不能简单为 $f(i, j) = -f(j, i)$。该斜对称条件表示从边 (j, i) 流入顶点 i 的流量等于从边 (i, j) 流出流量的负数。所以，从顶点 i 在边 (i, j) 有 $f(i, j)$ 个单位流量，从边 (j, i) 流入顶点 i 就有 $\gamma(j, i)f(j, i)$ 个单位流量。我们有 $f(i, j) = -\gamma(j, i)f(j, i)$，见图 6.2。下面可定义广义伪流的概念，其中流既满足容量约束，又满足斜对称。

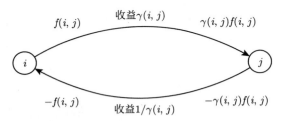

图 6.2　广义流的斜对称关系示意图

定义 6.1　广义伪流 $f\colon A \to \Re$ 是对有向边赋一个实数，使得 $\forall (i, j) \in A$，

$$f(i, j) \leqslant u(i, j) \tag{6.1}$$

$$f(i, j) = -\gamma(j, i)f(j, i) \tag{6.2}$$

现在定义顶点过剩流量的概念，这样可将流定义为除汇合点之外处处满足流量守恒的流。但该定义有点捉摸不定。通常的概念是：过剩流量是流入顶点的净流量，之前的斜对称允许表示为流入顶点的边流量之和。但此时，在边 (k, i) 上流入顶点 i 的流不是 $f(k, i)$，而是 $\gamma(k, i)f(k, i)$。根据斜对称 (6.2)，它等于 $-f(i, k)$，因此，我们可将流入顶点的净流量写成顶点出边上的流量之和的负数。

定义 6.2　广义伪流 f 在顶点 $i \in V$ 的过剩流量是流入顶点 i 的净流，即 $-\sum_{k:(i,k)\in A} f(i, k)$，记为 $e_f(i)$。

现在定义流和合适流的含义。

定义 6.3　广义流（或流）f 是伪流，使得对所有顶点 $i \in V$，$e_f(i) \geqslant 0$。广义合适流（或合适）f 是一个流，使得对所有顶点 $i \in V - \{t\}$，$e_f(i) = 0$。

广义最大流问题的目标是找一个（合适）流，使汇合点的过剩流量达到最大。我们称汇合点的过剩流量为流的数值。

定义 6.4　（合适）流 f 的数值为 $e_f(t)$，记为 $|f|$。

本章，我们专注于合适流。

6.1 最优化条件

现在开始讨论如何判断一个合适流 f 是最大流。像前几章那样，剩余图 $G_f = (V, A)$ 仍是有用的。对伪流 f，对所有边 $(i, j) \in A$，其剩余容量 $u_f(i, j) = u(i, j) - f(i, j)$，$A_f$ 仍是正剩余容量的边集，即 $A_f = \{(i, j) \in A : u_f(i, j) > 0\}$。

为讨论增广路径的类似性，需引入路径的收益和回路的收益概念。路径 P 的收益 $\gamma(P)$ 是路径中所有边上收益的乘积，即 $\gamma(P) = \prod_{(i,j) \in P} \gamma(i, j)$；回路 C 的收益 $\gamma(C)$ 是回路中所有边上收益的乘积，即 $\gamma(C) = \prod_{(i,j) \in C} \gamma(i, j)$。根据回路收益来区分回路的类型。

定义 6.5 对回路 C,

- 若 $\gamma(C) > 1$，则称其为增流回路；
- 若 $\gamma(C) < 1$，则称其为损流回路；
- 若 $\gamma(C) = 1$，则称其为单位收益回路。

若从增流回路中的某顶点 $i \in C$ 推送一个单位流量，则流入顶点 i 的净流量为正数：一个单位流量流出顶点 i，超过一个单位流量进入顶点 i。若从损流回路中的某顶点 $i \in C$ 推送一个单位流量，绕损流回路一周后有小于单位流量流入顶点 i，因此，顶点 i 的净流量为负数。

对于广义流，给出类似增广路径的定义，称之为*广义增广路径*，简称为 GAP，见图 6.3 中的示例。

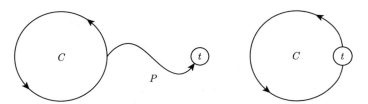

图 6.3 两个广义增广路径的示例，右图为从回路 C 到汇合点 t 的空路径

定义 6.6 广义增广路径 (GAP) 是用 A_f 中的边组成的增流回路 C，与从顶点 $i \in C$ 到汇合点 t 的路径 P (可能为空路径) 合在一起的路径。

最大流问题的增广路径算法的类似结论是正确的：合适流 f 是最大流，当且仅当在正剩余容量边集 A_f 中不存在广义增广路径。

下面证明沿 A_f 中的 GAP 推送流量会增加流的数值。为此，用 $\chi(\Gamma)$ 表示 GAP 路径 $\Gamma \subseteq A_f$ 的特征流：若 GAP 是从回路 C 上的顶点 i 到汇合点 t 的路径，且边 (i, j) 是回路 C 中顶点 i 的出边，则特征流是在 GAP 中的边 (i, j) 上推送一个单位流的结果，即有 $\gamma(C)$ 个单位流流入顶点 i。为满足流量守恒，沿 i-t 路径 P 推送 $\gamma(C) - 1$ 个单位，使得 $\gamma(C)$ 个单位流量流入顶点 i，$1 + (\gamma(C) - 1)$ 个单位流流出顶点 i。然后，有 $\gamma(P)(\gamma(C) - 1)$ 个单位流量流入汇合点 t。对任意边 $(i, j) \in \Gamma$，$\chi(\Gamma, i, j)$ 是在特征流中边 (i, j) 上的流量，$|\chi(\Gamma)|$ 是在特征流中流入汇合点 t 的流量，即 $|\chi(\Gamma)| = \gamma(P)(\gamma(C) - 1)$。

我们称消去 GAP 回路 $\Gamma \subseteq A_f$，若找到特征流 $\chi(\Gamma)$ 的比例，使得满足剩余容量约束，且某些边 (i,j) 是饱和的；即找到 $\delta > 0$，对所有边 $(i,j) \in \Gamma$，有 $0 \leqslant \delta \cdot \chi(\Gamma, i, j) \leqslant u_f(i,j)$，且存在边 $(i,j) \in \Gamma$，$\delta \cdot \chi(\Gamma, i, j) = u_f(i,j)$。因此，$\delta = \min_{(i,j) \in \Gamma} u_f(i,j) / \chi(\Gamma, i, j)$。然后，按下列规则修改流 f：

$$f'(i,j) = \begin{cases} f(i,j) + \delta \cdot \chi(\Gamma, i, j) & \forall (i,j) \in \Gamma \\ f(i,j) - \gamma(i,j) \cdot \delta \cdot \chi(\Gamma, i, j) & \forall (j,i) \in \Gamma \\ f(i,j) & \forall (i,j) : (i,j), (j,i) \notin \Gamma \end{cases} \quad (6.3)$$

证明：若 f 是 (合适) 流，则 f' 也是 (合适) 流。把该证明留作练习 (练习 6.1)。由考察可知，消去 GAP 路径 Γ 使汇合点的净流量增加 $\delta |\chi(\Gamma)|$，所以，

$$|f'| = |f| + \delta |\chi(\Gamma)| = |f| + \delta(\gamma(C) - 1)\gamma(P) > |f|$$

最后，为证明最优定理，引入图顶点的**标记**概念。顶点标记就像最小代价环流问题中的顶点势那样起关键作用，它们在设计广义最大流问题算法时也同样有用。

定义 6.7 标记 $\mu: V \to \Re^+$ 是对图中顶点赋一个非负实数，且 $\mu(t) = 1$。

可认为 μ 为图中顶点的度量单位的变化。例如，再考虑图 6.1 中的货币兑换应用。可考虑把美分换成欧元，而不是把美元换成欧元。$\mu(i)$ 是新单位与原单位之间的比例，美元换为美分时，$\mu(i) = 100$。单位变化会影响容量、收益 (转化率)、流和过剩流量：若之前至多把 u 美元按汇率 γ 兑换成欧元，现在可至多把 $100u$ 美分按汇率 γ 兑换成欧元。同样，若之前汇率为 γ 欧元每美元，则现在汇率为 $\gamma/100$ 欧元每美分。将美元 f 兑换成欧元的流就是将 $100f$ 美分兑换成欧元，e 美元的过剩流量就变为 $100e$ 美分的过剩流量。因此，给定标记 μ，可重标容量、收益、流和过剩流量，并分别记为 u^μ、γ^μ、f^μ 和 e_f^μ。用这些标记表达与初值相关的式子如下：

$$u^\mu(i,j) = u(i,j)\mu(i), \quad \gamma^\mu(i,j) = \gamma(i,j)\mu(j)/\mu(i)$$
$$f^\mu(i,j) = f(i,j)\mu(i), \quad e_f^\mu(i) = e_f(i)\mu(i)$$

因为重标了容量，所以重标的剩余容量是 $u_f^\mu(i,j) = u^\mu(i,j) - f^\mu(i,j)$。$A_f^\mu$ 是正剩余容量的边，即 $A_f^\mu = \{(i,j) \in A : u^\mu(i,j) - f^\mu(i,j) > 0\}$。考察 $(i,j) \in A_f^\mu$，当且仅当 $(i,j) \in A_f$ 和 $\mu(i) > 0$。重标之后，重标收益 $\gamma^\mu(i,j)$ 是反向边重标收益 $\gamma^\mu(j,i)$ 的倒数，因为，

$$\gamma^\mu(i,j) = \gamma(i,j)\frac{\mu(j)}{\mu(i)} = \frac{1}{\gamma(j,i)}\frac{\mu(j)}{\mu(i)} = \frac{1}{\gamma^\mu(j,i)}$$

对任意标签，要求 $\mu(t) = 1$，重标汇合点的过剩流量 $e_f^\mu(t)$ 是原始过剩流量 $e_f(t)$。因此，重标不改变流的数值，即 $|f^\mu| = |f|$。

有一种特殊标记，称为正则标记，它对本章介绍的一些算法非常有用。在正则标记中，$\mu(i)$ 是在剩余图中从顶点 i 到汇合点获得最高收益路径的收益，即

$$\mu(i) = \max_{i\text{-}t\text{路径}P\subseteq A_f} \gamma(P)$$

若 A_f 中不存在从顶点 i 到 t 的路径，则规定 $\mu(i) = 0$。$\mu(i)$ 是有潜在问题的重标收益，因为它可能导致除数为 0。假设若 $\mu(i) = \mu(j) = 0$，则 $\gamma(i,j)\mu(j)/\mu(i) = \gamma(i,j)$。注意，对边 $(i,j) \in A_f$，不可能出现 $\mu(i) = 0$ 而 $\mu(j) > 0$ 的情形，因为若顶点 j 在 A_f 中可达汇合点 t，且 $(i,j) \in A_f$，则在 A_f 中顶点 i 一定可达汇合点 t。

可用最短路径按下面的方式找正则标记。置 $c(i,j) = -\log\gamma(i,j)$，然后，对任意路径 P，

$$\sum_{(i,j)\in P} c(i,j) = -\sum_{(i,j)\in P} \log\gamma(i,j) = -\log\prod_{(i,j)\in P}\gamma(i,j) = -\log\gamma(P)$$

所以，找到最小代价的 i-t 路径 P 就可得到收益最大的路径。由 1.2 节可知，为更好地定义到汇合点 t 的最短路径，不存在可达 t 的负代价回路。回路 C 有负代价，当且仅当

$$\sum_{(i,j)\in C} c(i,j) < 0 \iff \sum_{(i,j)\in C}\log\gamma(i,j) > 0$$
$$\iff \log\gamma(C) > 0$$
$$\iff \gamma(C) > 1$$

也就是说，当且仅当回路 C 是增流回路。因此，可通过最短路径来计算正则标签，若 A_f 中无增流回路可达汇合点 t，也就是说，当 A_f 中没有广义增广路径时，我们可计算正则标记。

在同样的意义上，对最小代价环流问题，顶点势可检验不存在负代价回路，正则标记可检验不存在广义增广路径。若存在正则标记，则对任意边 $(i,j) \in A_f$，使得顶点 j 可达汇合点，一定有 $\mu(i) \geqslant \gamma(i,j)\mu(j)$，因为在 A_f 中从顶点 i 到 t 的最高增流路径的收益至少为 $\gamma(i,j)$ 乘以从顶点 j 到 t 的最高增流路径的收益。因此，$\gamma^\mu(i,j) = \gamma(i,j)\mu(j)/\mu(i) \leqslant 1$。若 $\gamma^\mu(i,j) \leqslant 1$，对所有边 $(i,j) \in A_f$，使得顶点 j 可达汇合点，则显然不存在从顶点 j 到达 t 的增流回路，因为

$$\gamma(C) = \prod_{(i,j)\in C}\gamma(i,j)\frac{\mu(j)}{\mu(i)} = \gamma^\mu(C) \leqslant 1$$

对所有回路 $C \subseteq A_f$，其中存在顶点 $j \in C$ 可达 t；第一个等式成立，因为沿回路 C 所有标记 $\mu(i)$ 被消去，因此，在 A_f 中不存在广义增广路径。

下面描述并证明最优定理。

定理 6.8 对合适流 f，下列表述是等价的：

(1) f 为最大合适流。

(2) 在 A_f 中不存在广义增广路径。

(3) 存在标记 μ, 使得 $\gamma^\mu(i,j) \leqslant 1$, 对所有边 $(i,j) \in A_f^\mu$。

证明 我们已证明若在 A_f 中存在 GAP 路径 Γ, 则 f 不是最大合适流。因此, 证明了由结论 (1) 可推导出结论 (2)。

为证明由结论 (2) 可推导出结论 (3), 令 $S \subseteq V$ 是用 A_f 中的边可达汇合点 t 的顶点集。因为在剩余图中不存在 GAP, 这意味着, 在集合 S 中的顶点用代价 $c(i,j) = -\log\gamma(i,j)$ 不存在负代价回路。因此, 如上所述, 可计算正则标记 μ。观察可知, 若 $i \in S$, 则 $\mu(i) > 0$, 否则 $\mu(i) = 0$, 所以, $(i,j) \in A_f^\mu$ 当且仅当 $(i,j) \in A_f$ 和 $i \in S$。对任意边 $(i,j) \in A_f^\mu$, $i,j \in S$, 由正则标记的性质可导出 $\mu(i) \geqslant \gamma(i,j)\mu(j)$; 若不如此, 则用边 (i,j) 和收益为 $\mu(j)$ 的 j-t 路径可得较高收益的 i-t 路径。因此, 对所有边 $(i,j) \in A_f^\mu$, 且 $i,j \in S$,

$$\gamma^\mu(i,j) = \gamma(i,j)\frac{\mu(j)}{\mu(i)} \leqslant 1$$

若 $i \notin S$, 则 $(i,j) \notin A_f^\mu$。若 $i \in S$, $j \notin S$, 则 $\gamma^\mu(i,j) = 0 \leqslant 1$, 因为 $\mu(j) = 0$。

最后, 证明由结论 (3) 可推导出结论 (1)。假设有合适流 f 和给定标记 μ。考虑任意其他合适流 $\tilde{f}$。任取边 $(i,j) \in A$。若 $f^\mu(i,j) < \tilde{f}^\mu(i,j) \leqslant u^\mu(i,j)$, 则由 $f^\mu(i,j) < u^\mu(i,j)$ 可导出 $(i,j) \in A_f^\mu$ 和 $\gamma^\mu(i,j) \leqslant 1$。若 $f^\mu(i,j) > \tilde{f}^\mu(i,j)$, 则由斜对称可知 $-\gamma(j,i)f^\mu(j,i) > -\gamma(j,i)\tilde{f}^\mu(j,i)$ 或 $f^\mu(j,i) < \tilde{f}^\mu(j,i)$。由前面相同的逻辑可得 $\gamma^\mu(j,i) \leqslant 1$, 即 $\gamma^\mu(i,j) \geqslant 1$。因此, 对任意边 $(i,j) \in A$, 有 $(\gamma^\mu(i,j) - 1)(f^\mu(i,j) - \tilde{f}^\mu(i,j)) \geqslant 0$。对所有边进行求和, 有:

$$\sum_{(i,j)\in A}(\gamma^\mu(i,j) - 1)(f^\mu(i,j) - \tilde{f}^\mu(i,j)) \geqslant 0$$

整理后, 有:

$$\sum_{(i,j)\in A}\gamma^\mu(i,j)(f^\mu(i,j) - \tilde{f}^\mu(i,j)) - \sum_{(i,j)\in A}(f^\mu(i,j) - \tilde{f}^\mu(i,j)) \geqslant 0$$

由斜对称可知:

$$\sum_{(j,i)\in A}(\tilde{f}^\mu(j,i) - f^\mu(j,i)) - \sum_{(i,j)\in A}(f^\mu(i,j) - \tilde{f}^\mu(i,j)) \geqslant 0 \tag{6.4}$$

我们知道 $e_f^\mu(i) = -\sum_{k:(i,k)\in A} f^\mu(i,k)$ 且对 $\tilde{f}$ 也一样。因为上面不等式是在所有边上求和, 所以可导出:

$$\sum_{i\in V} e_f^\mu(i) - \sum_{i\in V} e_{\tilde{f}}^\mu(i) \geqslant 0 \tag{6.5}$$

因为 f 和 $\tilde{f}$ 都是合适流, 所以 $e_f^\mu(i) = e_{\tilde{f}}^\mu(i) = 0$, 对所有顶点 $i \neq t$, 有

$$e_f^\mu(t) \geqslant e_{\tilde{f}}^\mu(t)$$

或者, 因为 $\mu(t) = 1$,

$$e_f(t) \geqslant e_{\tilde{f}}(t)$$

所以，$|f| \geqslant |\tilde{f}|$。$f$ 是最大流，因为 $\tilde{f}$ 是任意合适流。　　　　　　　　　　　　　■

通常，最优定理可导出一个自然想法：在剩余图中，反复找和消去 GAP 路径，该想法如算法 6.1 所示。

算法 6.1　　广义最大流问题：GAP-消去算法

输入：$G = (V, A)$，$\forall_{i,j \in V} u(i,j)$，$\forall_{i,j \in V} \gamma(i,j)$。
输出：图 G 的广义最大流 f。
  1: $f \leftarrow 0$
  2: **while** 在 A_f 中存在 GAP 路径 Γ **do**
  3:　　　消去路径 Γ
  4:　　　修改流 f
  5: **return** f

然而，与最大流问题和最小代价环流问题不同，我们不能得出通常的整数性质或伪多项式时间算法。因为收益不是整数值，所以流数值不是整数值，剩余容量也不是整数，即使容量是整数。我们在许多方面使用了流和环流的整数性质。使用整数性质的方法之一是在确定最大流 (或最小代价环流) 时：若最大流的数值与当前流的数值之差小于 1，则一定已找到最大流。同理，若当前环流代价与最小代价环流之差小于 1，则也一定能找到最小代价环流。

在广义流情况下则不会这么简单。也许人们可能同意或不同意本章开头引用的 Kronecker 之语，但对广义流，整数性质的缺失使得一些问题变得不那么美妙。由此，通常关注找近似最优的解决方案。下面将定义近似最优解，不巧的是，其名称类似于前面章节中使用的 ϵ-最优环流和伪流。然而，因为它是文献中的标准说法，所以，我们只能使用此名，即使可能引起混淆。

定义 6.9　　合适流 f 是 ϵ-最优合适流，若 $|f| \geqslant (1-\epsilon)|f^*|$，其中 f^* 是最大合适流。

ϵ 足够小时，当找到 ϵ-最优流时，确实能找到最大流，且 ϵ 一定相当小。我们给出下面的定理但未证明。假设容量是整数，收益是整数比率，B 是容量和收益中出现的最大整数。

定理 6.10　　若找到 ϵ-最优合适流，且 $\epsilon < 1/(m! \cdot B^{2m})$，则可在 $O(m^2 n)$ 时间内找到最大合适流。

不过，我们能在多项式时间内找 ϵ-最优合适流和最大合适流，在随后的章节中将会看到。

我们讨论上述流问题的变体来总结本节。至此，我们已讨论过找合适流问题，且最优定理适用于合适流，这有时对考虑顶点有过剩流量的最大广义流也有用。此外，有时还考虑问题中有供应信息，我们先不讨论这种情况，以便我们关注用增流回路和 GAP 来讨论流的创建问题。因此，对所有顶点 $i \in V$，有额外输入 $b(i) \geqslant 0$。在顶点 i 上流 f 的过剩流量 $e_f(i)$ 是

$$e_f(i) = b(i) - \sum_{k:(i,k)\in A} f(i,k)$$

若引入标记 μ，则重标供应量 $b^\mu(i) = b(i)\mu(i)$，使得 $e_f^\mu(i) = b^\mu(i) - \sum_{k:(i,k)\in A} f^\mu(i,k)$ $= e_f(i)\mu(i)$。在此情况下，我们有增广路径，沿路径从有正过剩流量顶点向汇合点推送流。下面是相应的最优定理。

定理 6.11 对广义流 f，下面三个表述是等价的：

(1) f 为最大流。

(2) 在 A_f 中不存在广义增广路径或增广路径。

(3) 存在标记 μ，使得 $\gamma^\mu(i,j) \leqslant 1$，对所有边 $(i,j) \in A_f^\mu$，且 $e_f^\mu(i) = 0$，对所有 $i \neq t$。

证明 与定理 6.8 的证明相似。显然，若剩余图中存在 GAP 或从正过剩流量顶点到汇合点的增广路径，则流不是最大流，因此，由结论 (1) 可推导出结论 (2)。

证明由结论 (2) 推导出结论 (3) 的过程与定理 6.8 的证明过程相似。唯一需注意的是，由结论 (2) 可推导出唯有正过剩流量 $e_f(i) > 0$ 的顶点是那些无法用 A_f 中的边到达汇合点 t 的顶点。因此，用正则标记，对这样的顶点 i 有标记 $\mu(i) = 0$，使得 $e_f^\mu(i) = 0$，对所有顶点 $i \in V$。

最后，证明由结论 (3) 可推出结论 (1)。注意，不能用 f 或 $\tilde{f}$ 是合适流来得到不等式 (6.4)，因为它们是流才是充分条件。在不等式 (6.4) 左边加减 $2\sum_{i\in V} b\mu(i)$ 可得：

$$2\sum_{i\in V} b^\mu(i) - 2\sum_{i\in V} b^\mu(i) + \sum_{(j,i)\in A}(\tilde{f}^\mu(j,i) - f^\mu(j,i))$$
$$- \sum_{(i,j)\in A}(f^\mu(i,j) - \tilde{f}^\mu(i,j)) \geqslant 0$$

从此，可重推导不等式 (6.5)(已有 $e_f^\mu(i) = b^\mu(i) - \sum_{k:(i,k)\in A} f^\mu(i,k)$)，使得：

$$\sum_{i\in V} e_f^\mu(i) - \sum_{i\in V} e_{\tilde{f}}^\mu(i) \geqslant 0$$

由假设可知，$e_f^\mu(i) = 0$，对所有顶点 $i \neq t$，使得由不等式 (6.5) 可推出

$$e_f^\mu(t) \geqslant \sum_{i\in V} e_{\tilde{f}}^\mu(i) \geqslant e_{\tilde{f}}^\mu(t)$$

因为 $\tilde{f}$ 是一个流。可得 $e_f(t) \geqslant e_{\tilde{f}}(t)$，因为 $\mu(t) = 1$ 和 $|f| \geqslant |\tilde{f}|$。因为 $\tilde{f}$ 是任意流，所以 f 是最大流。 ■

6.2 Wallacher 式 GAP 消去算法

在本节，假设找最大广义合适流，使得对所有顶点 $i \in V$，$b(i) = 0$。第一个广义流的多项式时间算法是对 5.2 节中最小代价环流问题的 Wallacher 算法的改写。

为分析 Wallacher 算法，需要环流的分解引理，见练习 5.1 中的证明。广义流的类似分解稍微复杂一些。合适流可分解为广义增广路径、单位收益回路，或称为双回路结构。双回

路结构是由一段路径连接一个增流回路和一个损流回路所构成的结构，如图 6.4 所示。练习 6.2 要读者证明下面的引理。

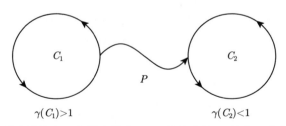

图 6.4 双回路结构含一个增流回路 C_1，并由路径 P 连接一个损流回路 C_2

引理 6.12 任意合适流 f 可分解为合适流 $f_1, f_2, \cdots, f_\ell$，$\ell \leqslant m$，使得 $f = \sum_{i=1}^{\ell} f_i$，$|f| =_{i=1}^{\ell} |f_i|$，对每个顶点 i，正流 f_i 中的边是广义增广路径、单位收益回路或双回路结构。

下面讨论 GAP 路径 Γ 的特征流 $\chi(\Gamma)$。假设有合适流 f。若消去 A_f 中的 GAP 路径 Γ，则对在路径 Γ 中的边增加流量 $\delta \cdot \chi(\Gamma)$，其中 $\delta = \min_{(i,j) \in \Gamma} u_f(i,j)/\chi(\Gamma, i, j)$。流的数值增量为 $\delta|\chi(\Gamma)|$。因此，若想找 GAP 使流的数值增量最大，则将找 GAP 使下式最大：

$$|\chi(\Gamma)| \cdot \min_{(i,j) \in \Gamma} \frac{u_f(i,j)}{\chi(\Gamma, i, j)} = \frac{|\chi(\Gamma)|}{\max_{(i,j) \in \Gamma} \frac{\chi(\Gamma, i, j)}{u_f(i,j)}}$$

像在 Wallacher 算法中所做的那样，对分母，用 "求和" 取代 "求最大值"，使得对给定路径 Γ，有比率：

$$\beta(\Gamma) = \frac{|\chi(\Gamma)|}{\sum_{(i,j) \in \Gamma} \frac{\chi(\Gamma, i, j)}{u_f(i,j)}}$$

对给定合适流 f，在 A_f 中找 GAP 路径 Γ 使上面的比率达到最大，即找到 GAP 达到

$$\beta(f) = \max_{\Gamma \subseteq A_f} \frac{|\chi(\Gamma)|}{\sum_{(i,j) \in \Gamma} \frac{\chi(\Gamma, i, j)}{u_f(i,j)}}$$

总结上述思路如算法 6.2 所示。

算法 6.2 广义最大流问题：ϵ-近似 Wallacher 式 GAP 消去算法

输入：$G = (V, A)$，$\forall_{i,j \in V} u(i,j)$，$\forall_{i,j \in V} \gamma(i,j)$。

输出：图 G 的广义最大流 f。

1: $f \leftarrow 0$

2: **for** $i = 1$ to $m \ln \frac{1}{\epsilon}$ **do**

3:     Γ 是 A_f 中的 GAP，使得 $\beta(\Gamma) = \beta(f)$

4:     消去路径 Γ

5:     修改流 f

6: **return** f

像最小代价环流问题中 Wallacher 算法一样，我们证明：消去达到 $\beta(f)$ 的 GAP 路径 Γ 会使合适流的数值至少增加最大流数值与当前流的数值之差的 $1/m$ 倍。

引理 6.13 令 f 是合适流，f^* 是最大合适流，则有 $\beta(f) \geqslant \frac{1}{m}(|f^*| - |f|)$。

证明 用标准的证明方法，可证明 $f^* - f$ 是 G_f 中数值为 $|f^*| - |f|$ 的合适流。用引理 6.12，可将 $f^* - f$ 分解为 $f_1, \cdots, f_h$，至多对应 m 个 GAP、双回路结构和单位收益回路。$\Gamma_1, \cdots, \Gamma_\ell$ 是 GAP，δ_k 满足 $f_k = \delta_k \cdot \chi(\Gamma_k)$，$k = 1, \cdots, \ell$。然后，有：

$$
\begin{aligned}
|f^*| - |f| = \sum_{k=1}^{\ell} |f_k| &= \sum_{k=1}^{\ell} \delta_k |\chi(\Gamma_k)| \\
&= \sum_{k=1}^{\ell} \beta(\Gamma_k) \left(\sum_{(i,j) \in \Gamma_k} \frac{\delta_k \cdot \chi(\Gamma_k, i, j)}{u_f(i,j)} \right) \\
&\leqslant \beta(f) \sum_{k=1}^{\ell} \left(\sum_{(i,j) \in \Gamma_k} \frac{\delta_k \cdot \chi(\Gamma_k, i, j)}{u_f(i,j)} \right) \\
&= \beta(f) \sum_{(i,j) \in A_f} \frac{1}{u_f(i,j)} \sum_{k:(i,j) \in \Gamma_k} \frac{\delta_k \cdot \chi(\Gamma_k, i, j)}{u_f(i,j)} \\
&\leqslant \beta(f) \cdot m
\end{aligned}
$$

因为对每条边 $(i,j) \in A_f$，$\sum_{k:(i,j) \in \Gamma_k} \delta_k \cdot \chi(\Gamma_k, i, j) \leqslant u_f(i,j)$，像 $\delta_k \cdot \chi(\Gamma_k)$ 在 G_f 中给出的分解流一样。∎

引理 6.14 f 是合适流，Γ 是 A_f 中的 GAP。消去 Γ 使流的数值至少增加 $\beta(\Gamma)$。特别是，若存在 $\hat{\beta}$，满足 $\beta(\Gamma) \geqslant \hat{\beta}$，则流的数值至少增加 $\hat{\beta}$。

证明 已知在路径 Γ 的边上增加 $\delta \cdot \chi(\Gamma)$ 来增加流的数值，其中 $\delta = \min_{(i,j) \in \Gamma} u_f(i,j) / \chi(\Gamma, i, j)$。因此，流的数值增加为

$$
\delta |\chi(\Gamma)| = \beta(\Gamma) \left(\sum_{(i,j) \in \Gamma} \delta \cdot \frac{\chi(\Gamma, i, j)}{u_f(i,j)} \right) \geqslant \beta(\Gamma) \geqslant \hat{\beta}
$$

因为 $\delta = u_f(i,j) / \chi(\Gamma, i, j)$，存在边 $(i,j) \in \Gamma$。∎

结合前面两个引理可得下面的定理，其证明与定理 5.6 的证明非常相似。唯有终止条件不同。

定理 6.15 算法 6.2 循环 $m \ln \frac{1}{\epsilon}$ 次后得到 ϵ-最优合适流。

证明 用循环次数来构造算法结果。$f^{(k)}$ 是循环 k 次后算法所得到的合适流，若算法开始时为合适流 f。若每次循环中，消去 GAP 回路 Γ，使得 $\beta(f) = \beta(\Gamma)$，由引理 6.13 和 6.14 可知，得到的合适流 $f^{(1)}$ 的数值至少为

$$
|f^{(1)}| \geqslant |f| + \beta(f) \geqslant |f| + \frac{1}{m}(|f^*| - |f|)
$$

$$
|f^*| - |f^{(1)}| \leqslant \left(1 - \frac{1}{m}\right)(|f^*| - |f|)
$$

且在循环 k 次后，

$$
|f^*| - |f^{(k)}| \leqslant \left(1 - \frac{1}{m}\right)^k (|f^*| - |f|)
$$

所以，若 $k = m \ln \frac{1}{\epsilon}$ 和 $1 - x < e^{-x}$，对 $x \neq 0$，我们有：

$$|f^*| - |f^{(k)}| < e^{-\ln(1/\epsilon)}|f^*| = \epsilon|f^*|$$

使得 $|f^{(k)}| > (1 - \epsilon)|f^*|$，所以，$f^{(k)}$ 是 ϵ-最优合适流。 ∎

我们不是讨论如何找 GAP 路径 Γ，使得 $\beta(f) = \beta(\Gamma)$，而是设计算法的扩展版，就像对最大流问题设计的最优路径算法的扩展版 (2.5 节)，以及最小代价环流问题的 Wallacher 算法的扩展版 (5.2 节)。我们保持一个度量参数 $\hat{\beta}$，且找 GAP 路径使得 $\beta(\Gamma) \geqslant \hat{\beta}$。

为此，我们在边上引入代价 $c(i, j) = \hat{\beta}/u_f(i, j)$，新的汇合点 t'，新边 (t, t') 且 $c(t, t') = -1$，收益 $\gamma(t, t') = 1$。G'_f 是新的剩余图，其包含代价和新边 (t, t')。考虑 GAP 路径 Γ 的代价 $c(\Gamma) = \sum_{(i,j)\in\Gamma} c(i, j)\chi(\Gamma, i, j)$，也就是说，GAP 路径中每条边的代价乘以特征流数值。我们说 Γ 有负代价，当且仅当 $c(\Gamma) < 0$。

引理 6.16 对 GAP 路径 Γ，在新图 G'_f 中，有 $c(\Gamma) < 0$，当且仅当在原始剩余图 G_f 中有 $\beta(\Gamma) > \hat{\beta}$。

证明 很显然，该代价是负数，当且仅当

$$c(\Gamma) = \hat{\beta} \sum_{(i,j)\in\Gamma : (i,j)\neq(t,t')} \frac{\chi(\Gamma, i, j)}{u_f(i, j)} - |\chi(\Gamma)| < 0$$

当且仅当

$$\hat{\beta} < \frac{|\chi(\Gamma)|}{\sum_{(i,j)\in\Gamma : (i,j)\neq(t,t')} \frac{\chi(\Gamma,i,j)}{u_f(i,j)}} = \beta(\Gamma)$$

在原始剩余图 G_f 中。 ∎

算法思路清晰：在图 G'_f 中找负代价 GAP(若存在)，且在 G_f 中消去它们。若不存在，使 $\hat{\beta}$ 减半，并重复上述步骤。开始时，置 $\hat{\beta}$ 为 B^2：消去任意 GAP 可增加流量至多为边的最大容量乘上其最大收获。我们可把 B 设定为边的容量和最大收益的上界，这样，消去任意 GAP 能增加的上限由上限 B^2 来限定。该算法的思路如算法 6.3 所示。

算法 6.3   广义最大流问题：Wallacher 式 GAP 消去算法的扩展算法

输入： $G = (V, A)$，$\forall_{i,j\in V}\, u(i, j)$，$\forall_{i,j\in V}\, \gamma(i, j)$。

输出： 图 G 的广义最大流 f。

1: $f \leftarrow 0$
2: $\hat{\beta} \leftarrow B^2$
3: **while** $\hat{\beta} > \frac{\epsilon}{2m}|f|$ **do**
4:     向图 G_f 加顶点 t'，边 (t, t')，并置 $\gamma(t, t') = 1$ 来构建新图 G'_f
5:     在图 G_f 中，置 $c(t, t') = -1$，对所有边 $(i, j) \in A_f$，$c(i, j) = \hat{\beta}/u_f(i, j)$
6:     **if** 在 G'_f 中存在 GAP 路径 Γ 且 $c(\Gamma) < 0$ **then**
7:         消去回路 Γ
8:         修改流 f
9:     **else**

10:          $\hat{\beta} \leftarrow \hat{\beta}/2$

11: **return** f

当然，为使该算法正常工作，需用子程序来检测并返回负代价 GAP(若存在)。6.3 节将证明下面的定理。该算法非常类似 1.3 节中检测负代价回路的 Bellman-Ford 算法，虽然分析过程略微复杂一点。为使算法有效，图必须不存在负代价单位收益回路或负代价双回路结构。算法中，G'_f 中唯一有负代价的边是 (t,t')，且没有顶点 t' 的出边，所以，在 G'_f 中不存在任意负代价的单位收益回路或负代价双回路结构。

定理 6.17   若图中不存在负代价单位收益回路，也无负代价双回路结构，则可在 $O(mn)$ 时间内检测并返回负代价 GAP。

算法 6.3 的分析类似前面的扩展算法。我们定义 $\hat{\beta}$-度量阶段表示固定 β 值的循环部分。下面证明每个 β-度量阶段不会有太多的循环。

引理 6.18   每个 $\hat{\beta}$-度量阶段至多有 $2m$ 次循环。

证明   之前已论证消去任何 GAP 可使流的数值至多增加 B^2，由引理 6.14 可知消去任何 GAP 路径 Γ 使流的数值至少增加 $\beta(\Gamma)$。因为 $\hat{\beta}$ 的初值为 B^2，我们知道对任意 GAP 路径 $\Gamma \subseteq A_f$，有 $\beta(\Gamma) \leqslant \hat{\beta}$。此外，由引理 6.16 可知，当图 G'_f 不存在负代价 GAP 时，结束当前 $\hat{\beta}$-度量阶段，此时对任何 GAP 路径 $\Gamma \subseteq A_f$，有 $\beta(\Gamma) \leqslant \hat{\beta}$。这时，对 GAP 路径 $\Gamma \subseteq A_f$，使得 $\beta(f) = \beta(\Gamma)$。

因此，由引理 6.13 可知在 $\hat{\beta}$-度量阶段结束时，$\hat{\beta} \geqslant \beta(f) \geqslant \frac{1}{m}(|f^*| - |f|)$，并将 $\hat{\beta}$ 减半，所以，在下次 $\hat{\beta}$-度量阶段开始时，有 $\hat{\beta} \geqslant \frac{1}{2m}(|f^*| - |f|)$。若从流 f 开始 $\hat{\beta}$-度量阶段，由引理 6.16 可知，每消去一个 GAP 使流的数值至少增加 $\beta(\Gamma) > \hat{\beta} \geqslant \frac{1}{2m}(|f^*| - |f|)$。因此，在 k 次消去后，流的数值至少为 $|f| + \frac{k}{2m}(|f^*| - |f|)$。所以，在 $2m$ 此循环后，流的数值至少为 $|f^*|$，所以，$\hat{\beta}$-度量阶段不再有其他循环。∎

还需论证当算法终止时，得到 ϵ-最优合适流。

引理 6.19   算法 6.3 终止时可得 ϵ-最优合适流。

证明   像引理 6.18 的证明那样，在 $\hat{\beta}$-度量阶段开始时，$\hat{\beta} \geqslant \frac{1}{2m}(|f^*| - |f|)$。因此，若 $\hat{\beta} \leqslant \frac{\epsilon}{2m}|f|$，则有 $|f^*| - |f| \leqslant \epsilon|f| \leqslant \epsilon|f^*|$，其可推出 $|f| \geqslant (1-\epsilon)|f^*|$。∎

6.3 节将证明：假设在 G'_f 中不存在负代价单位收益回路和双回路结构，则可在 $O(mn)$ 时间内找到负代价 GAP。给定此运行时间，可界定算法 6.3 的运行时间。假设 $|f^*| > 0$。我们可消去此假设，方法是初始置 $f = 0$，在剩余图 G_f 中用负代价 GAP 算法检测是否存在负代价 GAP。若不存在，则 $f = 0$ 是最优，否则，一定有 $|f^*| > 0$。我们需要此假设是为了引用下面的引理，此处省略其证明，可参阅本章后记了解该定理的证明。

引理 6.20   若 $|f^*| > 0$，则 $|f^*| \geqslant 1/(m!B^{2m})$。

下面我们界定算法的循环次数。

定理 6.21   假设 $|f^*| > 0$，算法 6.3 找 ϵ-最优合适流所需时间为 $O(m^2 n \log \frac{mB}{\epsilon})$。

证明   我们将 $\hat{\beta}$-度量阶段分为两类：一类是消去第一个 GAP 之前，另一类是消去第一个 GAP 之后。对前者，只需检测负代价 GAP。由引理 6.18 和 6.20 可知，在每个 $\hat{\beta}$-度量阶段开始时，$\beta \geqslant \frac{1}{2m}(|f^*| - |f|) = \frac{1}{2m}|f^*| \geqslant \frac{1}{2m \cdot m! B^{2m}}$，因为 $|f| = 0$，直至消去第一个 GAP。所以，我们至多有 $O(\log(2m \cdot m! B^{2m})) = O(m \log(mB))$ 个第一类 $\hat{\beta}$-度量阶段，且至多有 $O(m \log(mB))$ 个负代价 GAP 子程序调用。一旦消去第一个 GAP，由引理 6.14 可知流的数值变为 $|f| \geqslant \hat{\beta}$。

此后，$|f|$ 只增加，$\hat{\beta}$ 只减少，所以，在 $\hat{\beta} \leqslant \frac{\epsilon}{2m}|f|$ 之前，至多有 $O(\log \frac{2m}{\epsilon})$ 个第二类 $\hat{\beta}$-度量阶段。在每个二类 $\hat{\beta}$-度量阶段，至多有 $2m$ 个负代价 GAP 检测和 $O(m \log \frac{2m}{\epsilon})$ 个负代价 GAP 子程序调用。因此，总共需 $O(m \log(mB)) + O(m \log \frac{m}{\epsilon}) = O(m \log \frac{mB}{\epsilon})$ 负代价 GAP 子程序调用，总运行时间为 $O(m^2 n \log \frac{mB}{\epsilon})$。 ∎

推论 6.22   可在 $O(m^3 n \log(mB))$ 时间内得到最大合适流。

证明   若置 $\epsilon < 1/(m! \cdot B^{2m})$，可用定理 6.10 从 ϵ-最优流得到最大流。 ∎

6.3 负代价 GAP 检测

本节给出 6.2 节算法中的找负代价 GAP 的子程序。给定图 $G = (V, A)$，$c(i, j)$，所有边 $(i, j) \in A$。若图中不存在负代价的单位收益回路或双回路结构，则该子程序可找到负代价 GAP。之前已讨论，算法 6.3 在图中不存在负代价单位收益回路或负代价双回路结构时调用此子程序。

如前所述，所给算法类似于 1.3 节找负代价回路的 Bellman-Ford 算法。算法中计算值 $d_k(i)$，它是在恰好有 k 条边的 i-t 路径 (可能不是简单路径) 上发送一个单元流量时所需的最小代价。由归纳可得：

$$d_k(i) = \min_{(i,j) \in A}(c(i, j) + \gamma(i, j) d_{k-1}(j))$$

因为在边 (i, j) 上发送一个单位流量需花费 $c(i, j)$。顶点 j 有 $\gamma(i, j)$ 个单位流量，从 $k-1$ 条边的 j-t 路径上推送 $\gamma(i, j)$ 个单位流量的代价为 $\gamma(i, j) d_{k-1}(j)$，如下图所示[⊖]，详见算法 6.4 中的描述。

⊖ 译者注：根据译者理解所添加的示意图，为不改变书中图的编号，添加的图都未加编号。

算法 6.4   负代价 GAP 检测算法

输入: $G = (V, A)$, $\forall_{i,j \in V} u(i,j)$, $\forall_{i,j \in V} \gamma(i,j)$。

输出: 图 G 的广义最大流 f。

1: $d_0(t) \leftarrow 0$

2: **for all** $i \in V - \{t\}$ **do** $d_0(i) \leftarrow \infty$

3: **for** $k \leftarrow 1$ to $2n$ **do**

4:    **for all** $i \in V$ **do** $d_k(i) \leftarrow \min_{(i,j) \in A}(c(i,j) + \gamma(i,j)d_{k-1}(j))$

5: **for all** $i \in V$ **do** $d(i) \leftarrow \min_{k=0,\cdots,2n-1} d_k(i)$

6: **if** 对所有的顶点 $i \in V$, 都有 $d_{2n}(i) \geqslant d(i)$ **then return** ("无负代价 GAP")

7: **for all** $i \in V$ **do**

8:    k 是 $[0, \cdots, 2n-1]$ 中满足 $d_k(i) = d(i)$ 的最小值

9:    沿 $d(i)$ 所确定的 k 条边找汇合点前的最后一个顶点 j。C 是回路 (若存在), P 是 j-t 路径

10:    **if** 存在回路 C 且 $\gamma(C) > 1$ **then return** $(C + P)$ ▷ GAP 路径 Γ 为 $C + P$

11: **return** ("无负代价 GAP")

与 Bellman-Ford 算法不同, 该算法需循环 $2n$ 次。$d(i)$ 是所有 $d_k(i)$ 的最小值, $k = 0, \cdots, (2n-1)$。若对所有顶点 $i \in V$, 有 $d_{2n}(i) \geqslant d(i)$, 则可证明不存在负代价 GAP, 它类似算法 1.6 中的负代价回路检测算法的最后一次循环。否则, 对每个顶点 $i \in V$, 找最小的 k, 使得 $d_k(i) = d(i)$, 并跟踪由 $d_k(i)$ 确定的 (可能不是简单的) 到汇合点 t 的路径。若该路径不是简单路径, 反复找最接近汇合点 t 的顶点 j, 并由此确定回路 C(包含重复顶点 j) 和一个 j-t 的简单路径 P(见图 6.5)。

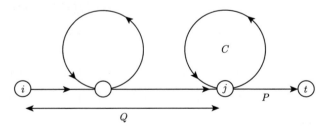

图 6.5   由算法 6.4 的动态规划创建的 i-t 的非简单路径示例图

若回路 C 满足 $\gamma(C) > 1$, 则找到一个 GAP。我们论断: 该 GAP 一定有负代价, 算法返回之。若检查所有顶点都没找到 GAP, 则论断不存在负代价 GAP。下面证明此论断可确定算法的正确性。

从顶点 j 开始的特征流 C 记为 $\chi(C, j)$, C 上的环流是顶点 j 的出边 $(j, \ell) \in C$ 上的单位流量。$\chi(C, j, h, \ell)$ 是边 (h, ℓ) 上的特征流。C 的代价 $c(C, j) = \sum_{(h,\ell) \in C} c(h, \ell) \cdot \chi(C, j, h, \ell)$。同理, 在从顶点 j 开始的路径 P 上推送单元流量, $\chi(P, j)$ 是路径 P 上的特征流, 且路径 P 上的代价 $c(P, j) = \sum_{(h,\ell) \in P} c(h, \ell) \cdot \chi(P, j, h, \ell)$。

展开图 6.5 如下图所示, 下面的引理所讨论的情形是最后一段路径 $C + P$。

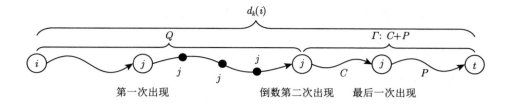

图中标注：$d_k(i)$，Q，$\Gamma: C+P$，i，j，j，j，j，C，j，P，t，第一次出现，倒数第二次出现，最后一次出现

引理 6.23 k 是 $0, 1, \cdots, 2n-1$ 中的最小值，使得 $d_k(i) = d(i)$。$d_k(i)$ 是长度为 k 的 i-t 路径，并假设该路径不是简单路径。j 是该路径中离汇合点最近的重复顶点，C 是路径中倒数第二个顶点 j 和最后一个顶点 j 所构成的回路，P 是路径中从最后一个顶点 j 到 t 的路径 (如图 6.5 所示)。则 $d_{|P|+|C|}(j) < d_{|P|}(j)$。

证明 路径 Q 是从顶点 i 到路径 $d_k(i)$ 中倒数第二个顶点 j 的路径 (可能不是简单路径)。可得 $d(i) = d_k(i) = c(Q, i) + \gamma(Q) d_{|P|+|C|}(j)$。此外，由于存在 $k - |C|$ 条边 i-t 的路径 Q，再接路径 P，由动态规划的性质可知一定有 $d_{k-|C|}(i) \leqslant C(Q, i) + \gamma(Q) d_{|P|}(j)$。然后，若 $d_{|P|+|C|}(j) \geqslant d_{|P|}(j)$，则结合前面两个不等式可得：

$$d(i) = d_k(i) = c(Q, i) + \gamma(Q) d_{|P|+|C|}(j) \geqslant c(Q, i) + \gamma(Q) d_{|P|}(j) \geqslant d_{k-|C|}(i)$$

这与 $d(i)$ 的定义 (若 $d(i) > d_{k-|C|}(i)$) 或 k 的选取相矛盾。∎

引理 6.24 若算法返回 GAP 路径 Γ，则 $c(\Gamma) < 0$。

证明 假设已知路径 P 和顶点 j-j 的回路 C，顶点 j 为前一引理中描述的顶点。由算法返回 GAP 可知 $\gamma(C) > 1$，C 是增流回路，使得 Γ 的确是 GAP。引理 6.23 可得 $d_{|P|+|C|}(j) < d_{|P|}(j)$。显然，有：

$$d_{|P|+|C|}(j) = c(C, j) + \gamma(C) d_{|P|}(j)$$

且 $d_{|P|}(j) = c(P, j)$。所以，

$$0 > d_{|P|+|C|}(j) - d_{|P|}(j) = c(C, j) + \gamma(C) c(P, j) - c(P, j) = c(C, j) + (\gamma(C) - 1) c(P, j)$$
$$= c(\Gamma)$$

所以，引理证得。∎

引理 6.25 若算法不返回负代价 GAP，则图中一定不存在负代价 GAP。

证明 用反证法来证明。假设存在负代价 GAP 路径 Γ，它由路径 P(可能为空) 和包含顶点 i 的增流回路组成。k 是在 $[0, 1, \cdots, 2n-1]$ 中的最小值，使得 $d(i) = d_k(i)$。Q 是 (可能不是简单路径) 长度为 k 的 i-t 路径，使得 $d_k(i) = c(Q, i)$。

先论证 Q 不是简单 i-t 路径，否则，

$$c(Q, i) = d_k(i) = d(i) \leqslant d_{|P|}(i) = c(P, i)$$

再论述由增流回路 C 和简单 i-t 构成的 GAP 是负代价 GAP Γ'。为此，

$$c(\Gamma') = c(C,i) + (\gamma(C) - 1)c(Q,i) \leqslant c(C,i) + (\gamma(C) - 1)c(P,i) = c(\Gamma) < 0 \qquad (6.6)$$

由上面的不等式可得：

$$c(C,i) + \gamma(C)c(Q,i) < c(Q,i) = d(i)$$

但可推出，从顶点 i 开始，沿回路 C 和路径 Q 遍历，是一条比 $d(i)$ 代价小的 i-t 路径，所以，$d_{|C|+|Q|}(i) < d(i)$。因为 $|C| + |Q| \leqslant 2n-1$，这与满足 $d(i) = d_k(i)$ 的 k 选取相矛盾。

因为 Q 不是简单的路径，现把 Q 分成三部分。j 是 i-t 路径中的最后一个重复顶点，C' 是路径 Q 中倒数第二个 j 和最后一个 j 所形成的回路。P' 是最后一个顶点 j 到汇合点 t 的路径。Q' 是从顶点 i 到倒数第二个 j 所构成的路径 (见图 6.6，可参考前面图 6.5 的展开示意图)。由引理 6.23 有 $d_{|C'|+|P'|}(j) < d_{|P'|}(j)$，所以，一定有 $c(C',j)+\gamma(C')c(P',j)<c(P',j)$，或

$$c(C', j) + (\gamma(C') - 1)c(P', j) < 0 \qquad (6.7)$$

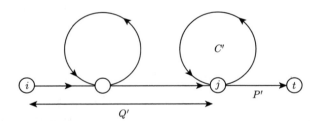

图 6.6   引理证明中动态规划从 i 到 t 所创建的非简单路径 Q 的实例

现在论证 C' 不会是增流回路、单位收益回路或损流回路。因此，不存在非简单路径 Q，从而得到矛盾之处。

若 C' 是增流回路，则算法将返回由 C' 和 P' 形成的 GAP，由不等式 (6.7) 可知这是负代价 GAP。若 C' 是单位收益回路，则由不等式 (6.7) 可知 $c(C',j) < 0$，即 C' 是负代价单位收益回路。由假设可知不存在这样的回路。若 C' 是损流回路，则遍历增流回路 C、路径 Q' 和损流回路 C' 构成负代价双回路结构。由假设可知不存在负代价双回路结构。我们先确定在 C 中从顶点 i 开始推送单位流量在双回路结构上的代价。代价 $c(C,i)$ 是回路 C 上流的代价，沿路径 Q' 推送 $\gamma(C) - 1$ 个单位流量的代价为 $(\gamma(c) - 1)c(Q',i)$，从而在损流回路 C' 上推送 $(\gamma(c) - 1)\gamma(Q')$ 个单位流量的代价为：

$$(\gamma(C) - 1)\gamma(Q')c(C',j)[1 + \gamma(C') + \gamma(C')^2 + \gamma(C')^3 + \cdots]$$
$$= (\gamma(C) - 1)\gamma(Q')[c(C',j)/(1 - \gamma(C'))]$$

所以，双回路结构的代价为：

$$c(C,i) + (\gamma(C) - 1)c(Q',i) + (\gamma(C) - 1)\gamma(Q')c(C',j)/(1 - \gamma(C')) \qquad (6.8)$$

下面证明该代价是负数。由不等式 (6.7) 可知：

$$c(C',j) + \gamma(C')c(P',j) < c(P',j)$$

所以，

$$c(P',j) > c(C',j)/(1 - \gamma(C'))$$

由不等式 (6.6) 可知：

$$c(C,i) + (\gamma(C) - 1)c(Q,i) < 0$$

那么，在损流之后，有：

$$c(Q,i) = c(Q',i) + \gamma(Q')c(C',j) + \gamma(Q')\gamma(C')c(P',j)$$

所以，我们有：

$$
\begin{aligned}
0 &> c(C,i) + (\gamma(C) - 1)[c(Q',i) + \gamma(Q')c(C',j) + \gamma(Q')\gamma(C')c(P',j)] \\
&> c(C,i) + (\gamma(C) - 1)[c(Q',i) + \gamma(Q')c(C',j) + \gamma(Q')\gamma(C')c(C',j)/(1 - \gamma(C'))] \\
&= c(C,i) + (\gamma(C) - 1)\left[c(Q',i) + \gamma(Q')c(C',j)\left(1 + \frac{\gamma(C')}{1 - \gamma(C')}\right)\right] \\
&= c(C,i) + (\gamma(C) - 1)[c(Q',i) + \gamma(Q')c(C',j)/(1 - \gamma(C'))]
\end{aligned}
$$

其中，最后一个表达式是由式 (6.8) 可得的双回路结构的代价。由此可知该代价是负数。

因此，这可得出矛盾。若没返回负代价 GAP，则一定不存在负代价 GAP。 ∎

6.4　有损图、Truemper 算法和收益度量

本节讨论供应量 $b(i)$ 可能不为 0 并找最大广义流的问题，而不是找合适流。6.2 节给出的算法用到最优定理 6.8 的部分结论，即合适流是最大的，当且仅当不存在 GAP。本节采用另一最优定理 (定理 6.11)，并用另一条件给出相应算法：合适流是最大的，当且仅当存在标记 μ 使得 $\gamma^\mu(i,j) \leqslant 1$，对所有边 $(i,j) \in A_f^\mu$ 和 $e_f^\mu(i) = 0$，对所有顶点 $i \neq t$。

我们先论述在找一个流 (而不是合适流) 的情况下可简化为有损图。有损图是指其所有正容量边 (i,j) 的收益率满足 $\gamma(i,j) \leqslant 1$。为此，我们消去所有增流回路，这使所得顶点标记在重标后的剩余图中都是有损的。练习 6.4 要求读者证明可用之前的负代价回路消去算法在 $O(m^2 n^3 \log(nB))$ 时间内消去所有增流回路。特别是，对增流回路 C，任取边 $(i,j) \in C$，若为消去回路 C 在边 (i,j) 上推送 δ 个单位流量，则在顶点 i 产生的过剩流量为 $\delta(\gamma(C) - 1)$，使 $b(i)$ 增加 $\delta(\gamma(C) - 1)$。

在 6.1 节中，当不存在可达汇合点的增流回路时，可通过置代价 $c(i,j) = -\log\gamma(i,j)$ 来计算正则标记，且由此得到的标记 μ 使得 $\gamma^\mu(i,j) \leqslant 1$，对所有的有正容量边 (i,j)。因此，重标剩余图是有损图，且对所有顶点 i 有非负供应量 $b^\mu(i)$。该算法思路如算法 6.5 所示。

算法 6.5   简化为有损图的算法

1: **function** REDUCETOLOSSY$(\bar{G}, \bar{u}, \bar{\gamma}, \bar{b})$
2:     $\bar{f} \leftarrow 0$
3:     **while** 在 $\bar{A}_{\bar{f}}$ 中存在增流回路 C **do**
4:         选取顶点 $i \in C$, δ 是消去回路 C 所需的流量
5:         消去回路 C, 并修改 $\bar{f}$
6:     $\bar{b} \leftarrow e_{\bar{f}}$
7:     在图 $\bar{G}_{\bar{f}}$ 中计算正则标记 $\bar{\mu}$
8:     **return** $(\bar{G}, \bar{u}_{\bar{f}}^{\bar{\mu}}, \bar{\gamma}^{\bar{\mu}}, \bar{b}^{\bar{\mu}}, \bar{f}^{\bar{\mu}})$

下面证明: 若能在算法 6.5 所返回的有损图中找到最大流, 则可在原始图中找到最大流。

引理 6.26 $\bar{f}$ 是算法 6.5 所得到的流, $\bar{\mu}$ 是正则标记, f 是有损图中的最大流, 则 $f + \bar{f}^{\bar{\mu}}$ 是原始图在标记 $\bar{\mu}$ 下的最大流。

证明 $\bar{G}$ 是原始图, 有容量 $\bar{u}$、收益 $\bar{\gamma}$ 和供应量 $\bar{b}$。该算法找出流 $\bar{f}$、标记 $\bar{\mu}$ 和输出图 $G = \bar{G}$, 有容量 $u = \bar{u}_{\bar{f}}^{\bar{\mu}}$、收益 $\gamma = \bar{\gamma}^{\bar{\mu}}$ 和供应量 $b = e_{\bar{f}}^{\bar{\mu}}$。若在输出图中找到最大流 f, 则有标记 μ, 使得 $\gamma^{\mu}(i,j) \leqslant 1$, 对所有边 $(i,j) \in A_f$ 和 $e_f^{\mu}(i) = 0$, 对所有的 $i \neq t$。现在论述 $g^{\bar{\mu}} = f + \bar{f}^{\bar{\mu}}$ 是原始图在标记 $\bar{\mu}$ 下的最大流。

在原图 (重标过) 实例中, 流 g 满足容量约束, 因为对任意 $(i,j) \in A$,

$$f(i,j) \leqslant u(i,j) = \bar{u}_{\bar{f}}^{\bar{\mu}}(i,j) = \bar{u}^{\bar{\mu}}(i,j) - \bar{f}^{\bar{\mu}}(i,j) \tag{6.9}$$

所以, $f(i,j) + \bar{f}^{\bar{\mu}}(i,j) \leqslant \bar{u}^{\bar{\mu}}(i,j)$。此外, g 满足斜对称性, 因为 f 和 $\bar{f}^{\bar{\mu}}$ 都满足, 所以,

$$\begin{aligned} g^{\bar{\mu}}(i,j) = f(i,j) + \bar{f}^{\bar{\mu}}(i,j) &= -\gamma(j,i)f(j,i) - \bar{\gamma}^{\bar{\mu}}(j,i)\bar{f}^{\bar{\mu}}(j,i) \\ &= -\bar{\gamma}^{\bar{\mu}}(j,i)f(j,i) - \bar{\gamma}^{\bar{\mu}}(j,i)\bar{f}^{\bar{\mu}}(j,i) \\ &= -\bar{\gamma}^{\bar{\mu}}(j,i)g^{\bar{\mu}}(j,i) \end{aligned}$$

对原图, 给定供应量 $\bar{b}$, 由 $b(i) = e_{\bar{f}}^{\bar{\mu}}(i)$, 可得:

$$\begin{aligned} e_g^{\bar{\mu}}(i) &= \bar{b}^{\bar{\mu}}(i) - \sum_{k\,:\,(i,k)\in A} g^{\bar{\mu}}(i,k) \\ &= \bar{b}^{\bar{\mu}}(i) - \sum_{k\,:\,(i,k)\in A} f(i,k) - \sum_{k\,:\,(i,k)\in A} \bar{f}^{\bar{\mu}}(i,k) \\ &= \bar{b}^{\bar{\mu}}(i) + (e_f(i) - b(i)) + (e_{\bar{f}}^{\bar{\mu}}(i) - \bar{b}^{\bar{\mu}}(i)) \\ &= e_f(i) \end{aligned}$$

因此, $e_g^{\bar{\mu}}(i) = e_f(i) \geqslant 0$, 对所有顶点 $i \neq t$, 我们已证明 $g^{\bar{\mu}}$ 是原图在标记 $\bar{\mu}$ 下的可行流。

下面证明 g 是最大流。因为 f 是算法输出图的最大流, 所以存在标记 μ, 使得 $\gamma^{\mu}(i,j) \leqslant 1$, 对所有边 $(i,j) \in A_f$ 和 $e_f^{\mu}(i) = 0$, 对所有顶点 $i \neq t$。所以, 若对流 $g^{\bar{\mu}}$ 在边 (i,j) 上有

正剩余容量，则由式 $(6.9)g^{\bar{\mu}}(i,j) < \bar{u}^{\bar{\mu}}(i,j)$ 可推导出 $f(i,j) < \bar{u}^{\bar{\mu}}_{\bar{f}}(i,j)$ 或 $f(i,j) < u(i,j)$，所以，$\gamma^\mu(i,j) \leqslant 1$。另外，由上可知 $e^{\bar{\mu}}_g(i) = e_f(i)$，对所有顶点 $i \neq t$，所以，$e^{\bar{\mu}}_g(i)\mu(i) = e_f(i)\mu(i) = e^\mu_f(i) = 0$，对所有顶点 $i \neq t$。因此，对标记 $\bar{\mu} \cdot \mu$，在原图中，$\bar{\gamma}^{\bar{\mu}\mu}(i,j) \leqslant 1$，对流 g 中的所有正剩余容量边 (i,j) 和 $e^{\bar{\mu}\mu}_g(i) = 0$，对所有顶点 $i \neq t$。由此可知，已证明 g 是原图的最大流。∎

推论 6.27 $\bar{f}$ 是算法 6.5 所得到的流，$\bar{\mu}$ 是正则标记，f 是有损图中的 ϵ-最大流，则 $f + \bar{f}^{\bar{\mu}}$ 是原始图在标记 $\bar{\mu}$ 下的 ϵ-最大流。

证明 若 f^* 是算法 6.5 输出图的最大流，则有 $|f| \geqslant (1-\epsilon)|f^*|$ 或 $e_f(t) \geqslant (1-\epsilon)e_{f^*}(t)$。由引理 6.26 可知 $g = f^* + \bar{f}^{\bar{\mu}}$ 是原始图的最大广义流，由证明可知 $e^{\bar{\mu}}_g(t) = e_{f^*}(t)$。同理，我们有 $h = f + \bar{f}^{\bar{\mu}}$ 是可行的，且 $e^{\bar{\mu}}_h(t) = e_f(t)$，所以，

$$e^{\bar{\mu}}_h(t) = e_f(t) \geqslant (1-\epsilon)e_{f^*}(t) = (1-\epsilon)e^{\bar{\mu}}_g(t)$$

即推论成立。∎

给定有损图，我们沿增加路径 P 从供应点向汇合点推送流量。一旦不存在有过剩流量的顶点可到达汇合点，则所有标识的过剩流量都为 0，由定理 6.11 可知所得的流一定是最大流。

向汇合点推送过剩流量的第一个算法如下：给定有损图，其不存在增流回路，这样，可计算正则标记 μ。找由标记为 $\gamma^\mu(i,j) = 1$ 的边构成的到汇合点的路径，再沿该路径向汇合点推送尽可能多的流量。我们可用新源点 s 所添加的边找 s-t 最大流 (见第 2 章)。若重标收益 $\gamma^\mu(i,j) = 1$，则有 $\mu(i) = \gamma(i,j)\mu(j)$。因为对正则标记，$\mu(i)$ 是从顶点 i 到 t 的最高收益路径中的收益，若 $\mu(i) = \gamma(i,j)\mu(j)$，则边 (i,j) 一定在从 i 到 t 的最高收益路径上。在这些边上向汇合点推送过剩流量后，再计算正则标记，重复上述步骤，直至不再存在从有正过剩流量的顶点到汇合点的路径。该算法源自 Truemper[198]，因此称为 Truemper 算法。Truemper 算法如算法 6.6 所示。

算法 6.6　Truemper 算法

输入： $\bar{G} = (V, A)$，$\forall_{i,j \in V}\bar{u}(i,j)$，$\forall_{i,j \in V}\bar{\gamma}(i,j)$，$\forall_{i \in V}\bar{b}(i)$。
输出： 图 G 的广义最大流 f。
1: $(G, u, \gamma, b, \bar{f}) \leftarrow \textsc{ReduceToLossy}(\bar{G}, \bar{u}, \bar{\gamma}, \bar{b})$
2: $f \leftarrow 0$
3: **while** 存在顶点 i 且 $e_f(i) > 0$，且在图 G_f 中顶点 i 可达汇合点 t **do**
4:　　计算正则标记 μ
5:　　$A' \leftarrow \{(i,j) \in A_f : \gamma^\mu(i,j) = 1\}$
6:　　$u'(i,j) \leftarrow u^\mu_f(i,j)$ ▷ 此处的 j 应该是变化
7:　　添加新源点 s'
8:　　$A' \leftarrow A' \cup \{(s',i) : e^\mu_f(i) > 0, i \neq t\}$;　$u'(s',i) = e^\mu_f(i), i \neq t$
9:　　在图 $(V \cup \{s'\}, A')$ 中用容量 u' 找 s'-t 最大流 f' ▷ 原文中可能有误，$\{s\}$ 应为 $\{s'\}$

10:　　$f^\mu \leftarrow f^\mu + f'$
11: **return** $f + \bar{f}$

我们先证明流 f 在每次循环中仍为可行的。

引理 6.28　在算法中，流 f 在有损图中仍为可行的。

证明　算法开始时，$f = 0$，对所有顶点 $i \in V$，$e_f(i) = b(i) \geqslant 0$，对所有边 $(i,j) \in A$，有 $f(i,j) \leqslant u(i,j)$。在每次循环中，计算正则标记 μ 和流 f'，使得 $f'(i,j) \leqslant u_f^\mu(i,j)$，对所有边 $(i,j) \in A$，且由容量 $u'(s',i)$ 的选择可知，对每个顶点 $i \neq t$ 的净流 f' 至多为 $e_f^\mu(i)$。也就是说，$\sum_{k:(i,k)\in A} f'(i,k) \leqslant e_f^\mu(i)$。置新流为 $f^\mu + f'$。边 (i,j) 上重标的流量至多为 $f^\mu(i,j) + u_f^\mu(i,j) = u^\mu(i,j)$。顶点 $i \neq t$ 的重标过剩流量为

$$b^\mu(i) - \sum_{k:(i,k)\in A}\left(f^\mu(i,k) + f'(i,k)\right) = e_f^\mu(i) - \sum_{k:(i,k)\in A} f'(i,k) \geqslant 0$$

所以，新流是可行的。　■

在每次循环中，为计算正则标记，需确保在循环结束时所得到的新流 f^μ 仍保持剩余图是有损的。

引理 6.29　算法 6.6 中主循环的每次循环开始时，剩余图 G_f 是有损的。

证明　对算法用归纳法证明。初始图是有损的，在第一次循环开始时，计算正则标记后有 $\gamma^\mu(i,j) \leqslant 1$，对所有边 $(i,j) \in A_f$。在每次循环中，仅修改边 (i,j) 上的流，使得 $\gamma^\mu(i,j) = 1$。因此，我们仅在边 (j,i) 上引入新的标记，使得 $\gamma^\mu(j,i) = 1/\gamma^\mu(i,j) = 1$。因此，循环结束时，$\gamma^\mu(i,j) \leqslant 1$，对所有边 $(i,j) \in A_f$。　■

我们根据不同收益的路径数目来界定主循环的循环次数。虽该界限不能给出多项式时间算法，但它为我们准备好了多项式时间算法。

引理 6.30　算法 6.6 主循环的循环次数不多于到达汇合点简单路径的不同收益的个数，也就是说，循环次数至多为 $|\{\gamma(P) : P \text{是 } i\text{-}t \text{ 路径}, i \in V\}|$。

证明　在每次循环结束时，在图 A_f 中，没有从有正过剩流量的顶点到汇合点的路径 P，使得 $\gamma^\mu(P) = 1$，否则，可沿该路径推送一些过剩流量。因此，对任意此类路径 $P \subseteq A_f$，$\gamma^\mu(P) < 1$。

考虑在下一次循环时计算正则标记 $\tilde{\mu}$。对每个顶点 $\ell \in V$，对简单 ℓ-t 路径 $P \subseteq A_f$，$\tilde{\mu}(\ell) = \gamma(P)$。现在证明 $\tilde{\mu}(\ell) < \mu(\ell)$。为此，我们考虑 $\tilde{\mu}(\ell)/\mu(\ell)$。可得

$$\frac{\tilde{\mu}(\ell)}{\mu(\ell)} = \frac{1}{\mu(\ell)}\gamma(P) = \frac{\mu(t)}{\mu(\ell)}\prod_{(i,j)\in P}\gamma(i,j) = \prod_{(i,j)\in P}\gamma(i,j)\frac{\mu(j)}{\mu(i)} = \gamma^\mu(P) < 1$$

$\tilde{\mu}(\ell) < \mu(\ell)$，因为存在 ℓ-t 路径 P 使得 $\tilde{\mu}(\ell) = \gamma(P)$，所以循环次数不会多于到达汇合点 t 的路径的不同收益个数。　■

定理 6.31　　算法 6.6 可得到最大广义流 f。

证明　　为证明此结论，我们考虑在算法终止时计算正则标记 μ。由引理 6.29 可知，在算法结束时剩余图是有损的，且不存在增流回路。因此，有 $\gamma^{\mu}(i,j) \leqslant 1$，对所有边 $(i,j) \in A_f$。此外，在算法终止时，不存在有正过剩流量的顶点 i，且它在图 G_f 中可达汇合点 t。因此，我们知道对任何顶点 i，且 $e_f(i) > 0$，给定正则标记 $\mu(i) = 0$，所以，$e_f^{\mu}(i) = 0$。由定理 6.11 可知对子程序 REDUCETOLOSSY 返回的有损图，流 f 一定是最优的。由引理 6.26 可知，对于原图 (重新标记的)，返回的流 $f + \bar{f}$ 是最大流。　■

引理 6.30 给出一个修改 Truemper 算法使其在多项式时间内运行的自然思路：修改收益，使具有不同可能收益的简单路径个数只有多项式个数。对给定 $\epsilon > 0$，我们置

$$d = (1 + \epsilon)^{1/n}$$

然后，对每条边 (i,j)，且 $\gamma(i,j) \leqslant 1$，我们使 $\gamma(i,j)$ 最近 d 的指数形式，即

$$\hat{\gamma}(i,j) = d^{\lfloor \log_d \gamma(i,j) \rfloor}, \qquad \hat{\gamma}(j,i) = 1/\hat{\gamma}(i,j)$$

由于任何简单路径的收益至多为 B^n，且至少为 B^{-n}，因此，具有不同收益的简单路径的个数至多为

$$\log_d B^{2n} = \frac{2n \log B}{\log d} = \frac{2n^2 \log B}{\log(1 + \epsilon)}$$

且对给定常数 ϵ，该数值为输入大小的多项式。因此，若用收益 $\hat{\gamma}$ 来运行算法 6.6，则该算法的运行时间是输入大小的多项式时间。用 d 的幂来修改收益的想法称为**收益度量**。

然而，收益度量带来另一个问题，因为我们需要将网络中带有度量收益的流与 REDUCETOLOSSY 所给的带收益的有损图中的流联系起来。假设用算法 6.6 在带收益度量 $\hat{\gamma}$ 的图中找最大流 h。对带收益 γ 的有损图，可用下式把流 h 解释为流 f：

$$f(i,j) = \begin{cases} h(i,j) & h(i,j) \geqslant 0 \\ -\gamma(j,i)h(j,i) & h(i,j) < 0 \end{cases}$$

所以，流 f 满足斜对称。把修改后的算法形式描述成算法 6.7。

算法 6.7　**带收益度量的 Truemper 算法**

1: **function** GAINSCALINGTRUEMPER($\bar{G}, \bar{u}, \bar{\gamma}, \bar{b}, \epsilon$)
2: 　　$(G, u, \gamma, b, \bar{f}) \leftarrow$ REDUCETOLOSSY($\bar{G}, \bar{u}, \bar{\gamma}, \bar{b}$)
3: 　　$h \leftarrow 0$;　　$d \leftarrow (1 + \epsilon)^{1/n}$
4: 　　**for all** $(i,j) \in A$ **do**
5: 　　　　**if** $\gamma(i,j) \leqslant 1$ **then** $\hat{\gamma}(i,j) \leftarrow d^{\lfloor \log_d \gamma(i,j) \rfloor}$
6: 　　　　**else** $\hat{\gamma}(i,j) \leftarrow d^{-\lfloor \log_d \gamma(j,i) \rfloor}$
7: 　　**while** 存在顶点 i 且 $e_h(i) > 0$，且在图 G_h 中顶点 i 可达汇合点 t **do**
8: 　　　　对收益 $\hat{\gamma}$，计算正则标记 μ

9:	添加新源点 s'
10:	$A' \leftarrow \{ (i,j) \in A_h : \hat{\gamma}^\mu(i,j) = 1 \}$
11:	$u'(i,j) \leftarrow u_h^\mu(i,j)$　　　　　　　　　　　　　　　　　　　　$\triangleright$ 此处的 j 应该是变化
12:	$A' \leftarrow A' \cup \{ (s',i) : e_h(i) > 0 \}$
13:	在图 $(V \cup \{ s' \}, A')$ 中用容量 u' 找 s'-t 最大流 h'
14:	$h^\mu \leftarrow h^\mu + h'$
15:	**for all** $(i,j) \in A$ **do**
16:	**if** $h(i,j) \geqslant 0$ **then** $f(i,j) \leftarrow h(i,j)$
17:	**else** $f(i,j) \leftarrow -\gamma(i,j)h(j,i)$
18:	**return** $f + \bar{f}$

我们将证明算法 6.7 可在 REDUCETOLOSSY 所得的有损图中找近似最优流 f。由推论 6.27 可知该算法对原始图可得近似最优流。对 f 是流 (而不是合适流) 且图是有损图的情况，需先修改分解引理 (引理 6.12)。我们把该证明留作练习 (练习 6.3)。

引理 6.32　　有损图中的流 f 可分解成广义伪流 $f_1, f_2, \cdots, f_\ell$，$\ell \leqslant m$，使得 $f = \sum_{i=1}^{\ell} f_i$，$|f| = \sum_{i=1}^{\ell} |f_i|$，对每个顶点 i，正流量 f_i 的边是简单的 j-t 路径、单位收益回路或连接有损流回路的路径，仅对到 t 的简单路径为 $|f_i| > 0$。

定理 6.33　　算法 6.7 在原图 (被重标过) 中找到 ϵ-最优广义流的时间为 $O(n^2 \log B / \log(1+\epsilon))$ 条最大 s-t 流所需的时间，再加上使之简化有损图所需的时间 $O(m^2 n^3 \log(nB))$。

证明　　我们先把原图简化为有损图。由收益 γ 的构建可知，在有损图中，对所有有正容量的边 (i,j)，$\hat{\gamma}(i,j) \leqslant \gamma(i,j) \leqslant 1$。由引理 6.29，剩余图 G_h 在算法后面的步骤都一定是有损的。

我们先论述由算法得到流 h 相对应的流 f 是有损图中的流，即对所有顶点 $i \in V$，$e_f(i) \geqslant 0$。在有损图中，在流 h 中所有有正流量的边一定是收益 $\gamma(i,j) \leqslant 1$ 的边，因为只有这些边有正容量。因此，若 $h(i,j) < 0$，则由斜对称可知 $h(j,i) > 0$，所以，$\hat{\gamma}(j,i) \leqslant \gamma(j,i) \leqslant 1$。因为对所有顶点 $i \in V$，$e_h(i) \geqslant 0$，所以

$$
\begin{aligned}
e_f(i) &= b(i) - \sum_{j : (i,j) \in A} f(i,j) \\
&= b(i) - \sum_{j : (i,j) \in A, h(i,j) > 0} h(i,j) + \sum_{j : (i,j) \in A : h(i,j) < 0} \gamma(j,i)h(j,i) \\
&\geqslant b(i) - \sum_{j : (i,j) \in A, h(i,j) > 0} h(i,j) + \sum_{j : (i,j) \in A : h(i,j) < 0} \hat{\gamma}(j,i)h(j,i) \\
&= b(i) - \sum_{j : (i,j) \in A} h(i,j) \\
&= e_h(i)
\end{aligned}
$$

因此，对所有顶点 $i \in V$，$e_f(i) \geqslant 0$。在有损图中，解释 f 的值至少是流 h 的值，因为 $|f| = e_f(t) \geqslant e_h(t) = |h|$。

下面，我们论证 f 是 REDUCETOLOSSY 所得有损图的 ϵ-最优流。设 f^* 是有损图的最

大广义流。我们用 f^* 来证明在收益度量图中存在广义流的数值至少为 $(1 - \epsilon)|f^*|$，所以，在收益度量图中最大广义流的数值至少为此值。由引理 6.32，可将 f^* 分解成若干个伪流 f_i^*。因为仅对到 t 的简单路径，才有 $|f_i^*| > 0$，我们不考虑 f^* 的其他分解伪流。

设 P_i 是 f_i^* 所对应的到达 t 的路径，δ_i 是沿路径 P_i 推送流 f^* 的流量，所以，$|f^*| = \sum_i |f_i^*| = \sum_i \delta_i \gamma(P_i)$。对从顶点 j 开始的路径 P_i，δ_i 之和最多为在顶点 j 的供应量 $b(j)$。因为图是有损的，对有损图中所有有正容量的边 (i, j)，有 $\hat{\gamma}(i, j) \leqslant \gamma(i, j) \leqslant 1$。因此，若像在流 f^* 那样带收益 $\hat{\gamma}$ 沿相同路径推送相同数量的流，则结果流一定满足容量约束，因为在每条有正容量的边上推送流的数量只会少些。在每一顶点 $j \neq t$ 的过剩流量将非负，因为从顶点 j 开始的路径 P_i 的总流量至多为 $b(j)$，且每条路径上中间顶点的流量是守恒的。此外，我们知道流的数值是

$$\sum_i \delta_i \hat{\gamma}(P_i) \geqslant \sum_i \delta_i \gamma(P_i)/d^{|P_i|} \geqslant \sum_i \delta_i \gamma(P_i)/(1 + \epsilon) \geqslant (1 - \varepsilon) \sum_i \delta_i \gamma(P_i)$$
$$= (1 - \epsilon)|f^*|$$

因为该广义流的数值至少为 $(1 - \epsilon)|f^*|$，在收益度量图中的最大广义流的数值至少为相同数量。所以，$e_f(t) \geqslant e_h(t) \geqslant (1 - \epsilon)|f^*|$。最后，由推论 6.27 可知，在有损图中找到的 ϵ-最优流，可推导出 $f + \bar{f}$ 是原图 (被重标) 的 ϵ-最优流。

对算法的运行时间，消去所有增流回路来简化为有损图所需时间为 $O(m^2 n^3 \log(nB))$，见练习 6.4。如引理 6.30 中的论述，最大 $s\text{-}t$ 流的个数至多为简单路径不同收益的个数，且存在不同收益 $\hat{\gamma}$ 的个数至多为 $2n^2 \log B/\log(1 + \epsilon)$。现在已证得定理中的运行时间。 ∎

练习 6.5 要求读者证明：可用推送-重标框架的算法代替算法 6.7 中的带收益度量 Truemper 算法，可获得更快的整体运行时间。

6.5 误差度量

对算法 6.7，由定理 6.10 可知对 $\epsilon < 1/(m! \cdot B^{2m})$，若得到 ϵ-最优流，则可在 $O(m^2 n)$ 时间内得到广义最大流。不幸的是，对 ϵ 值，算法 6.7 所得的最大流个数为 $2n^2 \log B/\log(1 + \epsilon) = \Omega(1/\epsilon) = \Omega(m! \cdot B^{2m})$，所以，对该 ϵ 值，算法不是多项式时间。

给定任何一个求 $\frac{1}{2}$-近似广义最大流的多项式时间算法 (如算法 6.7)。置 f 为 0，重复以下操作 $\log_2(1/\epsilon)$ 次：在图 G_f 中用此算法求 $\frac{1}{2}$-最优广义流 f'，更新 f 为 $f + f'$；每次传递当前过剩流量 $e_f(i)$ 为供应量 $b(i)$ (在第一次循环中，当 $f = 0$ 时，$e_f(i) = b(i)$)。下面证明：i 次循环后获得的流是 2^{-i}-最优的，所以，在 $\lceil \log_2(1/\epsilon) \rceil$ 次循环后流是 ϵ-最优的。置 $\epsilon < 1/(m! \cdot B^{2m})$，在调用算法 $O(\log(m! \cdot B^{2m})) = O(m \log(mB))$ 次后可得 ϵ-最优流，因此，我们可在多项式时间内找到广义最大流，称此过程为**误差度量**：每次循环在剩余图中至少找到一半剩余值的流，从而误差度量会快速收敛。将算法描述成算法 6.8。

算法6.8   误差度量算法:用 ApproximateGeneralizedFlow (G, u, γ, b) 得到图 G 的 $\frac{1}{2}$-最优流

输入: $G = (V, A)$，$\forall_{i,j \in V} u(i,j)$，$\forall_{i,j \in V} \gamma(i,j)$，$\forall_{i \in V} b(i)$。

输出: 图 G 的广义最大流 f。

1: $f \leftarrow 0$
2: **for** $i \leftarrow 1$ **to** $\lceil \log_2(1/\epsilon) \rceil$ **do**
3:     $f' \leftarrow$ ApproximateGeneralizedFlow(G_f, u_f, γ, e_f)
4:     $f \leftarrow f + f'$
5: **return** f

引理 6.34 f^* 是图 G 与供应量 b 的最大广义流。对任意供应量 b 的流 f，剩余图 G_f 有容量 u_f 和供应量 e_f，流 $f^* - f$ 是图 G_f 的最大广义流。

证明   设 $g = f^* - f$。因为 f^* 和 f 满足斜对称，所以 g 也满足。$g(i,j) = f^*(i,j) - f(i,j) \leqslant u(i,j) - f(i,j) = u_f(i,j)$，所以，$g$ 满足容量约束。因为顶点 i 的供给量为 $e_f(i)$，所以，

$$
\begin{aligned}
e_g(i) &= e_f(i) - \sum\nolimits_{k\,:\,(i,k) \in A} g(i,k) \\
&= e_f(i) - \sum\nolimits_{k\,:\,(i,k) \in A} (f^*(i,k) - f(i,k)) \\
&= e_f(i) + \left(b(i) - \sum\nolimits_{k\,:\,(i,k) \in A} f^*(i,k) \right) - \left(b(i) - \sum\nolimits_{k\,:\,(i,k) \in A} f(i,k) \right) \\
&= e_f(i) + e_{f^*}(i) - e_f(i) \\
&= e_{f^*}(i) \geqslant 0
\end{aligned}
$$

所以，g 是有容量 u_f 和供应量 e_f 的剩余图 G_f 的可行流。为证明它是最大流，设 μ 是用定理 6.11 来证明 f^* 是最大流的标记。由最优定理可知:当 $f^*(i,j) < u(i,j)$ 时，有 $\gamma^\mu(i,j) \leqslant 1$；当 $e_{f^*}(i) > 0$ 时，有 $\mu(i) = 0$。$g(i,j) = f^*(i,j) - f(i,j) = u_f(i,j)$，当且仅当 $f^*(i,j) = u(i,j)$，所以，当 $g(i,j) < u_f(i,j)$ 时，有 $\gamma^\mu(i,j) \leqslant 1$。同理，$e_g(i) > 0$，当且仅当 $e_{f^*}(i) > 0$，且 $e_g^\mu(i) = 0$，对所有 $i \neq t$。因此，由定理 6.11，$f^* - f$ 是图 G_f 的最大广义流。   ∎

引理 6.35   算法 6.8 返回一个 ϵ-最优流的时间为 $O(\log \frac{1}{\epsilon})$ 次算法调用，该算法的每次调用产生一个 $\frac{1}{2}$-最优广义最大流。

证明   先论证 f 总是带供应量 b 的流。显然，$f = 0$ 时，结论成立。设 f' 是 G_f 中有容量 u_f 和供应量 e_f 的流，$g = f + f'$。显然，g 满足斜对称性，因为 f 和 f' 满足。此外，$f'(i,j) \leqslant u_f(i,j) = u(i,j) - f(i,j)$，因此，$g(i,j) \leqslant u(i,j)$。此外，对所有顶点 $i \neq t$，$e_{f'}(i) \geqslant 0$，使得 $e_f(i) - \sum_{k\,:\,(i,k) \in A_f} f'(i,k) \geqslant 0$，或

$$
\begin{aligned}
0 &\leqslant b(i) - \sum\nolimits_{k\,:\,(i,k) \in A} f(i,k) - \sum\nolimits_{k\,:\,(i,k) \in A_f} f'(i,k) \\
&= b(i) - \sum\nolimits_{k\,:\,(i,k) \in A} (f(i,k) + f'(i,k))
\end{aligned}
$$

$$= b(i) - \sum_{k:(i,k)\in A} g(i,k) = e_g(i)$$

因此，对所有顶点 $i \in V$，$e_g(i) \geqslant 0$，新流 g 是带供应量 b 的流。

下面用归纳法论证在 i 次循环结束时，算法返回 2^{-i}-最优流。f^* 是最大广义流。在第一次循环结束时，f 是 $\frac{1}{2}$-最优流。假设在第 $(i-1)$ 次循环结束时，f 是 $2^{-(i-1)}$-最优流，即 $|f| \geqslant (1 - \frac{1}{2^{i-1}})|f^*|$。在下次循环时，$f'$ 是 G_f 的 1/2-最优流，因此，由引理 6.34，$|f'| \geqslant \frac{1}{2}(|f^*| - |f|)$。然后，在循环结束时，新流的数值至少为

$$|f| + \frac{1}{2}(|f^*| - |f|) = \frac{1}{2}(|f^*| + |f|) \geqslant \frac{1}{2}|f^*| + \frac{1}{2}\left(1 - \frac{1}{2^{i-1}}\right)|f^*|$$
$$= |f^*| - \frac{1}{2^i}|f^*| = \left(1 - \frac{1}{2^i}\right)|f^*|$$

算法中调用 APPROXIMATEGENERALIZEDFLOW 子程序 $O(\log \frac{1}{\epsilon})$ 次。 ∎

引理 6.36 算法 6.8 找最优广义流所需时间为 $O(m^3 n^3 \log^2(mB))$，再加 $O(mn^2 \log(mB) \log B)$ 个最大流的计算时间。

证明 如前所述，对 $\epsilon < 1/(m! \cdot B^{2m})$，调用算法 6.7 $O(m\log(mB))$ 次可得到 ϵ-最优流，然后用定理 6.10 在 $O(m^2 n)$ 时间内求出广义最大流。 ∎

对广义最大流，至今的快速算法是强多项式时间算法，更多详细信息见本章后记。

练习

6.1 证明：若 f 是合适流，f' 是消去 GAP 所得结果（如式 (6.3) 所示），则 f' 也是合适流。

6.2 证明引理 6.12。

6.3 证明引理 6.32。

6.4 对最小代价环流问题，5.3 节中的定理 5.23 中证明了可在 $O(m^2 n^2 \log(nC))$ 时间内消去所有负代价回路。在考虑广义最大流问题时，我们也可用此算法消去所有增流回路。为此，可考虑代价 $c(i,j) = -\log\gamma(i,j)$ 和消去负代价回路。但该代价 $c(i,j)$ 不是整数，"代价是整数"是证明上述运行时间所需的假设。假设收益 $\gamma(i,j)$ 是由其整数绝对值被 B 界定的整数之比。证明：在此情况下，消去回路算法的运行时间是 $O(m^2 n^3 \log(nB))$。

6.5 对广义最大流量问题，考虑推送/重标式算法。称边 (i,j) 是可选的，若它被标收益 $\gamma^\mu(i,j) > 1$，且有正剩余容量。称顶点 i 是活动的，若它可达汇合点，且有正过剩流量（即 $e_f^\mu(i) > 0$）。考虑下面的算法 6.9。

算法 6.9 带收益度量的推送/重标式广义最大流算法

1: **function** GAINSCALINGPUSHRELABEL($\bar{G}, \bar{u}, \bar{\gamma}, \bar{b}, \epsilon$)

> 2:　　$(G, u, \gamma, b, \bar{f}) \leftarrow \textsc{ReduceToLossy}(\bar{G}, \bar{u}, \bar{\gamma}, \bar{b})$
>
> 3:　　$h \leftarrow 0; \qquad d \leftarrow (1+\epsilon)^{1/n}$
>
> 4:　　**for all** $(i, j) \in A$ **do**
>
> 5:　　　　**if** $\gamma(i, j) \leqslant 1$ **then** $\hat{\gamma}(i, j) \leftarrow d^{\lfloor \log_d \gamma(i,j) \rfloor}$
>
> 6:　　　　**else** $\hat{\gamma}(i, j) \leftarrow d^{-\lfloor \log_d \gamma(j,i) \rfloor}$
>
> 7:　　对收益 $\hat{\gamma}$，计算正则标记 μ
>
> 8:　　**while** 存在活跃顶点 i **do**
>
> 9:　　　　**if** 存在可选边 (i, j) **then**
>
> 10:　　　　　推送：在边 (i, j) 上推送 $\min(e_h^\mu(i), u_h^\mu(i, j))$ 个单位流量，并修改 h^μ
>
> 11:　　　　**else**
>
> 12:　　　　　重标：$\mu(i) \leftarrow \mu(i)/d^{1/n}$
>
> 13:　　**for all** $(i, j) \in A$ **do**
>
> 14:　　　　**if** $h(i, j) \geqslant 0$ **then** $f(i, j) \leftarrow h(i, j)$
>
> 15:　　　　**else** $f(i, j) \leftarrow -\gamma(i, j)h(j, i)$
>
> 16:　　**return** $f + \bar{f}$

(a) 证明：该算法保持流 h 和标记 μ，使得 $\hat{\gamma}^\mu(i, j) \leqslant d^{1/n}$，对所有边 $(i, j) \in A_h$。

(b) 证明：算法中，可选边所构成的图是无环的。

(c) 证明：算法中，图 G_h 不存在增流回路。

(d) 证明：算法终止时得到 ϵ-最优流。

(e) 证明：每个顶点至多被重标 $O(\frac{1}{\epsilon}n^3 \log B)$ 次。

(f) 证明：至多有 $O(\frac{1}{\epsilon}mn^3 \log B)$ 次饱和推送。

(g) 证明：至多有 $O(\frac{1}{\epsilon}mn^4 \log B)$ 次非饱和推送。

假设：可在 $O(\log n)$ 时间内实现推送和重标操作。所以找 ϵ-最优流所需时间为 $O(\frac{1}{\epsilon}mn^4 \log B \log n)$，再加上调用 $\textsc{ReduceToLossy}$ 子程序所用的时间。

(h) 将算法 6.9 作为子程序，并假设简化成有损图所需 $O(mn^3 \log(nB))$ 时间，则可得到时间为 $O(m^2n^4 \log^2 B \log n)$ 的最大广义流问题算法。

6.1　在广义最小代价环流问题中，给定代价 $c(i, j)$、收益 $\gamma(i, j)$ 和容量 $u(i, j)$。目标是找广义环流 f，使 $\sum_{(i,j) \in A} c(i, j)f(i, j)$ 达到最小。广义环流是广义伪流，且对所有顶点 $i \in V$，有 $e_f(i) = 0$。

证明：最小代价广义环流 f 是最优的，当且仅当剩余图 G_f 中不存在负代价单位收益回路和负代价双回路结构。

章节后记

广义流问题由 Jewell[116] 提出（见 Dantzig[48, 第 21 章]）。Onaga[156] 证明：广义流是最优的，当且仅当其剩余图不存在广义增广路径。Goldberg、Plotkin 和 Tardos 用重算收益（见 [89, 引理 4.4]）来陈述最优标准，尽管由线性规划的对偶性可直接推导得到。他们将重标思路归功于 Glover 和 Klingman[80]。Goldberg、Plotkin 和 Tardos[89] 给出该问题的第一个多项式时间的组合算法。随后又取得一些其他类似的结果，如：Cohen 和 Megiddo[41]，Radzik[169,170]，Goldfarb 和 Jin[98]，Goldfarb、Jin 和 Orlin[100]，Goldfarb、Jin 和 Lin[99]。对广义流问题，直至最近才知道有强多项式时间算法。2016 年，Vegh[200] 提出了第一个强多项式时间算法。Olver 和 Vegh[155] 给出了一个更简单的运行时间为 $O((m + n \log n)mn \log(n^2/m))$ 的强多项式时间算法。Radzik[170] 给出了最快的弱多项式时间组合算法，其运行时间为 $O((m + n \log n)mn \log B)$。对有损图中的一些广义流问题，Daitch 和 Spielman[46] 提出用电流来计算近似最优解的算法。

定理 6.10 和引理 6.20 的证明在 Restrepo 和 Williamson[173] 中分别为引理 3.9 和引理 3.6。

6.2 节所给的算法源自 Restrepo 和 Williamson[173]。6.3 节中负代价 GAP 检测算法是 Aspvall[11] 中算法的改进。其缺点是需 $\Omega(n^2)$ 空间。Restrepo 和 Williamson[173] 提出一种线性空间的负代价 GAP 检测算法。6.4 节中的 Truemper 算法源自 Truemper[197]。广义流的收益度量和误差度量思想源于 Tardos 和 Wayne[190]（见 Wayne 的论文 [202]）。

我们只知道两个关于广义流组合算法的实现研究，一个是 Radzik 和 Yang[171]，另一个是 Restrepo 和 Williamson[173]。这两项研究均表明广义流的网络单纯形算法的性能优于其他组合算法。对广义流问题，网络单纯形算法的组合描述见 Ahuja、Magnanti 和 Orlin[4，第 15 章]。

练习 6.5 源自 Tardos 和 Wayne[190]。

多物流算法

> 某人对苍天喊道: "老天爷, 我存在!"
>
> "但," 苍天回道, "在我之中, 并没创造你的责任。"
>
> —— Stephen Crane

本章讨论广义最大流问题的最后一个问题和算法, 即多物流问题。在最大流问题中, 试图尽可能多地从源点 s 向汇合点 t 运输单物品。在多物流问题中, 需在不同源点和汇合点间发送多物品 (或多商品), 每个商品对应一个源点和汇合点。物流之间不可互换, 因此, 从商品源点进入系统的商品不可在另一种商品的汇合点流出。该问题是: 所有物品的发送量满足容量约束条件, 在同一个网络中发送多个不同类型物品, 或者在网络上的不同源点-汇合点之间发送不同的消息 (信息流)。

问题的形式化描述如下: 对所有边 (i, j), 给出有向图 $G = (V, A)$, 容量 $u(i, j) \geqslant 0$。另外, 给出 K 组源点-汇合点 s_i-t_i, $i = 1, 2, \cdots, K$。这些顶点无须不同, 比如, 源点 s_3 可能与汇合点 t_5 相同。对问题的某些变体, 可给出需求 d_k, $k = 1, 2, \cdots, K$。一个可行解是对每个 k, 给出 s_k-t_k 流 f_k(根据定义 2.1, 无斜对称性), 使得在每条边上满足组合容量约束。也就是说, 对所有边 $(i, j) \in A$, 所有物流的总流量至多为容量, 或 $\sum_{k=1}^{K} f_k(i, j) \leqslant u(i, j)$。

$|f_k|$ 是流 f_k 的数值。对该问题有一些不同的可能目标。在最大多物流问题中, 我们要使所有源点-汇合点间发送总量最大的流, 即使 $\sum_{k=1}^{K} |f_k|$ 达到最大。在此情况下, 我们很可能会大量发送某一种物品, 而少量发送另一种物品。若给定需求 d_k, 我们可能会考虑使每个发送需求比例达到最大。在最大并发流问题中, 最大化参数 λ, 使得 $|f_k| \geqslant \lambda d_k$, 即对每个物品 k, 我们至少发送需求 d_k 的 λ 倍, 其中 $\lambda \leqslant 1$。

7.1 最优化条件

对之前的网络流问题, 我们可给出一个很好的评价标准来判断流是否为最优, 根据评价标准可设计相应的算法。遗憾的是, 对多物流问题, 没有类似的定理。除一些受限情况外, 我们也没整数性质, 或类似的最大流/最小割集定理。正如本章开头所引用的 Stephen Crane 的话那样, 关于多物流问题的存在性和有用性并没有像之前研究的流问题那样有优美的理论。

为进一步探讨该问题的难度, 在每组 s_k-t_k 有需求 d_k 的情况下考虑多物流问题。我们

说图满足割集条件，若 $S \subseteq V$，

$$\sum_{k\,:\,s_k \in S,\, t_k \notin S} d_k \leqslant u(\delta^+(S)) \tag{7.1}$$

也就是说，每个割集 S 都有足够的容量来支持至少满足需求 d_k 之和的流，使得 S 是 s_k-t_k 割集。显然，这是必要条件，使得对每个 k 能从 s_k 向 t_k 发送 d_k 个单位流量。在单一商品情况下 $(k=1)$，由定理 2.7 可知，可找到流的数值为 d_1，当且仅当割集条件成立。然而，割集条件在一般情况下不是充分条件。考虑图 7.1 中的示例。

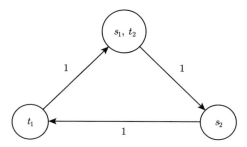

图 7.1   割集条件不成立的示例，其中 $d_1 = d_2 = 1$

我们很容易检查：对两个商品 $d_1 = d_2 = 1$，其割集条件是否成立，且三条边都只有单位容量，但不能同时发送两个单位流量。注意：从 s_1 向 t_1 发送一个单位流量，该单位流量需经两条边，从 s_2 向 t_2 发送一个单位流量也如此。因此，我们至少需四个单位容量来发送两个单位的流，但在网络中只有三个单位容量。

在一些受限情况下，割集条件是充分条件，下节会考虑这种情况。一般情况下，我们可把多物流问题当作线性规划，并从线性规划的最优条件中继承一些最优条件。例如，对最大多物流问题，考虑下面的线性规划。变量 $f_k(i,j)$ 表示商品 k 在边 (i,j) 上的物流量，然后可编写线性规划，使得在满足多物流的条件下，每个物流源的总净流量达到最大，对变量 $f_k(i,j)$，可写成下面的线性不等式，在满足条件

$$\sum_{j\,:\,(j,i) \in A} f_k(j,i) - \sum_{j\,:\,(i,j) \in A} f_k(i,j) = 0, \quad k = 1, \cdots, K;\ i \neq s_k, t_k$$

$$f_k(i,j) \geqslant 0, \quad k = 1, \cdots, K;\ (i,j) \in A$$

$$\sum_{k=1}^{K} f_k(i,j) \leqslant u(i,j), \quad (i,j) \in A$$

的情况下，使式

$$\sum_{k=1}^{K} \left(\sum_{j\,:\,(s_k,j) \in A} f_k(s_k, j) - \sum_{j\,:\,(j,s_k) \in A} f_k(j, s_k) \right)$$

达到最大。然而，用略微不同的形式来写线性规划会更有效。$\mathcal{P}_k$ 是图中所有 s_k-t_k 路径的集合，$\mathcal{P} = \bigcup_{k=1}^{K} \mathcal{P}_k$ 是这些集合的并集。通过流分解引理 (引理 2.20) 的简单推广，我们可将每个流 f_k 分解为沿 s_k-t_k 路径的流。因此，引入变量 $x(P)$ 来表示沿路径 P 发送的流量，然后，我们可将最大多物流问题表示为下列线性规划问题。

在满足条件

$$\sum_{P \in \mathcal{P} : (i,j) \in P} x(P) \leqslant u(i,j), \ (i,j) \in A \tag{7.2}$$

$$x(P) \geqslant 0, \ P \in \mathcal{P}$$

的情况下，使式

$$\sum_{P \in \mathcal{P}} x(P)$$

达到最大。考虑该线性规划的对偶性也是有益的，可得下列表达形式。

在满足条件

$$\sum_{(i,j) \in P} \ell(i,j) \geqslant 1, \ P \in \mathcal{P} \tag{7.3}$$

$$\ell(i,j) \geqslant 0, \ (i,j) \in A$$

的情况下，使式

$$\sum_{(i,j) \in A} u(i,j)\ell(i,j)$$

达到最大。我们可把对偶变量 $\ell(i,j)$ 当作边 (i,j) 的长度。那么，对偶约束条件可改写为：每个路径 $P \in \mathcal{P}$ 的总长度至少为 1，或对每个 k，最短 s_k-t_k 路径的长度至少为 1。

7.2 双物流问题

本节，我们给出 $K = 2$ 物流割集的充分条件。前一节的例子表明，即使在 $K = 2$ 的情况下，该割集条件也不是充分的，所以，需添加一些额外条件才能使该割集条件是充分条件。至此，我们把每个物流 f_k 当作定义 2.1 中的流来思考：流是非负的，但本节把每个物流当作定义 2.3 中的流是有用的，所以，我们有斜对称和 $f_k(i,j) = -f_k(j,i)$。我们需要的附加条件是 $u(i,j) = u(j,i) > 0$，对所有边 $(i,j) \in A$(在此情况下，有 $(j,i) \in A$，对所有边 $(i,j) \in A$)。

在流的这个特殊定义下，我们需确保不允许一个物流在边 (i,j) 上的流量抵消另一个物流在边 (j,i) 上的流量，所以，我们需要的组合容量约束是 $\sum_{k=1}^{K} |f_k(i,j)| \leqslant u(i,j)$。考虑斜对称性和 $u(j,i) = u(i,j)$，该不等式在边 (i,j) 和 (j,i) 上提出相同的要求。流容量的不同需求改变了割集条件，因为总容量 $u(\delta^+(S))$ 限制了从 $s_k \in S$ 到 $t_k \notin S$ 的流，以及不同商品从 $s_\ell \notin S$ 到 $t_\ell \in S$ 的流。所以，在此情形下，割集条件变为：

$$u(\delta^+(S)) \geqslant \sum_{k : |S \cap \{s_k, t_k\}| = 1} d_k \tag{7.4}$$

在这样的设置下，我们可证明下面的定理。若 $2f$ 是整数，我们称流 f 是半整数。

定理 7.1　假设 $K = 2$，对所有边 $(i,j) \in A$，$u(i,j) = u(j,i)$。割集条件 (7.4) 成立，则存在满足需求 d_k 的多物流 f_k。此外，若容量 $u(i,j)$ 为整数，需求 d_1 和 d_2 也为整数，则 f_1 和 f_2 为半整数。

证明 我们先在图 $G = (V, A)$ 中构造两个不同流。

(1) 第一个流

用图 G 构造图 G_1：增加一个源点 s 和一个汇合点 t；增加边 (s, s_1) 和 (t_1, t) 的容量为 d_1，边 (s, s_2) 和 (t_2, t) 的容量为 d_2(相应反向边的容量都为 0)；对每条边 (i, j)，$(j, i) \in A$，在图 G_1 中添加边 (i, j) 和 (j, i)，且它们的容量都为 $u(i, j)$。从图 G 构造新图 G_1，如图 7.2 所示。

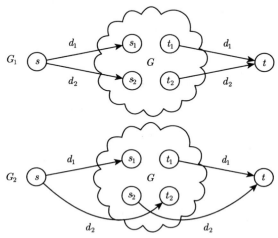

图 7.2　定理 7.1 证明中所用的新图 G_1 和 G_2 的示意图

在图 G_1 中找最大 s-t 流 (定义 2.3 中定义的流)。观察可知，对任意 s-t 割集 $S(s_1 \in S$ 和 $s_2 \notin S)$，有 $u(\delta^+(S)) \geqslant d_1 + d_2$ (因割集条件和边 (s, s_2) 的容量)。若 $s_2 \in S$ 和 $s_1 \notin S$，则 $u(\delta^+(S)) \geqslant d_1 + d_2$(因割集条件和边 (s, s_1) 的容量)。若 $s_1 \in S$ 和 $s_2 \in S$，则 $u(\delta^+(S)) \geqslant d_1 + d_2$(因割集条件和汇合点 t 所有出边的容量)。因此，在图 G_1 中 s-t 流的数值 g_1 是 $d_1 + d_2$，且新添加的边 (s, s_1)、(s, s_2)、(t_1, t) 和 (t_2, t) 都是饱和的。此外，对原始边集 A，有：

$$\sum_{k\,:\,(i,k)\in A} g_1(i, k) = \begin{cases} 0 & i \neq s_1, t_1, s_2, t_2 \\ d_1 & i = s_1 \\ -d_1 & i = t_1 \\ d_2 & i = s_2 \\ -d_2 & i = t_2 \end{cases}$$

(2) 第二个流

在图 G 中，构造图 G_2：增加一个源点 s 和一个汇合点 t；增加边 (s, s_1) 和 (t_1, t) 的容量为 d_1，边 (s, t_2) 和 (s_2, t) 的容量为 d_2(相应反向边的容量都是 0)；对每条边 (i, j)，$(j, i) \in A$，在图 G_2 中添加边 (i, j) 和 (j, i)，且它们的容量都为 $u(i, j)$。从图 G 中构造的图 G_2 如图 7.2 所示。

在图 G_2 中找最大 s-t 流 g_2 (定义 2.3 中定义的流)。观察可知,对任意 s-t 割集 $S(s_1 \in S$ 和 $t_2 \notin S)$, $u(\delta^+(S)) \geqslant d_1 + d_2$(因割集条件和边 (s, t_2) 的容量)。若 $t_2 \in S$ 和 $s_1 \notin S$,则 $u(\delta^+(S)) \geqslant d_1 + d_2$(因割集条件和边 (s, s_1) 的容量)。若 $s_1 \in S$ 和 $t_2 \in S$,则 $u(\delta^+(S)) \geqslant d_1 + d_2$(因割集条件和汇合点 t 所有出边的容量)。因此,在图 G_2 中 s-t 流的数值 g_2 是 $d_1 + d_2$,且新添加的边 (s, s_1)、(s, t_2)、(t_1, t) 和 (s_2, t) 都是饱和的。此外,对原始边集 A,有:

$$\sum_{k:(i,k)\in A} g_2(i,k) = \begin{cases} 0 & i \neq s_1, t_1, s_2, t_2 \\ d_1 & i = s_1 \\ -d_1 & i = t_1 \\ -d_2 & i = s_2 \\ d_2 & i = t_2 \end{cases}$$

由流 g_1 和 g_2 可构造原图 G 中的多物流。对所有边 $(i,j) \in A$, $f_1(i,j) = \frac{1}{2}(g_1(i,j) + g_2(i,j))$, $f_2(i,j) = \frac{1}{2}(g_1(i,j) - g_2(i,j))$。流 $f_1(i,j)$ 和 $f_2(i,j)$ 满足容量约束,因为由 g_1 和 g_2 的斜对称性可知:

$$\sum_{k=1}^{2} |f_k(i,j)| = \frac{1}{2}|g_1(i,j) + g_2(i,j)| + \frac{1}{2}|g_1(i,j) - g_2(i,j)|$$
$$= \max(|g_1(i,j)|, |g_2(i,j)|)$$
$$\leqslant \max(u(i,j), u(j,i)) = u(i,j)$$

此外,有:

$$\sum_{k:(i,k)\in A} f_1(i,k) = \frac{1}{2}\sum_{k:(i,k)\in A} g_1(i,k) + \frac{1}{2}\sum_{k:(i,k)\in A} g_2(i,k) = \begin{cases} 0 & i \neq s_1, t_1 \\ d_1 & i = s_1 \\ -d_1 & i = t_1 \end{cases}$$

和

$$\sum_{k:(i,k)\in A} f_2(i,k) = \frac{1}{2}\sum_{k:(i,k)\in A} g_1(i,k) - \frac{1}{2}\sum_{k:(i,k)\in A} g_2(i,k) = \begin{cases} 0 & i \neq s_2, t_2 \\ d_2 & i = s_2 \\ -d_2 & i = t_2 \end{cases}$$

最后,若容量 $u(i,j)$、需求 d_1 和 d_2 是整数,则图 G_1 和 G_2 中边的容量也都为整数。因此,由整数性质 (性质 2.8) 可知流 g_1 和 g_2 都为整数。所以,由 f_1 和 f_2 的定义可知 f_1 和 f_2 都是半整数。　■

在其他特殊情况下,割集条件是多物流存在性的充分条件。本章后记部分还讨论了一些其他问题。

7.3 预备知识：乘权算法

本节，我们暂时放下对多物流主题的讨论，转而研究一个在不同领域都有所应用的算法：乘权算法。在流的应用中，我们讨论经常涉及的一种特定形式。该形式是因时而异的，以便随时做出尽可能好的决定。假设我们需随时间的推移做出一系列决定。在第 t 步 ($t = 1, \cdots, T$)，需从 N 个决定中选择其一。若在 t 时刻选择第 i 个决定，我们会得到某个未知值 $v_t(i) \in [0,1]$。在做决定前，并不知道 $v_t(i)$ 的值，但在 t 时刻选择决定 i 后，我们可了解该时刻的所有 $v_t(j)$ 的数值 ($j = 1, \cdots, N$)，作为在 $t+1$ 时刻做下一决定的依据。我们希望使所做决定产生的总数值达到最大。令人惊讶的是，可给出一个非常简单的随机算法，在期望情况下，它可获得一个与在每个时间步尽可能选择最佳决定 j 的数值总和几乎一样大的值，即它会导致其总值 $\max_j \sum_{t=1}^{T} v_t(j)$ 达到最大。

该随机算法的核心思想是维护一组权重 $w(i)$, $i = 1, \cdots, N$，且按与权重 $w(i)$ 成比例的概率选择决定 i。在每个时间步后，根据较大的观测值 $v_t(i)$ 按比例更新权重。因此，随着时间的推移，先前具有良好数值 $v_t(i)$ 的决定 i 在本次选择时会变得更有可能。算法开始时，对所有 i，其权重 $w(i)$ 都置为 1。在每个时间步 t 做决定之后，对每个 i，其权值 $w(i)$ 乘以 $(1 + \epsilon v_t(i))$（参数 ϵ 是一个固定数值，且 $0 < \epsilon \leqslant 1/2$），正如算法之名。我们用 t 来表示权重的下标，这样，就可用 $w_t(i)$ 来表示在 t 时刻选择第 i 个决定的权重。算法沿时间序做决定，$t = 1, \cdots, T$，虽然算法并没用到任何关于 T 的信息。乘权算法的描述如算法 7.1 所示。

算法 7.1   乘权算法

输入: 参数 ϵ。

输出: $v_1(i_1), v_2(i_2), \cdots, v_T(i_T)$, $1 \leqslant i_k \leqslant N$, $k = 1, \cdots, T$。

  1: **for** $i \leftarrow 1$ to N **do** $w_1(i) \leftarrow 1$

  2: **for** $t \leftarrow 1$ to T **do**

  3:     按与权重 $w_t(i)$ 成比例的概率选择决定 i，并得到数值 $v_t(i)$

  4:     **for** $i \leftarrow 1$ to N **do** $w_{t+1}(i) \leftarrow w_t(i)(1 + \epsilon v_t(i))$

$W_t = \sum_{i=1}^{N} w_t(i)$ 是 t 时刻所有决定的总权重，所以，在 t 时刻选择决定 i 的概率为 $w_t(i)/W_t$，记为 $p_t(i)$。因此，该算法得到的总期望值为 $\sum_{t=1}^{T} \sum_{i=1}^{N} v_t(i) p_t(i)$。我们可证明算法所获得的期望值近乎与对任何固定决定 j 的最大值一样大。

定理 7.2   假设 $\epsilon \leqslant 1/2$。对任意 $j = 1, \cdots, N$，有

$$\sum_{t=1}^{T} \sum_{i=1}^{N} v_t(i) p_t(i) \geqslant (1 - \epsilon) \sum_{t=1}^{T} v_t(j) - \frac{1}{\epsilon} \ln N$$

证明   证明结构很简单。推导 W_{T+1} 的上界和下界，并比较这两个界来得到所要结果。为得到上界，我们考察：

$$W_{t+1} = \sum_{i=1}^{N} w_{t+1}(i) = \sum_{i=1}^{N} w_t(i)(1 + \epsilon v_t(i)) = W_t + \epsilon W_t \sum_{i=1}^{N} v_t(i) p_t(i)$$

$$= W_t \left(1 + \epsilon \sum\nolimits_{i=1}^{N} v_t(i) p_t(i) \right)$$

$$\leqslant W_t \exp \left(\epsilon \sum\nolimits_{i=1}^{N} v_t(i) p_t(i) \right)$$

其中对最后的不等式, 用 $1 + x \leqslant e^x$。所以, 有:

$$W_{T+1} \leqslant W_T \exp \left(\epsilon \sum\nolimits_{i=1}^{N} v_T(i) p_T(i) \right)$$

$$\leqslant W_{T-1} \exp \left(\epsilon \sum\nolimits_{i=1}^{N} v_{T-1}(i) p_{T-1}(i) \right) \exp \left(\epsilon \sum\nolimits_{i=1}^{N} v_T(i) p_T(i) \right)$$

$$\leqslant \cdots$$

$$\leqslant W_1 \prod\nolimits_{t=1}^{T} \exp \left(\epsilon \sum\nolimits_{i=1}^{N} v_t(i) p_t(i) \right)$$

$$= N \exp \left(\epsilon \sum\nolimits_{t=1}^{T} \sum\nolimits_{i=1}^{N} v_t(i) p_t(i) \right)$$

对下界, 对 $x \in [0, 1]$, 有 $(1 + \epsilon x) \geqslant (1 + \epsilon)^x$, 所以, 有:

$$W_{T+1} \geqslant w_{T+1}(j) = \prod\nolimits_{t=1}^{T} (1 + \epsilon v_t(j)) \geqslant (1 + \epsilon)^{\sum_{t=1}^{T} v_t(j)}$$

下面我们将看到, 下界不大于上界, 所以,

$$(1 + \epsilon)^{\sum_{t=1}^{T} v_t(j)} \leqslant N \exp \left(\epsilon \sum\nolimits_{t=1}^{T} \sum\nolimits_{i=1}^{N} v_t(i) p_t(i) \right)$$

两边取自然对数可得:

$$\ln(1 + \epsilon) \sum\nolimits_{t=1}^{T} v_t(j) \leqslant \ln N + \epsilon \sum\nolimits_{t=1}^{T} \sum\nolimits_{i=1}^{N} v_t(i) p_t(i)$$

整理式中数据项可得:

$$\sum\nolimits_{t=1}^{T} \sum\nolimits_{i=1}^{N} v_t(i) p_t(i) \geqslant \frac{1}{\epsilon} \ln(1 + \epsilon) \sum\nolimits_{t=1}^{T} v_t(j) - \frac{1}{\epsilon} \ln N$$

对 $\epsilon \in [0, 1/2]$, 用 $\ln(1 + \epsilon) \geqslant \epsilon - \epsilon^2$ 可得:

$$\sum\nolimits_{t=1}^{T} \sum\nolimits_{i=1}^{N} v_t(i) p_t(i) \geqslant (1 - \epsilon) \sum\nolimits_{t=1}^{T} v_t(j) - \frac{1}{\epsilon} \ln N$$

注意, 关于 $v_t(j)$ 数值不做任何假设, 也不假设它们的概率分布。实际上, 那些决定很可能是互斥地确定的, 但其数值的界仍然存在。

该算法的一大优点是其灵活性, 基本算法及分析可采用多种不同的方式。比如, 假设取代决定 j 的数值 $v_t(j) \in [0, 1]$, 我们用代价 $c_t(i) \in [-1, 1]$, 并希望所有决定的总代价最小。练习 7.1 要求读者证明: 对算法的简单修改会导致类似定理 7.2 的一个界限。

作为体现乘权算法灵活性的另一个例子，给出一个对某类不等式组找其可行解的优化例子。对此目的来说，最有趣的情况是为装载问题找到一个近乎可行的解。考虑找一个可行的 $x \in \Re^n$，使得

$$Mx \leqslant e \text{ 且 } x \in Q$$

其中，Q 是凸集，$M \in \Re^{m \times n}$，e 是一个全为 1 的向量。

假设对所有 $x \in Q$，$Mx \geqslant 0$。同样，可考虑不等式 $Mx \leqslant b$，而非 $Mx \leqslant e$。不失一般性，假设 $b > 0$，因为可将 M 的第 i 行除以 $b_i > 0$。在该方程组中，Q 表示一些易于优化的约束，附加的不等式 $Mx \leqslant e$ 表示复杂的边界约束。

为使乘权算法能用于该问题，给定非负向量 $p \in \Re^m_+$，假设很容易优化 Q，有这样的子程序可找到 $x \in Q$，使得 $p^T Mx \leqslant p^T e$（若存在这样的向量 x）。对集合 Q，可调用子程序，它或返回向量 x，或预示没有这样的向量 x。我们看到，对 $p \geqslant 0$，若不存在向量 $x \in Q$，使得 $p^T Mx \leqslant p^T e$，则不等式组 $Mx \leqslant e$ 且 $x \in Q$ 没有可行解。若可在 Q 上对线性方程组进行优化，则很容易得到那样的预示，因为 $p^T Mx$ 是 x 的线性方程组，且所需做的就是在 $x \in Q$ 上使 $p^T Mx$ 达到最小；若最小的 $x \in Q$ 满足 $p^T Mx \leqslant p^T e$，则找到了向量 x，否则该方程组无解。

为提出有关算法，需先定义方程组解的预示宽度。

定义 7.3 M_i 是矩阵 M 的第 i 行。预测宽度 ρ 是在所有行 i 和由预测返回的 $x \in Q$ 中使 $M_i x$ 达到最大值的上界。也就是说，

$$\rho \geqslant \max_i \max_{\substack{x \in Q \\ \text{由预测所得的向量 } x}} M_i x \tag{7.5}$$

给定一个解 x，使得 $M_i x \leqslant 1$，宽度 ρ 是一个乘积因子的上界，该乘积因子是 $M_i x$ 能超过的期望界，对任意行 i 和由预测返回的任意向量 $x \in Q$。

在算法 7.2 中，我们给出一个算法来找 $x \in Q$，该 x 近似满足附加约束条件。特别是，给定 $0 < \epsilon < 1/2$，算法找到 $x \in Q$，使得 $Mx \leqslant (1 + 4\epsilon)e$。它本质上是算法 7.1 中所给的乘权算法，其中矩阵 M 的每一行对应一个决定。在时间步 t，我们对概率向量 p_t 调用预测 ORACLE 得到 $x_t \in Q$，使得 $p_t^T Mx_t \leqslant p_t^T e$。然后，令第 i 行的数值 $v_t(i)$ 是数量 $\frac{1}{\rho} M_i x_t$。由于对所有 $x \in Q$，有 $Mx \geqslant 0$，根据式 (7.5) 所给的宽度定义，对 $i = 1, \cdots, m$，$v_t(i) \in [0, 1]$。然后，对每行 i，算法与 $M_i x$ 的值成比例地增加其权重（其概率），这样，超过 $M_i x \leqslant 1$ 的行就会得到更大的权重和概率数值，因此，后面的解 x_t 一定更接近满足这些不等式。算法运行 $T = \frac{\rho}{\epsilon^2} \ln m$ 次，并最后返回 $\bar{x} = \frac{1}{T} \sum_{t=1}^{T} x_t$。我们观察到，因为 Q 是凸集，对每个 t，$x_t \in Q$，所以，$\bar{x} \in Q$。

算法 7.2 装载问题：乘权算法

输入： M，ϵ，ρ，e。

输出： $\bar{x}$。

1: **for** $i \leftarrow 1$ to m **do** $w_1(i) \leftarrow 1$

2: $T \leftarrow \frac{\rho}{\epsilon^2} \ln m$

3: **for** $t \leftarrow 1$ to T **do**

4: 　　$W_t \leftarrow \sum_{i=1}^{m} w_t(i), \ p_t(i) \leftarrow w_t(i)/W_t$

5: 　　调用预测 ORACLE 找到 $x_t \in Q$，使得 $p_t^T M x_t \leqslant p_t^T e$

6: 　　**for** $i \leftarrow 1$ to m **do**　　　　　　　　　　　　　　　▷ 把两个循环合写为一个循环

7: 　　　　$v_t(i) \leftarrow \frac{1}{\rho} M_i x_t, \quad w_{t+1}(i) \leftarrow w_t(i)(1 + \epsilon v_t(i))$

8: **return** $\bar{x} \leftarrow \frac{1}{T} \sum_{t=1}^{T} x_t$　　　　　　　　　　　　　▷ x_t 的算术平均值

由定理 7.2 推出下面的定理显得特别简单。

定理 7.4　若 $\epsilon \leqslant 1/2$，在每个时间步 t，预测 ORACLE 返回向量 x_t，则算法 7.2 返回解 $\bar{x} \in Q$，使得 $M\bar{x} \leqslant (1 + 4\epsilon)e$，所需时间为 $O(\frac{m\rho}{\epsilon^2} \ln m)$，再加 $O(\frac{\rho}{\epsilon^2} \ln m)$ 次矩阵与向量的乘积 Mx，以及 $O(\frac{\rho}{\epsilon^2} \ln m)$ 次调用预测 ORACLE。

证明　算法中的主循环有 $T = \frac{\rho}{\epsilon^2} \ln m$ 次循环，每次循环调用预测 ORACLE 计算 Mx_t。每次循环更新 v_t 和 w_{t+1} 所需时间为 $O(m)$。因此，运行时间的上界明确。下面论证 $\bar{x} \in Q$。

为证明 $M\bar{x} \leqslant (1 + 4\epsilon)e$，先考察

$$\sum_{i=1}^{m} p_t(i) v_t(i) = \frac{1}{\rho} p_t^T M x_t \leqslant \frac{1}{\rho} p_t^T e = \frac{1}{\rho}$$

因为 p_t 是时间步 t 的概率分布，且 $\sum_{i=1}^{m} p_t(i) = 1$。我们有：

$$\sum_{t=1}^{T} \sum_{i=1}^{m} p_t(i) v_t(i) \leqslant \frac{T}{\rho}$$

另外，由定理 7.2，对任意 $j \in \{1, \cdots, m\}$，有：

$$\begin{aligned}
\sum_{t=1}^{T} \sum_{i=1}^{m} p_t(i) v_t(i) &\geqslant (1 - \epsilon) \sum_{t=1}^{T} v_t(j) - \frac{1}{\epsilon} \ln m \\
&= (1 - \epsilon) \sum_{t=1}^{T} \frac{1}{\rho} M_j x_t - \frac{1}{\epsilon} \ln m \\
&= (1 - \epsilon) \frac{T}{\rho} M_j \bar{x} - \frac{1}{\epsilon} \ln m
\end{aligned}$$

结合上面两个不等式可得：

$$(1 - \epsilon) \frac{T}{\rho} M_j \bar{x} - \frac{1}{\epsilon} \ln m \leqslant \frac{T}{\rho}$$

或整理不等式，有：

$$M_j \bar{x} \leqslant \frac{1}{1 - \epsilon} \left(1 + \frac{\rho \ln m}{\epsilon T} \right)$$

令 $T = \frac{\rho}{\epsilon^2} \ln m$，有：

$$M_j \bar{x} \leqslant \frac{1}{1 - \epsilon} (1 + \epsilon) \leqslant 1 + 4\epsilon$$

其中，对 $\epsilon \leqslant 1/2$，最后的不等式成立。因为对任意 $j \in \{1, \cdots, m\}$，不等式成立，所以，有：

$$M\bar{x} \leqslant (1 + 4\epsilon)e$$

乘权算法的适应性非常灵活。假设希望找到 $x \in Q$，Q 是凸集，使得 $|Mx| \leqslant e$。假如有一个子程序 ORACLE，对向量 $p \in \Re^m_+$，它能找到 $x \in Q$，使得 $\sum_{i=1}^m p(i)|M_i x| \leqslant p^T e$，或反馈不存在这样的向量 x。对所有行 i 和由预测 ORACLE 返回的所有向量 $x \in Q$，定义预测宽度 ρ 是 $|M_i x|$ 最大值的上界。练习 7.2 要求读者证明下面的定理。

定理 7.5 若 $\epsilon \leqslant 1/2$，在每个时间步 t，ORACLE 返回向量 x_t，则在算法 7.2 中修改 $v_t(i)$ 为 $\frac{1}{\rho}|M_i x_t|$，算法返回解 $\bar{x} \in Q$，使得 $|M\bar{x}| \leqslant (1+4\epsilon)e$，所需时间为 $O(\frac{m\rho}{\epsilon^2}\ln m)$，再加 $O(\frac{\rho}{\epsilon^2}\ln m)$ 次矩阵与向量的乘积 Mx，以及 $O(\frac{\rho}{\epsilon^2}\ln m)$ 次调用预测 ORACLE。

在 8.2 节，我们将看到该算法被应用于最大流问题。

7.4 Garg-Könemann 算法

本节将讨论用上节的乘权算法来分析最大多物流问题的算法。我们给出算法 7.3，它由 Garg 和 Könemann[79] 提出，因此通常称为 Garg-Könemann 算法。7.1 节提出了最大多物流问题，该算法对线性规划式 (7.2) 产生一个近似可行、近似最优的解。

算法 7.3 最大多物流问题：Garg-Könemann 算法

输入: $G = (V, A)$，$\forall_{i,j \in A} u(i,j)$。
输出: 每条边上的流量。

1: **for all** $P \in \mathcal{P}$ **do** $x(P) \leftarrow 0$
2: **for all** $(i,j) \in A$ **do** $f(i,j) \leftarrow 0$，$w(i,j) \leftarrow 1$
3: **while** $f(i,j)/u(i,j) < (\ln m)/\epsilon^2$，$\forall (i,j) \in A$ **do**
4:     用长度 $w(i,j)/u(i,j)$ 求 $\mathcal{P}$ 中的最短路径 P
5:     $u \leftarrow \min_{(i,j) \in P} u(i,j)$
6:     $x(P) \leftarrow x(P) + u$
7:     **for all** $(i,j) \in P$ **do**   ▷ 两个循环合并为一个循环
8:         $f(i,j) \leftarrow f(i,j) + u$
9:         $w(i,j) \leftarrow \left(1 + \epsilon \frac{u}{u(i,j)}\right) w(i,j)$
10: $C \leftarrow \max_{(i,j) \in A} f(i,j)/u(i,j)$
11: **return** x/C

算法工作过程如下。$\mathcal{P}$ 是物品 k 的所有 s_k-t_k 路径的集合，算法用长度 $\ell(i,j) = w(i,j)/u(i,j)$ 在 $\mathcal{P}$ 中重复找最短路径，其中 $w(i,j)$ 是边 (i,j) 的权重，其初值均为 1。当在边上增加流时，算法增加边的权重。这有效地增加了边的长度，使边在以后的循环中不太可能是最短路径中的边。在每次选择路径 P 时，u 是路径 P 上边容量的最小值 (注意，这是初始容量，不是剩余容量)。然后，使 LP ⊖变量 $x(P)$ 增加 u。

为保存边 (i,j) 上总流量的痕迹，对每条边 $(i,j) \in P$，使边流量 $f(i,j)$ 增加 u 个单位流量。然后，增加每条边 $(i,j) \in P$ 的权重。该灵感来自乘权算法，路径 P 中的每条边

⊖ 译者注：LP 是指 Linear Program，线性规划。

(i, j) 的权重乘以 $\left(1 + \epsilon \frac{u}{u(i,j)}\right)$。由 u 的取值可知 $0 \leqslant u/u(i,j) \leqslant 1$。算法继续循环，直至边 (i, j) 上的流 $f(i, j)$ 至少为 $(\ln m)/\epsilon^2 \times u(i, j)$。然后计算 C，即任意边上流量负载率的最大值，即边上流量与其容量之比值 $f(i, j)/u(i, j)$。根据算法的终止条件，$C \geqslant (\ln m)/\epsilon^2$。算法返回 $\hat{x} = x/C$，因此，每条边在 $\hat{x}$ 中的流量至多为其容量。

注意，该算法与之前流问题的算法有很大的不同。这里没有剩余图。该算法构造的 LP 解 x 不可行。为获得可行解，可用最大负载率将 x 缩小，以便满足容量约束。

为分析算法，先介绍一些符号。效仿乘权算法的分析，用 t 对变量建立索引，表示算法在第 t 次循环时变量的值。因此，在第 t 次循环时，$w_t(i, j)$ 是边 (i, j) 的权重，$f_t(i, j)$ 是边 (i, j) 上的流，P_t 是算法所选的路径，u_t 是在路径 P_t 上发送的流量。$W_t = \sum_{(i,j) \in A} w_t(i, j)$ 是第 t 次循环时边集 A 中所有边的总权重，L_t 是在第 t 次循环中所选最短路径 P_t 的长度，使得 $L_t = \sum_{(i,j) \in P_t} \frac{w_t(i,j)}{u(i,j)}$。$T$ 是算法运行的循环次数，发送的流总量是 $X \equiv \sum_{t=1}^{T} u_t = \sum_{P \in \mathcal{P}} x(P)$，虽然可行流 $\hat{x}$ 的数值需由 C 按比例缩小 (或 X/C)。X^* 是最大多物流的数值 (也就是 LP 式 (7.2) 的最优解数值)。

为分析算法性能，对对偶线性规划式 (7.3) 用可行解来获得 X^* 的一个界。特别是，若在第 t 次循环中将边的长度按 L_t(最短路径的长度) 缩小，则可得到对偶问题的可行解，即考虑 $\ell_t(i, j) = \frac{1}{L_t} \cdot \frac{w_t(i,j)}{u(i,j)}$。对任意路径 $P \in \mathcal{P}$，L_t 是在第 t 次循环时 $\mathcal{P}$ 中最短路径的长度，即 $L_t \leqslant \sum_{(i,j) \in P} \frac{w_t(i,j)}{u(i,j)}$，使得：

$$\sum_{(i,j) \in P} \ell_t(i, j) = \frac{1}{L_t} \sum_{(i,j) \in P} \frac{w_t(i, j)}{u(i, j)} \geqslant 1$$

证得 ℓ_t 是式 (7.3) 的可行解。由弱对偶性可知，对任意 t，最优多物流数值 X^* 至多是对偶目标函数的值，因此，

$$X^* \leqslant \sum_{(i,j) \in A} u(i, j) \ell_t(i, j) = \frac{1}{L_t} \sum_{(i,j) \in A} w_t(i, j) = \frac{W_t}{L_t}$$

有了这些前提，我们现在可证明下面的定理。

定理 7.6 由 Garg-Könemann 算法 (算法 7.3) 得到的多物流数值至少为 $(1 - 2\epsilon)X^*$，即当 $0 < \epsilon \leqslant 1/2$ 时，其数值是最大多物流数值的 $(1 - 2\epsilon)$ 倍。

证明 先考虑 X 和 X^* 的比率。观察到

$$\begin{aligned}
\frac{X}{X^*} = \frac{X}{X^*} \sum_{t=1}^{T} u_t &\geqslant \sum_{t=1}^{T} \frac{u_t L_t}{W_t} = \sum_{t=1}^{T} \frac{u_t}{W_t} \sum_{(i,j) \in P_t} \frac{w_t(i, j)}{u(i, j)} \\
&= \sum_{t=1}^{T} \sum_{(i,j) \in P_t} \frac{u_t}{u(i, j)} \cdot \frac{w_t(i, j)}{W_t}
\end{aligned} \tag{7.6}$$

现在，利用该算法与乘权算法的相似性。Garg-Könemann 算法中权重的更新方法与算法 7.1 中的方法完全一致，即

$$v_t(i, j) = \begin{cases} \frac{u_t}{u(i,j)} \in [0, 1] & (i, j) \in P_t \\ 0 & (i, j) \notin P_t \end{cases}, \quad p_t(i, j) = \frac{w_t(i, j)}{W_t}$$

乘权算法中的决定 i 对应边 $(i,j) \in A$，因此，可能决定的个数是 m。由定理 7.2 可知，对任意决定 $(h,k) \in A$，有

$$\sum_{t=1}^{T} \sum_{(i,j) \in A} v_t(i,j) p_t(i,j) \geqslant (1-\epsilon) \sum_{t=1}^{T} v_t(h,k) - \frac{1}{\epsilon} \ln m$$

代入 $v_t(i,j)$ 和 $p_t(i,j)$ 的对应值，由定理可推出

$$\sum_{t=1}^{T} \sum_{(i,j) \in P_t} \frac{u_t}{u(i,j)} \cdot \frac{w_t(i,j)}{W_t} \geqslant (1-\epsilon) \sum_{t=1}^{T} \frac{u_t}{u(h,k)} \cdot \mathbb{1}((h,k)) - \frac{1}{\epsilon} \ln m$$

其中，

$$\mathbb{1}((h,k)) = \begin{cases} 1 & (h,k) \in P_t \\ 0 & (h,k) \notin P_t \end{cases}$$

因为 $\sum_{t=1}^{T} u_t \cdot \mathbb{1}((h,k)) = f(h,k)$，上面的不等式与下式等价：

$$\sum_{t=1}^{T} \sum_{(i,j) \in P_t} \frac{u_t}{u(i,j)} \cdot \frac{w_t(i,j)}{W_t} \geqslant (1-\epsilon) \frac{f(h,k)}{u(h,k)} - \frac{1}{\epsilon} \ln m$$

由式 (7.6) 可知，上式的左边以 X/X^* 为界，所以，有：

$$\frac{X}{X^*} \geqslant (1-\epsilon) \frac{f(h,k)}{u(h,k)} - \frac{1}{\epsilon} \ln m$$

令 $C = \max_{(i,j) \in A} f(i,j)/u(i,j)$，由算法的终止条件可知 $C \geqslant (\ln m)/\epsilon^2$。因为对任意边 $(h,k) \in A$，上面的不等式都成立。对达到最大负载率 C 的边也成立，所以，

$$\frac{X}{X^*} \geqslant (1-\epsilon) C - \frac{1}{\epsilon} \ln m \geqslant (1-\epsilon) C - \epsilon C = (1-2\epsilon) C$$

因为算法返回解的值 $\hat{x}$ 是 x/C，则返回解的值为

$$\frac{X}{C} \geqslant (1-2\epsilon) X^* \qquad \blacksquare$$

我们可界定算法的运行时间。

定理 7.7 Garg-Könemann 算法 (算法 7.3) 求 $O(Km(\ln m)/\epsilon^2)$ 次最短路径，所需时间为 $O(Km \ln m (m + n \log n)/\epsilon^2)$。

证明 任选边 (i,j)，边 (i,j) 至多是算法所选最短路径中最小容量的 $(\ln m)/\epsilon^2$ 倍：每次边 (i,j) 都是最小容量边且 $u = u(i,j)$，流 $f(i,j)$ 增加 $u(i,j)$。因此，在 $(\ln m)/\epsilon^2$ 次边 (i,j) 是最小容量边后，$f(i,j)/u(i,j) \geqslant (\ln m)/\epsilon^2$，并结束算法。

因为图有 m 条边，在每次循环时一定有一些边是最小容量边，所以，算法结束前至多有 $(m \ln m)/\epsilon^2$ 次循环。每次循环需在 $\mathcal{P}$ 中为 K 个物品中的每个物品找最短路径，所以，算法总共求 $(Km \ln m)/\epsilon^2$ 个最短路径。用 Dijkstra 算法可在 $O(m + n \log n)$ 时间内求一个最短路径，所以，算法的总运行时间为 $O(Km \ln m (m + n \log n)/\epsilon^2)$。 $\blacksquare$

练习 7.3 要求读者证明有可能使最短路径的个数降为 $O((m \ln m)/\epsilon^2)$，消去其运行时间与物品数 K 的依赖关系。

7.5　Awerbuch-Leighton 算法

本节研究最大多物流问题的另一种多物流算法,它与之前的流算法也有很大差异。该算法反复遍历所有边,优化每条边上所发送的物品流量。若存在物品 k 发送 d_k 个单位流量的流,则在一定数量的循环后,算法可构建一个整体多物流,对物品 k 至少发送 $(1-\epsilon)d_k$ 个物品。该算法由 Awerbuch 和 Leighton[12] 按理论计算机科学论文发表,因此被称为 Awerbuch-Leighton 算法。

为简化表示形式,我们做一些假设:

- 物品需求量 $d_k = 1$, $k = 1, \cdots, K$。
- 每个源点 s_k 仅有一条出边 (s_k, j)。若图中不存在这样的边,则很容易添加这样的边。
- 存在多物流 f^*,它对每个物品 k 在 s_k 和 t_k 之间发送 1 个单位流量。
- $f_k^*(i, j)$ 是物品 k 在边 (i, j) 上的流。
- 存在流 f_k^* 的路径分解。用 r 来标识每个物品 k 的路径,这样,在路径 $P_{k,r}$ 上,有 $x^*(P_{k,r}) \geqslant 0$ 个单位流量;对所有物品 k,有 $\sum_r x^*(P_{k,r}) = d_k = 1$。对所有物品 k 和边 $(i, j) \in A$,有 $\sum_{r : (i,j) \in P_{k,r}} x^*(P_{k,r}) = f_k^*(i, j)$。
- 最后一个至关重要的假设是,从图中任意顶点到任意汇合点 t_k 都有路径,且路径上的每条边的容量至少 1。

以上假设都可去掉,进一步讨论见本章后记。

在该算法中,我们将发送的流视为一种可在网络顶点处聚集的流体。对每个物品 k 和每条边 (i, j),使得 $u(i, j) > 0$。算法中保持两个队列:一个在顶点 i 处,一个在顶点 j 处。其中保存物品 k 的流量, $q_k(i, (i, j))$ 和 $q_k(j, (i, j))$ 分别表示这两个队列中所含的流量。这些数量总是非负的。用 q_k 表示源点 s_k 处队列中的流量,因为每个源点仅有一条出边,所以,这个队列是明确的。算法反复执行以下四个过程,算法的描述见算法 7.4。

(1) **增加流**:对每个物品 k,在源点 s_k 的队列 q_k 中加 $1 - \epsilon$ 个单位流量。

(2) **推送流**:对每条边 $(i, j) \in A$,找到 $f_1(i, j), \cdots, f_K(i, j)$,使下式达到最大:

$$\sum_{k=1}^{K} f_k(i, j)[\Delta_k(i, j) - f_k(i, j)]$$

其中, $\Delta_k(i, j) = q_k(i, (i, j)) - q_k(j, (i, j))$ 是物品 k 在边 (i, j) 两端点队列中的高度差值,其满足 $f_k(i, j) \geqslant 0$ 和 $\sum_{k=1}^{K} f_k(i, j) \leqslant u(i, j)$。从 $q_k(i, (i, j))$ 向 $q_k(j, (i, j))$ 推送 $f_k(i, j)$ 个单位的物品 k。

(3) **清空流**:在汇合点 t_k,清空所有物品 k 的队列。

(4) **平衡流**:对所有物品 k,在每个顶点 $i \in V$ 处,平衡物品 k 队列。也就是说,对每个物品 k 和每个顶点 i,对顶点 i 的入边 (j, i) 的队列 $q_k(i, (j, i))$ 求和,对顶点 i 的出边 (i, h) 的队列 $q_k(i, (i, h))$ 求和,然后,将平均值分配到队列中的所有边上。队列在顶点 i 的物品 k 的总量保持不变,队列 $q_k(i, (j, i))$ 和 $q_k(i, (i, h))$ 的商品 k 的总流量也相同。

算法 7.4   最大多物流问题：Awerbuch-Leighton 算法

输入：$G = (V, A)$，$\forall_{i, j \in A} u(i, j)$，$T$，$K$，$\epsilon$。

1: **for** $t \leftarrow 1$ **to** T **do**
2:     对所有物品 k，做 $q_k \leftarrow q_k + (1 - \epsilon)$
3:     **for all** $(i, j) \in A$ **do**
4:         $\Delta_k(i, j) \leftarrow q_k(i, (i, j)) - q_k(j, (i, j))$
5:         计算 $f_1(i, j), \cdots, f_K(i, j) \geqslant 0$，在满足 $\sum_k f_k(i, j) \leqslant u(i, j)$ 的前提下，
           使 $\sum_{k=1}^{K} f_k(i, j)[\Delta_k(i, j) - f_k(i, j)]$ 的值达到最大
6:         **for** $k \leftarrow 1$ **to** K **do**   ▷ 两个循环合并为一个循环
7:             $q_k(i, (i, j)) \leftarrow q_k(i, (i, j)) - f_k(i, j)$
8:             $q_k(j, (i, j)) \leftarrow q_k(j, (i, j)) + f_k(i, j)$
9:     对所有物品 k 和所有边 $(j, t_k) \in A$，做 $q_k(t_k, (j, t_k)) \leftarrow 0$
10:    **for all** $i \in A$ **do**
11:       $n_i \leftarrow |\delta^+(i)| + |\delta^-(i)|$
12:       **for** $k \leftarrow 1$ **to** K **do**   ▷ 把下面三个外层循环合并在一起
13:           $a_k \leftarrow \frac{1}{n_i} \left(\sum_{(j, i) \in \delta^-(i)} q_k(i, (j, i)) + \sum_{(i, j) \in \delta^+(i)} q_k(i, (i, j)) \right)$
14:          对所有边 $(i, j) \in \delta^+(i)$，做 $q_k(i, (i, j)) \leftarrow a_k$
15:          对所有边 $(j, i) \in \delta^-(i)$，做 $q_k(i, (j, i)) \leftarrow a_k$

使用势函数来论证在队列中不存在更多的流，这可导出随时间从源点 s_k 流入网络的物品 k 的流一定从汇合点 t_k 流出网络。算法运行若干次循环，并跟踪流入和流出网络的流量。若队列中总流量是有界的，则经过若干次循环后，队列中的部分将是已添加到源点流量中的一小部分，因此，其余部分一定流向汇合点。通过平均流出网络的流量来计算一个多物流。我们将在定理 7.16 的证明中给出更详细的说明。

下面先解释算法推送流中计算流的方法。对每条边 (i, j)，可找到流 $f_1(i, j), \cdots, f_K(i, j) \geqslant 0$，在满足 $\sum_k f_k(i, j) \leqslant u(i, j)$ 的前提下，使下式的值达到最大：

$$\sum_{k=1}^{K} f_k(i, j)[\Delta_k(i, j) - f_k(i, j)]$$

对给定边 (i, j) 和 $\lambda \geqslant 0$，有：

$$G(i, j) = \sum_{k=1}^{K} f_k(i, j)[\Delta_k(i, j) - f_k(i, j)] + \lambda \left(u(i, j) - \sum_{k=1}^{K} f_k(i, j) \right)$$

对最优流 $f_1(i, j), f_2(i, j), \cdots, f_K(i, j)$，有 $f_k(i, j) = 0$，或 $\frac{\partial G}{\partial f_k} = 0$，其中，后者可导出

$$\Delta_k(i, j) - 2 f_k(i, j) - \lambda = 0$$

所以，有：

$$f_k(i, j) = \max \left(0, \frac{1}{2} (\Delta_k(i, j) - \lambda) \right)$$

选择适当的 λ，使得：

$$\sum_{k=1}^{K} \max \left(0, \frac{1}{2} (\Delta_k(i, j) - \lambda) \right) \leqslant u(i, j)$$

注意，对所有 k，有 $\Delta_k(i,j) > \lambda$，$f_k(i,j) > 0$，所以，我们可按降序排序 $\Delta_k(i,j)$ 来计算 λ，并在物品前缀的有序序列中执行二分搜索。若 S 是给定前缀中的物品集合，则由 $\sum_{k \in S} f_k(i,j) = u(i,j)$ 可推出

$$\frac{1}{2} \sum_{k \in S} (\Delta_k(i,j) - \lambda) = u(i,j)$$

由 $\lambda \geqslant 0$ 可知

$$\lambda = \max \left(0, \frac{1}{|S|} \left(\sum_{k \in S} \Delta_k(i,j) - 2u(i,j) \right) \right)$$

给定 λ 的值，可检验不等式 (7.7) 是否成立。若成立，则可尝试更长的前缀集 S；否则，可尝试用较短的前缀集 S。

该算法的分析使用势函数来论证在队列中不存在更多流，这可导出随时间从源点 s_k 流入网络的物品 k 的流一定从汇合点 t_k 流出网络。为证明队列中的总流量一定是有界的，我们将使用下面的势函数：

$$\Phi = \sum_{(i,j) \in A} \sum_{k=1}^{K} \left(q_k(i, (i,j))^2 + q_k(j, (i,j))^2 \right)$$

为分析该算法，对算法中的四步，分析势函数的影响。

引理 7.8　算法的增加流步使势函数 Φ 的增量为

$$2(1 - \epsilon) \sum_{k=1}^{K} q_k + (1 - \epsilon)^2 K$$

证明　在增加流步，在源点 s_k 的队列每次增加 $1 - \epsilon$，所以，在增加流步，Φ 的总增量为：

$$\sum_{k=1}^{K} \left([q_k + (1 - \epsilon)]^2 - q_k^2 \right) = \sum_{k=1}^{K} \left(2(1 - \epsilon)q_k + (1 - \epsilon)^2 \right)$$
$$= 2(1 - \epsilon) \sum_{k=1}^{K} q_k + (1 - \epsilon)^2 K \qquad \blacksquare$$

观察 7.9　势函数 Φ 在清空流步不会增加。

对平衡流步，我们需以下众所周知的不等式。

事实　7.10　(Cauchy-Schwarz 不等式)　对任意两个向量 $x = (x_1, \cdots, x_p)$ 和 $y = (y_1, \cdots, y_p)$，有：

$$\left(\sum_{i=1}^{p} x_i y_i \right)^2 \leqslant \sum_{i=1}^{p} x_i^2 \sum_{i=1}^{p} y_i^2$$

引理 7.11　势函数 Φ 在平衡流步不会增加。

证明　若存在 p 条边连接顶点 i，对商品 k，z_j 是连接顶点 i 的第 j 条边的队列中流的数量，置队列 $a_j = \frac{1}{p} \sum_{j=1}^{p} z_j$，则对商品 k，穿过所有连接顶点 i 的边的势函数变化量为

$$\sum_{j=1}^{p} \left(a_j^2 - z_j^2 \right) = p \left(\frac{1}{p} \sum_{j=1}^{p} z_j \right)^2 - \sum_{j=1}^{p} z_j^2 \leqslant 0$$

其中，对向量 $x = (z_1, \cdots, z_p)$ 和 $y = (\frac{1}{p}, \cdots, \frac{1}{p})$，用事实 7.10 中的 Cauchy-Schwarz 不等式可得最终的不等式。 ∎

现在需要证明推送流步使势函数的减少量可抵消增加流步使势函数的增加量。

引理 7.12 在推送流步，势函数 Φ 至少减少 $2\sum_{k=1}^{K} q_k + 2(1-\epsilon)K - 2Km$，其中，$q_k$ 是循环开始时在源点 s_k 队列中物品 k 的流量。

证明 先证明推送流步的设计可最大限度地减少势函数。假设对每个物品 k，在 s_k 和 t_k 之间存在发送 1 个单位流量的多物流 f^*。然后，用 f^* 的存在性证明势函数一定至少减少引理中给出的数量。

假设从高度为 x 的队列向高度为 y 的队列推送 f 个单位流量，它们的高度差为 $\Delta = x - y$。然后，由于这种变化，使势函数 Φ 的下降量为

$$x^2 + y^2 - (x-f)^2 - (y+f)^2 = 2xf - 2yf - 2f^2 = 2f[(x-y) - f]$$
$$= 2f[\Delta - f]$$

对每条边 (i,j)，在满足 $\sum_k f_k(i,j) \leqslant u(i,j)$ 的前提下，推送流步使 $\sum_{k=1}^{K} f_k(i,j)[\Delta_k(i,j) - f_k(i,j)]$ 达到最大。所以，推送流步在多物流边 (i,j) 上的流使势函数 Φ 减少量达到最大。因此，流 f 使势函数的减小量至少是多物流 f^* 使势函数的减小量。所以，势函数的下降量为

$$2\sum_{(i,j)\in A} \sum_{k=1}^{K} f_k(i,j)[\Delta_k(i,j) - f_k(i,j)]$$
$$\geqslant 2\sum_{(i,j)\in A} \sum_{k=1}^{K} f_k^*(i,j)[\Delta_k(i,j) - f_k^*(i,j)]$$
$$= 2\sum_{(i,j)\in A} \sum_{k=1}^{K} f_k^*(i,j)\Delta_k(i,j) - 2\sum_{(i,j)\in A} \sum_{k=1}^{K} f_k^*(i,j)^2$$
$$\geqslant 2\sum_{(i,j)\in A} \sum_{k=1}^{K} f_k^*(i,j)\Delta_k(i,j) - 2Km$$

其中，对最后一步，我们使用这样的事实：每个物品 k 的需求量 $d_k = 1$。因此，对所有边 $(i,j) \in A$，$f_k^*(i,j)^2 \leqslant 1$。现在将多物流 f^* 分解为路径。$\sum_{r:(i,j)\in P_{k,r}} x^*(P_{k,r}) = f_k^*(i,j)$，对所有物品 k 和边 $(i,j) \in A$，且 $\sum_r x^*(P_{k,r}) = 1$。因此

$$\sum_{(i,j)\in A} \sum_{k=1}^{K} f_k^*(i,j)\Delta_k(i,j) = \sum_{k=1}^{K} \sum_r x^*(P_{k,r}) \sum_{(i,j)\in P_{k,r}} \Delta_k(i,j)$$

我们看到，因为平衡流，对给定物品 k 和每个顶点 i，其入边的队列高度与其出边的高度在推送流步是相等的。对路径中的两条连续边，如 (i,j) 和 (j,ℓ)，我们知道 $q_k(j,(i,j)) = q_k(j,(j,\ell))$。所以，对 $\Delta_k(i,j)$ 和 $\Delta_k(j,\ell)$ 求和可给出顶点 i 和顶点 ℓ 处队列的高度差：

$$\Delta_k(i,j) + \Delta_k(j,\ell) = [q_k(i,(i,j)) - q_k(j,(i,j))] + [q_k(j,(j,\ell)) - q_k(\ell,(j,\ell))]$$
$$= q_k(i,(i,j)) - q_k(\ell,(j,\ell))$$

扩展上面的逻辑，沿路径 $P_{k,r}$ 求 Δ_k 之和，$\sum_{(i,j)\in P_{k,r}} \Delta_k(i,j)$ 只会在路径起点 (s_k) 和路径终点 (t_k) 处离开队列。在推送流步开始时，我们知道物品 k 在顶点 s_k 的队列有

$q_k + (1 - \epsilon)$ 个单位物品 k(其中 q_k 是循环开始时在源点 s_k 队列中的内容),且物品 k 在汇合点 t_k 的队列中有 0 单位流量。由于 $\sum_r x^*(P_{k,r}) = 1$,势函数 Φ 的减少量至少为:

$$2\sum_{k=1}^{K} \sum_r x^*(P_{k,r}) \sum_{(i,j) \in P_{k,r}} \Delta_k(i,j) - 2Km \geq 2\sum_{k=1}^{K}(q_k + 1 - \epsilon) - 2Km$$
$$= 2\sum_{k=1}^{K} q_k + 2(1-\epsilon)K - 2Km \quad \blacksquare$$

下面的结论现在很容易从前面的引理中导出。

引理 7.13   若循环开始时,$\sum_{k=1}^{K} q_k \geq \frac{1}{\epsilon} Km$,则势函数 Φ 在循环中不会增加。

证明   由观察 7.9 和引理 7.11 可知清空流步和平衡流步不会增加势函数。由引理 7.8 可知增加流步使势函数 Φ 至多增加 $2(1-\epsilon)\sum_{k=1}^{K} q_k + (1-\epsilon)^2 K$。由引理 7.12 可知推送流步使势函数 Φ 至少减少 $2\sum_{k=1}^{K} q_k + 2(1-\epsilon)K - 2Km$。减少量至少与增加量相等,若

$$2\sum_{k=1}^{K} q_k + 2(1-\epsilon)K - 2Km \geq 2(1-\epsilon)\sum_{k=1}^{K} q_k + (1-\epsilon)^2 K$$

整理上式,减少量至少与增加量相等,若

$$\sum_{k=1}^{K} q_k \geq \frac{1}{2\epsilon}[2Km + (1-\epsilon)^2 K - 2(1-\epsilon)K]$$

它可由 $\sum_{k=1}^{K} q_k \geq \frac{1}{\epsilon} Km$ 导出。 $\blacksquare$

回顾一下我们的总目标:证明在网络中不存在太多流,使得流入网络的大多数流最终将流出网络。下面的引理将证明,若引理 7.13 的条件不满足,且在网络的某顶点处有一个大流队列,则势函数仍会下降。

引理 7.14   若在循环开始时,$\sum_{k=1}^{K} q_k < \frac{1}{\epsilon} Km$,且存在高度 $q^* > \frac{1}{\epsilon} Km + n + \frac{1}{2} K$ 的队列,则势函数 Φ 在循环时不会增加。

证明   由引理 7.8 和假设条件可知增加流步使势函数至多增加

$$2(1-\epsilon)\sum_{k=1}^{K} q_k + (1-\epsilon)^2 K < \frac{2}{\epsilon} Km + K$$

假设从图中任意顶点出发,对任意物品 k,存在到汇合点 t_k 的路径,其边上的容量至少为一个单位。假设对物品 ℓ 在顶点 i 处有高度为 q^* 的队列。P 是图中从顶点 i^* 到 t_ℓ 的路径。考虑流 g_ℓ 是从顶点 i^* 向汇合点 t_ℓ 发送一个单位流量。由引理 7.12 可知势函数的减小量为

$$2\sum_{(i,j) \in A} \sum_{k=1}^{K} f_k(i,j)[\Delta_k(i,j) - f_k(i,j)] \geq 2\sum_{(i,j) \in P} g_\ell(i,j)[\Delta_\ell(i,j) - g_\ell(i,j)]$$
$$= 2\sum_{(i,j) \in P}[\Delta_\ell(i,j) - 1]$$
$$\geq 2q^* - 2n$$

像引理 7.12 证明中的推理一样，Δ_ℓ 之和缩短了路径的第一个队列 (在顶点 i^* 处高度为 q^*) 和最后一个队列 (在汇合点 t_ℓ 处高度为 0)。所以，势函数将下降，若

$$2q^* - 2n \geqslant \frac{2}{\epsilon}Km + K$$

或

$$q^* \geqslant \frac{1}{\epsilon}Km + n + \frac{1}{2}K \qquad \blacksquare$$

从以上这些结果可给出势函数 Φ 的上界和网络中物品 k 总流量的上界。

引理 7.15　对任意物品 k，在网络中，该物品在队列中流的总量至多为 $\frac{9}{\epsilon}K^{3/2}m^2$。

证明　因为总共存在 $2mK$ 个队列，由引理 7.14 可知在势函数降低前 ($m \geqslant n$ 和 $\epsilon \leqslant 1$)，每个队列的高度至多 $\frac{1}{\epsilon}Km + n + \frac{1}{2}K \leqslant \frac{4}{\epsilon}Km$，且在势函数降低前，源点处的队列高度至多为 $\frac{2}{\epsilon}Km$，势函数从不会大于

$$2mK\left[\frac{4}{\epsilon}Km\right]^2 + \frac{2}{\epsilon}Km \leqslant \frac{34}{\epsilon^2}K^3m^3$$

M_k 是网络队列物品 k 的总流量，假设队列中的所有流都是物品 k 的。商品 k 的总流量 M_k 的最坏上界是势函数的唯一因素，且每个队列都有 $M_k/(2m)$ 个单位流量。因此有

$$2m\left(\frac{M_k}{2m}\right)^2 \leqslant \frac{34}{\epsilon^2}K^3m^3$$

由此可导出 $M_k \leqslant \frac{9}{\epsilon}K^{3/2}m^2$。 $\blacksquare$

最后，我们可界定算法中的循环次数，如下面的定理所示。

定理 7.16　若算法 7.4 需循环 $O\left(\frac{9}{\epsilon^2}K^{3/2}m^2\right)$ 次，则对每个物品 k，可得到至少发送 $1 - 2\epsilon$ 个单位流量。

证明　令 $T = \frac{9}{\epsilon^2}K^{3/2}m^2$。像本节前面所建议的，算法运行 T 次循环，并跟踪每个物品的所有流在图中从汇合点 t_k 处最终流出图。$F_k(i,j)$ 是物品 k 流过边 (i,j) 的流量，且在最终循环 T 时从 t_k 处的队列中删除。令 $g_k(i,j) = F_k(i,j)/T$。我们论述 g_k 是多物流从 s_k 向 t_k 至少推送 $1 - 2\epsilon$ 个单位需求。对每个物品 k，在算法的每个循环中，其增加流步增加 $1 - \epsilon$ 个单位流，所以，在 T 步共增加 $(1-\epsilon)T$ 个单位物品。由引理 7.15 可知，在时间 T 至多有 $\epsilon T = \frac{9}{\epsilon}K^{3/2}m^2$ 个单位物品在图的队列中，因此，从汇合点 t_k 至少有 $(1-\epsilon)T - \epsilon T$ 个单位物品 k 被移除。因此，从 s_k 向 t_k，g_k 至少推送 $1 - 2\epsilon$ 个单位流量。因为在任意循环中，在边 (i,j) 上推送的总流量至多为容量 $u(i,j)$，即 $\sum_{k=1}^{K} g_k(i,j) \leqslant u(i,j)$。最后，在任意顶点 $i \neq s_k, t_k$ 处，在顶点 i 流入、在汇合点 t_k 流出的总流量一定等于从汇合点 i 流出的总流量，因此，流量守恒由 g_k 保证。 $\blacksquare$

像最大流问题的 PR 算法一样，该算法的一个优点是它的所有操作都是局部性的。不在图中找增广路径和沿路径修改流，只修改边上的流。

练习

7.1 对所有的 t 和 i，假设 $\epsilon \leqslant 1/2$ 和 $c_t(i) \in [-1, 1]$。证明：若算法 7.1 中的乘权修改步为 $w_{t+1}(i) \leftarrow (1 - \epsilon c_t(i))w_t(i)$，则在 T 次循环后，对任意决定 j，该决定的预期代价为

$$\sum_{t=1}^{T} \sum_{i=1}^{N} c_t(i)p_t(i) \leqslant \sum_{t=1}^{T} c_t(j) + \epsilon \sum_{t=1}^{T} |c_t(j)| + \frac{1}{\epsilon} \ln N$$

7.2 证明定理 7.5。

7.3 考虑算法 7.5，它是算法 7.3 中 Garg-Könemann 算法的一个变体。算法 7.3 总是求所有物品的最短路径，每次主循环时需找 K 个最短路径。证明：该算法在至多 $\frac{m \ln m}{\epsilon^2}$ 个路径上增加流后终止。所以，算法 7.3 需找 $\frac{Km \ln m}{\epsilon^2}$ 个最短路径。

算法 7.5 **最大多物流问题：算法 7.3(Garg-Könemann 算法) 的变体**

输入: $G = (V, A)$，$\forall_{i,j \in A} u(i,j)$，$\forall_{i,j \in A} w(i,j)$，$K$，$\epsilon$。

1: **for all** $P \in \mathcal{P}$ **do** $x(P) \leftarrow 0$

2: **for all** $(i,j) \in A$ **do** $f(i,j) \leftarrow 0$，$\quad w(i,j) \leftarrow 1$

3: L 是 $\mathcal{P}$ 中最短路径的长度，其边 (i,j) 的长度定义为 $\ell(i,j) = w(i,j)/u(i,j)$

4: **while** $f(i,j)/u(i,j) < (\ln m)/\epsilon^2$，$\forall (i,j) \in A$ **do**

5: $\quad$ $L \leftarrow L(1 + \epsilon)$

6: $\quad$ **for** $k \leftarrow 1$ **to** K **do**

7: $\quad\quad$ **while** $\exists P \in \mathcal{P}_k$，$\sum_{(i,j) \in P} \frac{w(i,j)}{u(i,j)} \leqslant L$ 和 $f(i,j)/u(i,j) < (\ln m)/\epsilon^2$，$\forall (i,j) \in A$ **do**

8: $\quad\quad\quad$ $u \leftarrow \min_{(i,j) \in P} u(i,j)$

9: $\quad\quad\quad$ $x(P) \leftarrow x(P) + u$

10: $\quad\quad\quad$ **for all** $(i,j) \in P$ **do** $\qquad\qquad\qquad\qquad$ ▷ 两个循环合并为一个循环

11: $\quad\quad\quad\quad$ $f(i,j) \leftarrow f(i,j) + u$

12: $\quad\quad\quad\quad$ $w(i,j) \leftarrow \left(1 + \epsilon \frac{u}{u(i,j)}\right) w(i,j)$

13: $C \leftarrow \max_{(i,j) \in A} f(i,j)/u(i,j)$

14: **return** x/C

(a) 证明：在算法 7.3 的每个循环中，若只在这样的路径上增加流，其路径长度至多是 $\mathcal{P}$ 中最短路径长度的 $(1 + \epsilon)$ 倍，则算法求得多物流的数值至少为最大多物流中其流量的 $(1 - 2\epsilon)/(1 + \epsilon)$ 倍。

(b) 证明：在算法 7.5 中，L 至多是 $\mathcal{P}$ 中最短路径长度的 $(1 + \epsilon)$ 倍。

(c) 证明：在算法 7.5 的执行过程中，任何边的长度至多是原长度的 $m^{2/\epsilon}$ 倍。

(d) 证明：在算法 7.5 终止前，其外 while 循环至多循环 $O(\ln m/\epsilon^2)$ 次。

(e) 证明：算法求得多物流的数值至少为最大多物流中其流量的 $(1 - 2\epsilon)/(1 + \epsilon)$ 倍，且有 $O((K + m)(\ln m)/\epsilon^2)$ 次最短路径计算。

(f) 对最短路径问题，Dijkstra 算法是从给定源点到所有其他顶点的最短路径。证明：算法 7.5 的简单修改能求出多物流的数值至少为最大多物流中其流量的 $(1 - 2\epsilon)/(1 + \epsilon)$ 倍，且有 $O((m \ln m)/\epsilon^2)$ 次最短路径计算。

章节后记

Ford 和 Fulkerson[65] 对最大多物流问题给出了较早的描述。多物流问题的早期算法主要关注求解相关线性规划单纯形方法的有效实现，例如，Ford 和 Fulkerson[65] 给出了基于列生成的单纯形方法。

7.2 节关于两个物品流的定理 7.1 归功于 Hu[113]，文中所给的证明来自 Seymour[179]。Schrijver[177, 70.11 节] 综述了一些案例，7.2 节给出的割集条件是存在多物流的充分条件。例如 kamura 和 Seymour[154] 的一个定理指出，对平面图，若图中所有 s_k 和 t_k 都可画在外表面，则割集条件是充分的。

多物流问题的多项式算法至今为止一直是线性规划的多项式时间算法的具体应用。Vaidya[199] 给出了一个 $O(K^{2.5}n^2m^{1.5}\log(mDU))$ 时间算法，其中 $D = \max_k d_k$，它采用内点法和快速矩阵乘法。Kamath 和 Palmon[120] 给出了几种基于内点法的算法。Tardos[189] 给出了一个线性规划的强多项式时间算法，其约束系数以问题的维度为界。由于多物流问题有这种结构，因此，Tardos 算法给出了多物流的强多项式时间算法。

用多项式时间算法找 ϵ-最优解的多物流问题始于 Leighton、Makedon、Plotkin、Stein、Tardos 和 Tragoudas[142] 的论文。基于 Shahrokhi 和 Matula[180] 以及 Klein、Plotkin、Stein 和 Tardos[133] 的思路，他们对最大并发流提出一个确定性算法，其运行时间为 $O(\frac{1}{\epsilon^2}K^2mn \log k \log^3 n)$。他们的算法反复计算最小代价流，其边的代价是其负载率的指数（负载率是边上总流量与容量之比值）。Radzik[168] 给出了降低算法运行时间为 $O(\frac{1}{\epsilon^2}Kmn \log k \log^3 n)$ 的思路。

指数惩罚方法的后续方法是由 Grigoriadis 和 Khachiyan[102] 以及 Plotkin、Shmoys 和 Tardos[164] 提出的。7.3 节介绍的乘权算法来自 Arora、Hazan 和 Kale[10] 关于乘权算法及其应用的综述。在综述中介绍的算法试图综合一些不同的算法，包括使用指数惩罚的算法。

7.4 节的 Garg-Könemann 算法源自 Garg 和 Könemann[79]。我们所给的 Garg-Könemann 算法观点来自 Arora、Hazan 和 Kale[10]。

Awerbuch-Leighton 算法是由 Awerbuch 和 Leighton[12] 提出的。Awerbuch 和 Leighton[13] 还写了一篇后续论文，用不同的势函数和平衡流步可获得更好的时间界限，新算法的运行时间为 $O(\frac{1}{\epsilon^3}KL^2m\ln^3(m/\epsilon))$，其中，$L$ 是在图中从源点到汇合点的最长简单路径的长度（即 $L = O(n)$）。有两篇论文讨论任意需求和容量，一篇论文是一般有向图的扩展，另一篇考虑随时间变化的网络。

Leighton 等人 [142] 以及 Plotkin、Shmoys 和 Tardos[164] 所设计的带指数惩罚的算法被大量实验工作所检验。虽然比较测试有限，但 Leong、Shor 和 Stein[143] 发现 Leighton 等人的并发多物流算法的性能优于 Kennington 的网络单纯形算法，也优于 Karmarkar 和 Ramakrishnan 的内点算法。Goldberg、Oldham、Plotkin 和 Stein[88] 对最小代价多物流问题进行了计算测试，所用算法有：Karger 和 Plotkin[121]，Leighton 等 [142]，Leong、Shor

和 Stein[143]，Plotkin、Shmoys 和 Tardos[164]，以及 Radzik[168]。他们发现，他们的算法明显优于基于单纯形的精确求解算法，包括商用编码 CPLEX[114]。他们指出，对并发流问题，他们的算法的变形要比 Leong、Shor 和 Stein 的算法快很多。Bienstock[24] 对基于指数惩罚的算法进行了大量实验，他将其实现用于多物流问题和网络设计问题中的线性规划。他发现该实现在并发流问题上大幅优于 CPLEX 的内点算法和对偶单纯形算法，即使在找到一个 ϵ-最优解的时间上也如此。

练习 7.3 源自 Fleischer[61]。

电流算法

当回顾某时刻的历史画面时，我们可能会想起在电路中分配电流的 Maxwell-Kirchoff 理论。虽然该主题与本书宗旨密切相关，但我们选择不包含它。之所以如此，是因为我们想把所讨论的流问题限定在纯线性问题上，并在此范围内，仅讨论那些在整数假设下可导出存在整数解的问题上。我们认为，此类线性流问题具有简单而又优美的特性，这是其他流问题所没有的。第一个约束条件是线性特性，它排除了被视为规划问题的 Maxwell-Kirchoff 电路问题，该问题是线性约束条件下的最小二次函数问题。第二个约束条件排除了同时发生的多物流的线性问题，该类问题与线性规划的实际应用一样重要。

—— L. R. Ford, Jr. 和 D. R. Fulkerson, *Flows in Networks*

我们还未考虑网络流是电阻网络中的电流问题。众所周知，这种流与图论中深入研究的主题有许多有趣的关联。最近，其被证明可用于本书所讨论的流。本章回顾电流的概念，然后证明其可用于无向图 (8.2 节) 和稀疏图 (8.3 节) 的最大流问题。我们在 8.4 节中给出计算这种流的算法，该算法与 5.6 节中的网络单纯形算法有着出人意料的联系。

8.1 最优化条件

电路⊖。图 8.1 是一个电路的例子。我们可将其建模为无向图 $G = (V, E)$，其中每条边 $(i, j) \in E$ 有电阻 $r(i, j) > 0$。有时考虑电阻的倒数会更有益，即导电系数 $c(i, j) = 1/r(i, j)$。我们可用两个物理定律来确定电路中的电流 f。第一个是我们熟知的电流守恒定律，这里称为 Kirchoff 电流定律：在任何顶点，流入顶点的总电流等于流出顶点的总电流。第二个定律是 Ohm 定律，假设每个顶点 i 都有电势 (我们称为电压)$p(i)$，通过任何边的电流等于电势差除以边的电阻 (或乘以导电系数)，所以，

$$f(i, j) = \frac{p(i) - p(j)}{r(i, j)} = (p(i) - p(j))c(i, j)$$

我们把 $f(i, j)$ 看成从 i 到 j 的流，所以，有一个自然的斜对称性质 (即使图是无向的)：$f(j, i) = -f(i, j) = (p(j) - p(i))/r(i, j) = (p(j) - p(i))c(i, j)$。由于在无向图中处理有向流可能会出现混淆，因此，必要时对每条无向边使用符号 $\{i, j\} \in E$，这样边的端点是无序的。我们还用 $\vec{E}$ 表示无向图 G 中边的任意方向，这样就得到有向边 $(i, j) \in \vec{E}$。

⊖ 译者注：Electrical Network 一般应该译为"电网"，但在中文语境下，"电网"通常是指发电厂向外输送电的网络，而由书中图例来看，它更像是"电路"，故这里译为"电路"。

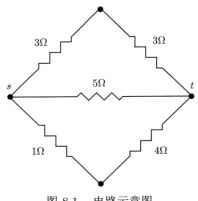

图 8.1   电路示意图

对给定顶点 i，令 $b(i)$ 是顶点 i 的外部电流，所以，$b(i) > 0$ 表示对 i 的电流供应量，$b(i) < 0$ 表示顶点的需求量。由电流守恒定律可知 $b(i)$ 一定等于流出 i 的净流量。由斜对称性可得流出 i 的净流是 $\sum_{j : i,j \in E} f(i,j)$，有：

$$\sum_{j : \{i,j\} \in E} f(i,j) = b(i)$$

注意，我们将 E 中无向边的电流之和看作无序边 $\{i,j\}$ 上的和，即

$$
\begin{aligned}
b(i) = \sum_{j : \{i,j\} \in E} f(i,j) &= \sum_{j : \{i,j\} \in E} c(i,j)(p(i) - p(j)) \\
&= \sum_{j : \{i,j\} \in E} c(i,j)p(i) - \sum_{j : \{i,j\} \in E} c(i,j)p(j)
\end{aligned}
\tag{8.1}
$$

在上面的电路示例中，假设在顶点 s 处输入一个单位电流，在顶点 t 处输出一个单位电流。我们可分别计算边上的电流 $f(i,j)$ 和顶点电势 $p(i)$。有关结果如图 8.2 所示。

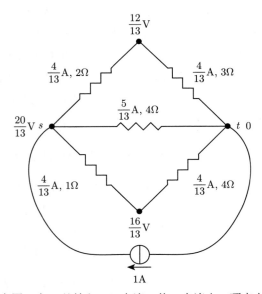

图 8.2   电路中电流的示意图，在 s 处输入 1A 电流，从 t 点流出。顶点上标注电势，边上标注电流

稍后会看到，电流满足 Kirchoff 电流定律和 Ohm 定律，并唯一使电能函数最小化。由此，我们有时称该电流为最佳电流，称相关的电势为最佳电势。

Kirchoff 电势定律等价于 Ohm 定律。Kirchoff 电势定律是指在任意有向回路 C 中，$\sum_{(i,j)\in C} r(i,j)f(i,j) = 0$。我们证明下面的等价关系。

定理 8.1 Kirchoff 电势定律成立，当且仅当 Ohm 定律成立。

证明 先证明若 Ohm 定律成立，则 Kirchoff 电势定律成立。

假设对任意有向边 (i,j)，存在电势 p，使得 $f(i,j) = (p(i) - p(j))/r(i,j)$。可知对任何有向回路 C 中的边，有

$$\sum_{(i,j)\in C} r(i,j)f(i,j) = \sum_{(i,j)\in C} (p(i) - p(j)) = 0$$

再假设对电流 f，Kirchoff 电势定律成立。定义电势 p，可使 $f(i,j) = (p(i) - p(j))/r(i,j)$。为此，任取无向图 G 中的生成树 T，并任取根顶点 r。P_i 为 T 树中从 $i \in V$ 到 r 的有向路径。定义 $p(r) = 0$，且

$$p(i) = \sum_{(k,\ell)\in P_i} r(k,\ell)f(k,\ell)$$

我们称该电势为树确定的电势，因为它们是用树 T 中的流来定义的。任取一边 $\{i,j\} \in T$，不失一般性，j 比 i 更接近根顶点。则

$$p(i) - p(j) = \sum_{(k,\ell)\in P_i} r(k,\ell)f(k,\ell) - \sum_{(k,\ell)\in P_j} r(k,\ell)f(k,\ell) = r(i,j)f(i,j) \quad (8.2)$$

现在考虑任意边 $\{i,j\} \in E - T$。$z \in V$ 是 i 和 j 在树 T 中最近的共同祖，P_{iz} 是树 T 中从 i 到 z 的有向路径，P_{jz} 是树 T 中从 j 到 z 的有向路径，P_{zj} 是树 T 中从 z 到 j 的有向路径。则，

$$
\begin{aligned}
p(i) - p(j) &= \sum_{(k,\ell)\in P_i} r(k,\ell)f(k,\ell) - \sum_{(k,\ell)\in P_j} r(k,\ell)f(k,\ell) \\
&= \sum_{(k,\ell)\in P_{iz}} r(k,\ell)f(k,\ell) - \sum_{(k,\ell)\in P_{jz}} r(k,\ell)f(k,\ell) \\
&= \sum_{(k,\ell)\in P_{iz}} r(k,\ell)f(k,\ell) + \sum_{(k,\ell)\in P_{zj}} r(k,\ell)f(k,\ell)
\end{aligned}
$$

其中第二个等式成立，因为从 z 到 r 的路径项在两个求和式中相互抵消，最后一个等式的成立可由斜对称性推导得出。若 C 是有向回路，该回路是由从 i 到 z 的有向路径、从 z 到 j 的有向路径以及边 (j,i) 拼接而成，则有：

$$
\begin{aligned}
p(i) - p(j) &= \sum_{(k,\ell)\in P_{iz}} r(k,\ell)f(k,\ell) + \sum_{(k,\ell)\in P_{zj}} r(k,\ell)f(k,\ell) \\
&= \sum_{(k,\ell)\in C} r(k,\ell)f(k,\ell) - r(j,i)f(j,i) \\
&= 0 + r(i,j)f(i,j)
\end{aligned}
\quad (8.3)
$$

其中加减 $r(j,i)f(j,i)$ 可得第二个等式，用 Kirchoff 电势定律和斜对称性可得到最后的等式。∎

我们将在 8.4 节使用下面的推论。

推论 8.2 p 是由树 T 确定的电势和电流 f，有向边 (i,j) 不是树 T 中的边，$\bar{C}$ 是由 (i,j) 和 T 中的 j-i 有向路径所组成的有向回路。则

$$r(i,j)f(i,j) - (p(i) - p(j)) = \sum_{(k,\ell)\in\bar{C}} r(k,\ell)f(k,\ell)$$

证明 注意，回路 $\bar{C}$ 是上面的证明中回路 C 的反向回路。由斜对称性可知 $\sum_{(k,\ell)\in\bar{C}} r(k,\ell)f(k,\ell) = -\sum_{(k,\ell)\in C} r(k,\ell)f(k,\ell)$，$r(i,j)f(i,j) = -r(j,i)f(j,i)$。将这些项代入式 (8.3)，并整理后可得出推论。∎

图的 Laplacian 矩阵。 用矩阵符号来思考这些方程是有用的，幸运的是，有一个著名的方法。e_i 是单位向量，若 $j = i$，则 $e_i(j) = 1$，否则，其值为 0。因此无向图 G 的 Laplacian 矩阵 L_G 定义为：

$$L_G \equiv \sum_{\{i,j\}\in E} (e_i - e_j)(e_i - e_j)^T$$

注意，对 $i \neq j$，$(e_i - e_j)(e_i - e_j)^T$ 是一个 $n \times n$ 矩阵，其中 (i,j) 和 (j,i) 为 -1，主对角项为 1，其他项为 0。因此，Laplacian 矩阵可表示为两个矩阵的差，如下所示。D 是图 G 顶点度数的对角矩阵，主对角线上第 i 个项是顶点 i 在 G 中的度数。$A = (a_{ij})$ 是图 G 的邻接矩阵，所以，若 $\{i,j\} \in E$，则 $a_{ij} = a_{ji} = 1$，否则，$a_{ij} = 0$。很容易检验

$$L_G = D - A$$

给定边的权 $w(i,j)$，加权 Laplacian 矩阵 L_G 定义为

$$L_G = \sum_{(i,j)\in E} w(i,j)(e_i - e_j)(e_i - e_j)^T$$

如上所述，我们可将加权 Laplacian 矩阵改写为 $L_G = D - W$，其中 D 是一个对角矩阵，其第 i 个对角元素是 $\sum_{j:\{i,j\}\in E} W(i,j)$ 和 $W = (w_{ij})$，且 $w_{ij} = w_{ji} = W(i,j)$，$w_{ii} = 0$。考虑加权 Laplacian 矩阵 L_G，其权值是电阻网的边的导电系数。所以，我们可把式 (8.1) 中导电系数项的电势向量用矩阵符号来表示，即 $L_G p = b$，因为

$$L_G p = \sum_{\{i,j\}\in E} c(i,j)(e_i - e_j)(e_i - e_j)^T p = \sum_{\{i,j\}\in E} c(i,j)(e_i - e_j)(p(i) - p(j))$$

因此，$L_G p$ 中的第 i 项是

$$\sum_{j:\{i,j\}\in E} c(i,j)(p(i) - p(j)) = b(i)$$

如式 (8.1) 所示。

我们也可将流向量 f 用矩阵表示如下。$C \in \Re^{m \times m}$ 是导电系数的对角矩阵，$B \in \Re^{n \times m}$ 是一个矩阵，其列向量对应的边 (i, j) 是 $(e_i - e_j)$，由式 (8.1) 可得：

$$f = CB^T p$$

且加权 Laplacian 矩阵为：

$$L_G = \sum_{\{i,j\} \in E} c(i, j)(e_i - e_j)(e_i - e_j)^T = BCB^T$$

则

$$b = L_G p = BCB^T p = Bf$$

有了矩阵表示法，就很容易得到某些结论。例如，假设有供电向量 b、电势 p 和电流 f，使得 $L_G p = b$，$f = CB^T p$。若有 b 的比例因子 α，则可导出 αp 和 αf 是相应的电势和电流，因为 $L_G p = b$ 可导出 $L_G(\alpha p) = \alpha b$，$f = CB^T p$ 可导出 $\alpha f = CB^T(\alpha p)$。

研究者对电流感兴趣的原因之一是，它表明可快速计算电势，且这种快速计算可用来加快某些应用的速度。对常数 c，$\tilde{O}(f(n)) = O(f(n) \log^c n)$，即 $\tilde{O}$ 符号隐藏了对数的多项式系数。设 e 是所有元素为 1 的向量 (单位向量)。

定理 8.3　若图 G 是连通的，且 $b^T e = \sum_{i \in V} b(i) = 0$，则方程 $L_G p = b$ 的解 p 可在近似 $\hat{O}(m)$ 时间内算出。

给定电势 p，可在 $O(m)$ 时间内计算出相应的电流 f，所以，可得到下面的推论。

推论 8.4　若图 G 是连通的，且 $b^T e = 0$，则对供电向量 b，电流 f 可在近似 $\tilde{O}(m)$ 时间内算出。

我们在 8.4 节给出这种算法。我们忽略这只是近似计算的事实。$b^T e = 0$ 条件作为方程组的物理条件是有意义的，因为它强制电流供应量/需求量的总和为 0。在此情况下，向电路提供的总电流等于总需求量，所以，电流在供电向量 b 中是守恒的。

有效电阻。由电流得到的一个非常有用的概念是顶点 i 和 j 之间的有效电阻。若在顶点 i 处输入一个单位电流且从顶点 j 处输出一个单位电流，则有效电阻使顶点 i 和 j 间的电势降低。另一种观点是，有效电阻是将电路中的电阻看作一个数字，就像在顶点 i 和 j 之间只有一个电阻，见图 8.3。用 $r_{\text{eff}}(i, j)$ 表示顶点 i 和 j 间的有效电阻。因此，对 $L_G p = e_i - e_j$ 的解电势 p，有 $r_{\text{eff}}(i, j) = p(i) - p(j)$。

我们经常对电势 p 和 s-t 电流 f 感兴趣，即在 s 处输入一个单位电流和在 t 处输出一个单位电流所产生的电势 p 和电流 f。电势是 $L_G p = e_s - e_t$ 的解。

关于有效电阻的另一个非常有用的观点是将电流与图 G 中的生成树联系起来。假设图 G 是连通的。$\mathcal{T}$ 为图 G 的所有生成树的集合。$r(T)$ 为生成树 T 中所有电阻的乘积，即 $r(T) = \prod_{(i,j) \in T} r(i,j)$。$Z = \sum^{T \in \mathcal{T}} \frac{1}{r(T)}$，接下来将 Z 当作正则化因子。对每个树 $T \in \mathcal{T}$，f_T 是在树 T 中从 s 向 t 输送一个单位电流在 s-t 有向路径上的结果。所以，$f_T(i,j) = 1$，若边 (i,j) 在 s-t 路径中；$f_T(j,i) = -1$，若边 (j,i) 在 s-t 有向路径中，否则，$f_T(i,j) = 0$。下面的定理表明，我们可把 s-t 电流定义为这些电流 f_T 的加权和。

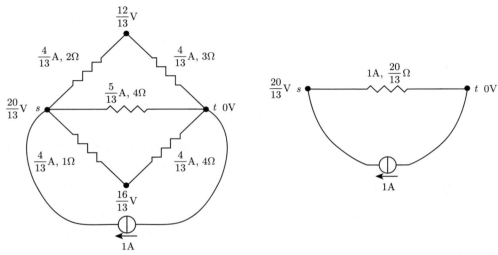

图 8.3   有效电阻示意图。在 s 处输入一个单位电流，在 t 处输出一个单位电流。从 s 到 t 使电势下降 $\frac{20}{13}$V，相当于在 s 和 t 之间有 $\frac{20}{13}\Omega$ 的电阻

定理 8.5   若电流

$$f = \sum_{T \in \mathcal{T}} \frac{1}{Z \cdot r(T)} f_T$$

则 f 是 s-t 电流。

证明   因为每个电流 f_T 是从 s 向 t 发送的单位电流，且由 Z 的定义可知 $\sum_{t \in \mathcal{T}} \frac{1}{Z \cdot r(t)} = 1$，则 f 也是从 s 向 t 发送的单位电流。由于每个电流 f_T 都满足电流守恒定律，所以 f 也满足，即满足 Kirchoff 电流定律。下面只需证明 Kirchoff 电势定律也满足。特别需证明，对任何有向回路 C，$\sum_{(i,j) \in C} r(i,j) f(i,j) = 0$。

设 $\mathcal{S}$ 是所有 s-t 割集 S 的集合，每个割集 S 都满足 S 和 $V - S$ 所对应的诱导图都是连通图。设 $\mathcal{T}[S]$ 是 S 诱导图中所有生成树的集合，同样，$\mathcal{T}[V - S]$ 是 $V - S$ 诱导图中所有生成树 $V - S$ 的集合。任选一条有向边 (i,j)，考虑在树 T 中从 s 到 t 的路径中包含边 (i,j)，从树 T 中删除边 (i,j)，使树 T 分为两个 s-t 割集 S 和 $V - S$，使得树 $T_1 \in \mathcal{T}[S]$，$T_2 \in \mathcal{T}[V - S]$，且有 $T = T_1 \cup T_2 \cup \{(i,j)\}$。若 (j,i) 在 s-t 路径上，则同样删除边 (j,i) 对 T 进行划分。对前者，$\delta^+(S) \cap T = \{(i,j)\}$；对后者，$\delta^-(S) \cap T = \{(i,j)\}$。因此，可写为：

$$f(i,j) = \sum_{T \in \mathcal{T}} \frac{1}{Z \cdot r(T)} f_T(i,j)$$

$$= \frac{1}{Z} \sum_{S \in \mathcal{S}} \left[\sum_{\substack{T = T_1 \cup T_2 \cup \{(i,j)\} \\ T_1 \in \mathcal{T}[S], T_2 \in \mathcal{T}[V-S], \\ i \in S, j \notin S}} \frac{1}{r(T)} - \sum_{\substack{T = T_1 \cup T_2 \cup \{(i,j)\} \\ T_1 \in \mathcal{T}[S], T_2 \in \mathcal{T}[V-S], \\ i \notin S, j \in S}} \frac{1}{r(T)} \right]$$

$$= \frac{1}{Z} \sum_{S \in \mathcal{S}} \left[\sum_{\substack{T_1 \in \mathcal{T}[S], \\ T_2 \in \mathcal{T}[V-S], \\ i \in S, j \notin S}} \frac{1}{r(T_1) r(T_2) r(i,j)} - \sum_{\substack{T_1 \in \mathcal{T}[S], \\ T_2 \in \mathcal{T}[V-S], \\ i \notin S, j \in S}} \frac{1}{r(T_1) r(T_2) r(i,j)} \right]$$

任取有向边 C, 需证明 $\sum_{(i,j) \in C} r(i,j) f(i,j) = 0$。那么, 有 $\sum_{(i,j) \in C} r(i,j) f(i,j)$ 等于

$$\frac{1}{Z} \sum_{(i,j) \in C} r(i,j) \sum_{S \in \mathcal{S}} \left[\sum_{\substack{T_1 \in \mathcal{T}[S], \\ T_2 \in \mathcal{T}[V-S], \\ i \in S, j \notin S}} \frac{1}{r(T_1) r(T_2) r(i,j)} - \sum_{\substack{T_1 \in \mathcal{T}[S], \\ T_2 \in \mathcal{T}[V-S], \\ i \notin S, j \in S}} \frac{1}{r(T_1) r(T_2) r(i,j)} \right]$$

$$= \frac{1}{Z} \sum_{S \in \mathcal{S}} \sum_{(i,j) \in C} r(i,j) \left[\sum_{\substack{T_1 \in \mathcal{T}[S], \\ T_2 \in \mathcal{T}[V-S], \\ i \in S, j \notin S}} \frac{1}{r(T_1) r(T_2) r(i,j)} - \sum_{\substack{T_1 \in \mathcal{T}[S], \\ T_2 \in \mathcal{T}[V-S], \\ i \notin S, j \in S}} \frac{1}{r(T_1) r(T_2) r(i,j)} \right]$$

$$= \frac{1}{Z} \sum_{S \in \mathcal{S}} \sum_{\substack{T_1 \in \mathcal{T}[S], \\ T_2 \in \mathcal{T}[V-S]}} \frac{1}{r(T_1) r(T_2)} \left[|\delta^+(S) \cap C| - |\delta^-(S) \cap C| \right]$$

$$= 0$$

因为对任意集合 $S \subset V$ 和有向回路 C, 有 $|\delta^+C(S) \cap C| = |\delta^-(S) \cap C|$。即在回路中, 离开集合 S 的边数等于进入该集合的边数。 ∎

对 s-t 电流定义的另一种看法是对树 $T \in \mathcal{T}$ 进行抽样, 其概率与 $1/r(T)$ 成正比 (且等于 $1/(Z \cdot r(T))$), 流 f 是由该分布采样抽样的流 f_T 的期望值。注意, 该概率分布并不依赖于 s 和 t(尽管电流 f_T 确实依赖 s 和 t)。按此看法, 可得到以下引理, 它反映了有效电阻与抽样树中给定边的概率相关。

引理 8.6 对任意边 $\{i, j\} \in E$, 且 $T \in \mathcal{T}$ 的抽样概率为 $1/(Z \cdot r(T))$, 有

$$\frac{r_{\text{eff}}(i,j)}{r(i,j)} = \Pr[\{i, j\} \in T]$$

证明 设 f 是在电势 p 下的 i-j 电流, 则 $r_{\text{eff}}(i,j) = p(i) - p(j)$。对任意树 $T \in \mathcal{T}$, 若 $\{i, j\} \in T$, 则边 (i, j) 是树 T 中从 i 到 j 的有向路径, 所以, $f_T(i,j) = 1$; 若 $\{i, j\} \notin T$, 则 $f_T(i,j) = 0$。由概率分布的定义可知:

$$\frac{r_{\text{eff}}(i,j)}{r(i,j)} = \frac{p(i)-p(j)}{r(i,j)} = f(i,j) = \sum_{T \in \mathcal{T}} \frac{1}{Z \cdot r(T)} f_T(i,j) = \sum_{T \in \mathcal{T}:\{i,j\} \in T} \frac{1}{Z \cdot r(T)}$$
$$= \Pr[\{i,j\} \in T] \quad \blacksquare$$

很容易证明下面的结论，它有时被称为 Foster 定理。

定理 8.7 (Foster 定理 [67])

$$\sum_{\{i,j\} \in E} \frac{r_{\text{eff}}(i,j)}{r(i,j)} = n-1$$

证明　由图论基本知识可知生成树 T 中有 $n-1$ 条边 (n 是图的顶点数)。由概率分布定义和引理 8.6 可得：

$$\sum_{\{i,j\} \in E} \frac{r_{\text{eff}}(i,j)}{r(i,j)} = \sum_{\{i,j\} \in E} \Pr[\{i,j\} \in T]$$
$$= \sum_{\{i,j\} \in E} \sum_{T \in \mathcal{T}} \frac{1}{Z \cdot r(T)} \mathbb{1}[\{i,j\} \in T]$$
$$= \sum_{T \in \mathcal{T}} \frac{1}{Z \cdot r(T)} \sum_{\{i,j\} \in E} \mathbb{1}[\{i,j\} \in T]$$
$$= \sum_{T \in \mathcal{T}} \frac{1}{Z \cdot r(T)} (n-1) = n-1$$

其中，若 $\{i,j\} \in T$，则 $\mathbb{1}[\{i,j\}] = 1$；否则，$\mathbb{1}[\{i,j\}] = 0$。　■

电能。我们需要的最后一个概念是针对特定电流的电流能量。对电阻为 r 的单电阻和经过它的电流 f，其损耗的电能 (我们称之为功率) 为 $f^2 r$。带电流 $f(i,j)$ 的图 G 的损耗电能是电路中所有损耗电能之和，记为 $\mathcal{E}(f)$，所以，

$$\mathcal{E}(f) = \sum_{\{i,j\} \in E} f^2(i,j) r(i,j)$$

若 p 是在电流 f 下的电势，则

$$\mathcal{E}(f) = \sum_{\{i,j\} \in E} f^2(i,j) r(i,j) = \sum_{\{i,j\} \in E} \frac{1}{r(i,j)} (p(i)-p(j))^2$$
$$= \sum_{\{i,j\} \in E} c(i,j)(p(i)-p(j))^2$$
$$= \sum_{\{i,j\} \in E} c(i,j) p^T (e_i - e_j)(e_i - e_j)^T p$$
$$= p^T \left(\sum_{\{i,j\} \in E} c(i,j)(e_i - e_j)(e_i - e_j)^T \right) p$$
$$= p^T L_G p$$

若电流 f 和电势 p 是由 s-t 电流确定的，则 $L_G p = e_s - e_t$，其电能为

$$\mathcal{E}(f) = p^T L_G p = p^T (e_s - e_t) = p(s) - p(t) = r_{\text{eff}}(s,t)$$

即损耗能量是 s 和 t 之间的有效电阻。这是我们期望的结论，因为有效电阻把整个电路中的电阻当作单一电阻。所以，在 s 和 t 之间单一电阻 $r_{\text{eff}}(s,t)$ 上发送单位电流，其损耗电能就为 $r_{\text{eff}}(s,t)$。

在后续章节的算法分析中，证明电势 p 和电流 f 使总电能最小化时，以上结论非常有用。下面的第一个引理论证电流 f 是在所有满足 $Bg=b$ 的电流 g 中唯一使 $\mathcal{E}(f)$ 达到最小化的 (即对给定供电向量 b，所有流满足电流守恒定律)。第二个引理论证：对供电向量 b，由电流 f 确定的电势 p 使函数 $2b^Tx-x^TL_Gx$ 在所有向量 x 中达到最大。在此意义下，对这些特定的目标函数，电流和相应的电势都是最优电流/电势。

引理 8.8 任取 b，使得 $b^Te=0$。电流 f 是所有满足 $Bg=b$ 的电流 g 中，使 $\mathcal{E}(f)$ 达到最小的电流。

证明 任取电流 g，使得 $Bg=b$，且 $h=g-f$。对任意顶点 $i\in V$，有：

$$\sum_{j:\{i,j\}\in E}h(i,j)=\sum_{j:\{i,j\}\in E}g(i,j)-\sum_{j:\{i,j\}\in E}f(i,j)=b(i)-b(i)=0 \quad (8.4)$$

其中，在无向边含义下，对所有与顶点 i 相关的边上的电流求和。下面考虑电流 g 的电能：

$$\begin{aligned}
\mathcal{E}(g)&=\sum_{\{i,j\}\in E}g^2(i,j)r(i,j)\\
&=\sum_{\{i,j\}\in E}(f(i,j)+h(i,j))^2r(i,j)\\
&=\sum_{\{i,j\}\in E}f^2(i,j)r(i,j)+2\sum_{\{i,j\}\in E}f(i,j)h(i,j)r(i,j)+\sum_{\{i,j\}\in E}h^2(i,j)r(i,j)\\
&=\mathcal{E}(f)+2\sum_{\{i,j\}\in E}(p(i)-p(j))h(i,j)+\sum_{\{i,j\}\in E}h^2(i,j)r(i,j)\\
&=\mathcal{E}(f)+2\sum_{i\in V}p(i)\sum_{j:\{i,j\}\in E}h(i,j)+\sum_{\{i,j\}\in E}h^2(i,j)r(i,j)\\
&=\mathcal{E}(f)+\sum_{\{i,j\}\in E}h^2(i,j)r(i,j)
\end{aligned}$$

其中，由电流 h 的斜对称性可得倒数第二个等式 (因为它是 f 和 g 的差，而这两个电流都满足斜对称性)，由式 (8.4) 可得最后一个等式。最后，除非 $f=g$(和 $h=0$)，否则，由上面的等式可证得 $\mathcal{E}(g)>\mathcal{E}(f)$。∎

引理 8.9 给定供电向量 b，且满足 $b^Te=0$，对应电流 f 的电势 p，对所有向量 x，使 $2b^Tx-x^TL_Gx$ 达到最大。

证明 设 $z(x)=2b^Tx-x^TL_Gx$。则在其最大值处，一定有

$$\frac{\partial z}{\partial x(i)}=0$$

对所有 i，可导出：

$$2b(i)-2x(i)\sum_{j:\{i,j\}\in E}c(i,j)+2\sum_{j:\{i,j\}\in E}c(i,j)x(j)=0$$

可导出：

$$b(i) = \sum_{j:\{i,j\} \in E} c(i,j)(x(i) - x(j))$$

这恰好是等式 (8.1) 在相应电流处所确定的电势 p 下的形式。   ■

推论 8.10   给定供电向量 b，且满足 $b^T e = 0$，对电流 f，$2b^T x - x^T L_G x$ 的最大值是 $\mathcal{E}(f)$。

证明   由于相应的电势 p 使函数值最大化，且 $L_G p = b$。所以，函数的最大值为

$$2b^T p - p^T L_G p = 2p^T L_G p - p^T L_G p = p^T L_G p = \mathcal{E}(f)$$ ■

8.2   无向图的最大流问题

> 丹尼·奥逊：索尔是第十位。十个人应该够了，你认为呢？
>
> 拉斯提·瑞恩：[沉默，目不转睛地盯着电视，没看丹尼一眼]
>
> 丹尼：你觉得我们还需要一位吗？
>
> 拉斯提：[沉默]
>
> 丹尼：你觉得我们还需要一位。
>
> 拉斯提：[沉默]
>
> 丹尼：好吧，我们再找一位。
>
> —— *Ocean's Eleven* (2001)

本节给出另一个计算最大流的算法。特别需要说明，在无向图中，用计算 s-t 电流的方法来计算近似最大 s-t 流。首先，需定义无向图 G 中 s-t 流的含义，令无向图 $G = (V, E)$，容量 $u(i,j) \geqslant 0$，对所有边 $\{i,j\} \in E$。任选边的方向和用 $\vec{E}$ 表示有向边的结果集。再假设斜对称，使得对任意边 $(i,j) \in \vec{E}$，有 $(j,i) = -f(i,j)$。为满足容量约束，要求所有边 $(i,j) \in \vec{E}$，有 $-u(i,j) \leqslant f(i,j) \leqslant u(i,j)$。因此，正电流可从 i 流向 j，也可从 j 流向 i，但在任何情况下，正电流的总量都不超过 $u(i,j)$。然后，对所有顶点 $i \in V$，$i \neq s, t$，电流守恒约束是

$$\sum_{j:(i,j)\in \vec{E}} f(i,j) - \sum_{j:(j,i)\in \vec{E}} f(j,i) = 0$$

为获取算法，使用 7.3 节中装载问题的算法 7.2(乘权算法)，尤其是定理 7.5。回顾一下，算法可为方程组 $|Mx| \leqslant e$ 提供近似可行解 x，e 是元素全为 1 的向量，对凸集 Q，$x \in Q$。算法假设有一个子例程，称为 ORACLE。该子程序 ORACLE 取非负向量 p，且找到 $x \in Q$，满足不等式 $\sum_i p(i)|M_i x| \leqslant p^T e$，或正确反馈不存在这样的 $x \in Q$。该算法得到 $\bar{x} \in Q$，使得 $|M\bar{x}| \leqslant (1 + 4\epsilon)e$。

本节的核心是把计算 s-t 电流当作 ORACLE。电流满足守恒定律，但不满足容量约束。因此，我们用凸集 Q 表达电流守恒约束，用矩阵 M 表达容量约束。

为简单起见，假定对所有边 $(i,j) \in \vec{E}$，容量 $u(i,j) = 1$。接下来，我们给出一个算法，它或计算出一个数值接近 k 的电流 (若存在此电流)，或正确表述不存在数值为 k 的电流。该算法用二分搜索法寻找近似最大流。由边容量为 1 可知最大流的数值至少为 0，至多为 m。由容量为整数和整数性质可知最大流的数值也是整数。因此，调用 $O(\log m)$ 次该算法可得近似最大流。

下面详细介绍该算法。我们把容量约束表达在矩阵 M 中，所以，

$$-1 \leqslant f(i,j) \leqslant 1, \ \forall (i,j) \in \vec{E}$$

或

$$|f(i,j)| \leqslant 1, \ \forall (i,j) \in \vec{E}$$

用 Q 表达电流守恒和电流数值为 k 的约束，所以，

$$Q = \left\{ f \in \Re^m : \sum_{j\,:\,(i,j)\in\vec{E}} f(i,j) - \sum_{j\,:\,(j,i)\in\vec{E}} f(j,i) = 0, \ \forall i \neq s, t, \ \text{且} \right.$$

$$\left. \sum_{j\,:\,(s,j)\in\vec{E}} f(s,j) - \sum_{j\,:\,(j,s)\in\vec{E}} f(j,s) = k \right\}$$

我们的算法如算法 8.1 所示。它是定理 7.5 对装载问题算法 (算法 7.2) 的特殊应用，对每条边 $(i,j) \in \vec{E}$ 有加权 w_t、概率 p_t 和值 v_t，因为矩阵 M 中存在每条边的约束 (容量约束)。回顾定义 7.3，ρ 是 ORACLE 宽度，在此情形下，宽度是电流超过容量约束的相对量。引理 8.13 的结论是，对 s-t 电流 ORACLE，$\rho \leqslant \sqrt{2m/\epsilon}$，即带电阻 r_t 的 s-t 电流在单位容量的边上至多可发送电流 $\sqrt{2m/\epsilon}$。然而，对 $T = \frac{1}{\epsilon^2}\rho\ln m$ 次循环，我们用电阻 $r_t(i,j)$ 计算 s-t 电流 f_t 的数值 k 等于边的权重 $w_t(i,j)$ 加上 $\frac{\epsilon}{m}W_t$。根据算法 7.2 更新 v_t 和权重 w_t。注意，边的权重至多增加接近宽度 ρ 的数值，因此，边的电阻也至多增加接近宽度 ρ 的数值。由于电阻较大，在后面的循环中，该边上的电流值将会降低。算法结束时返回一个流，它是所有 T 次循环中电流 f_t 的平均值。

算法 8.1　　用 s-t 电流计算近似 s-t 流的乘权算法

输入: 无向图 $G = (V, E)$，k，ρ，ϵ。

输出: 电流 $\bar{f}$。

1: **for all** $(i,j) \in \vec{E}$ **do** $w_1(i,j) \leftarrow 1$

2: $T \leftarrow \frac{1}{\epsilon^2}\rho\ln m$

3: **for** $t \leftarrow 1$ to T **do**

4: 　　$W_t \leftarrow \sum_{(i,j)\in\vec{E}} w_t(i,j)$

5: 　　**for all** $(i,j) \in \vec{E}$ **do** 　　　　　　　　　　　　　▷ 把两个循环合写为一个循环

6: 　　　　$p_t(i,j) \leftarrow w_t(i,j)/W_t,$ 　　$r_t(i,j) \leftarrow w_t(i,j) + \frac{\epsilon}{m}W_t$

7: 　　用电阻 r_t 计算数值 k 的 s-t 电流 f_t

8: 　　**for all** $(i,j) \in \vec{E}$ **do** 　　　　　　　　　　　　　▷ 把两个循环合写为一个循环

9: 　　　　$v_t(i,j) \leftarrow \frac{1}{\rho}|f_t(i,j)|,$ 　　$w_{t+1}(i,j) \leftarrow w_t(i,j)(1 + \epsilon v_t(i,j))$

10: **return** $\bar{f} \leftarrow \frac{1}{T}\sum_{t=1}^{T} f_t$

下面论述计算 s-t 电流可当作装载问题乘权算法中的一个 ORACLE。回顾需用 ORACLE 来找 $x \in Q$，使得对概率 p，$\sum_i p(i)|M_i x| \leqslant p^T e$，或反馈不存在这样的 x。假设 M 表达容量约束，我们需要

$$\sum_{(i,j) \in \vec{E}} p_t(i,j)|f_t(i,j)| \leqslant \sum_{(i,j) \in \vec{E}} p_t(i,j) = 1$$

乘以 W_t，ORACLE 能找到电流 $f_t \in Q$，使得

$$\sum_{(i,j) \in \vec{E}} w_t(i,j)|f_t(i,j)| \leqslant W_t \tag{8.5}$$

为证明引理 8.12 中一个略弱化的结论，先回顾事实 7.10 中的 Cauchy-Schwartz 不等式，重申它适用描述边的向量。

事实 8.11 (Cauchy-Schwarz 不等式)　在边 $(k,\ell) \in \vec{E}$ 上，对值 $a(k,\ell)$ 和 $b(k,\ell)$，有：

$$\left(\sum_{(k,\ell) \in \vec{E}} a(k,\ell) b(k,\ell) \right)^2 \leqslant \left(\sum_{(k,\ell) \in \vec{E}} a(k,\ell)^2 \right) \left(\sum_{(k,\ell) \in \vec{E}} b(k,\ell)^2 \right)$$

引理 8.12　在算法 8.1 中，对第 t 次循环算出的电流 f_t，

$$\sum_{(i,j) \in \vec{E}} w_t(i,j)|f_t(i,j)| \leqslant \sqrt{1+\epsilon} \cdot W_t$$

证明　令 f^* 是最大 s-t 电流。由引理 8.8 可知，电流 f_t 是在所有满足电流守恒的电流中使总电能达到最小的电流，所以，$\mathcal{E}(f_t) \leqslant \mathcal{E}(f^*)$。因此，

$$\begin{aligned}
\mathcal{E}(f_t) = \sum_{(i,j) \in \vec{E}} f_t^2(i,j) r_t(i,j) &\leqslant \sum_{(i,j) \in \vec{E}} (f^*(i,j))^2 r_t(i,j) \\
&\leqslant \sum_{(i,j) \in \vec{E}} r_t(i,j) \\
&= \sum_{(i,j) \in \vec{E}} \left(w_t(i,j) + \frac{\epsilon W_t}{m} \right) \\
&= (1+\epsilon) W_t \tag{8.6}
\end{aligned}$$

其中的第二个不等式成立，因为 $|f^*(i,j)| \leqslant 1$，且 f^* 满足容量约束。

令 $a(k,\ell) = |f_t(k,\ell)|\sqrt{w_t(k,\ell)}$，$b(k,\ell) = \sqrt{w_t(k,\ell)}$，利用事实 8.11 中的 Cauchy-Schwarz 不等式，可证得

$$\begin{aligned}
\left(\sum_{(i,j) \in \vec{E}} w_t(i,j)|f_t(i,j)| \right)^2 &\leqslant \left(\sum_{(i,j) \in \vec{E}} f_t^2(i,j) w_t(i,j) \right) \left(\sum_{(i,j) \in \vec{E}} w_t(i,j) \right) \\
&\leqslant \left(\sum_{(i,j) \in \vec{E}} f_t^2(i,j) r_t(i,j) \right) W_t \\
&\leqslant (1+\epsilon) W_t^2
\end{aligned}$$

其中，由不等式 (8.6) 可得最后的不等式，因此，下式成立：

$$\sum_{(i,j) \in \vec{E}} w_t(i,j)|f_t(i,j)| \leqslant \sqrt{1+\epsilon} \cdot W_t \qquad \blacksquare$$

虽然上面的引理略弱于所需结论 (如不等式 (8.5) 所示)，但我们可通过减少电流值 $\sqrt{1+\epsilon}$ 倍来解决此问题，损失一个较小因子会产生出几乎满足容量约束的最终电流 $\bar{f}$。

为完成算法分析，我们需确定计算电流所给的 ORACLE 宽度。

引理 8.13   在算法 8.1 中，计算电流的 ORACLE 宽度至多为 $\sqrt{2m/\epsilon}$，其中 $\epsilon \leqslant 1$。

证明   由定义 7.3 可知，ORACLE 宽度是计算电流 f_t 上界的最大值 $|f_t(i,j)|$，对所有迭代 t 和边 $(i,j) \in \vec{E}$。为界定此值，我们知道在单边 (i,j) 上的电能至多为总电能，由不等式 (8.6) 可得至多为 $(1+\epsilon)W_t$，所以，

$$f_t^2(i,j)r_t(i,j) \leqslant (1+\epsilon)W_t$$

另外，因为电阻 $r_t = w_t(i,j) + \frac{\epsilon}{m}W_t$，所以，有：

$$f_t^2(i,j)r_t(i,j) \geqslant f_t^2(i,j)\frac{\epsilon W_t}{m}$$

所以，

$$f_t^2(i,j) \leqslant \frac{(1+\epsilon)m}{\epsilon}$$

由此可得引理结论。∎

把引理 8.13 加到定理 7.5 中，并由推论 8.4(可在 $\tilde{O}(m)$ 时间内算出电流)，可得下面的定理。

定理 8.14   算法 8.1 用 $O((\sqrt{m}\ln m)/\epsilon^{2.5})$ 次电流计算，或在 $O(m^{1.5}/\epsilon^{2.5})$ 时间内，可算出数值为 $k/\sqrt{1+\epsilon}$ 的 s-t 电流 $\bar{f}$(若存在数值为 k 的电流)，且对所有边 $(i,j) \in \vec{E}$，$|\bar{f}(i,j)| \leqslant (1+4\epsilon)$。

像本章开始时所建议的那样，用二分搜索法在 $O(m^{1.5}/\epsilon^{2.5})$ 时间内可算出近乎满足容量约束的电流 $\bar{f}$，其值至少为 $|f^*|/\sqrt{1+\epsilon}$。

我们注意到，与已知处理单位容量图的方法相比，此算法并没多大改进——在 4.2 节，我们可在 $O(m^{3/2})$ 时间内找到最优流。练习 8.6 证明有可能修改算法使之更好，并可获得一种算法，它可在 $O(m^{4/3}/\epsilon^3)$ 时间内找到近似最大流。在无向图中找到近似最大流的更快算法已被设计出来，详情见本章后记。

8.3 图的稀疏化

对网络流问题，有时获得快速且近乎准确的解是有用的。这样做的一种方法是对原问题输入的稀疏表示。本节讨论无向图 G 的割集问题 (如最小 s-t 割集或全局最小割集)。为简单起见，假设对所有边 $(i,j) \in E$，$u(i,j) = 1$。虽然所得到的结果可推广到一般容量的情况，但较容易考虑单位容量图的情况。我们用 (i,j) 表示无向边，因为本节无须区分边的方向。对所有边 $(i,j) \in E'$，给定 $\epsilon > 0$，无向图 $G' = (V, E')$，其容量 $u'(i,j)$。图 G' 是

图 G 的割集稀疏图，若对所有割集 S，在图 G' 中的割集容量接近在图 G 中的割集容量，即对所有割集 $S \subset V$，$S \neq \varnothing$，

$$|u'(\delta(S)) - u(\delta(S))| \leqslant \epsilon \cdot u(\delta(S)) \tag{8.7}$$

此外，我们希望图 G' 不含太多边，并特别要求 $|E'| = O((n \log n)/\epsilon^2)$。给定一个割集稀疏图 G'，我们可对图 G' 运行任何算法来找割集，而不是在原图 G 中找割集。然后，算法的运行时间在 m 的值处变为 $O((n \log n)/\epsilon^2)$。此外，若我们找到某种最小割集，则在图 G' 中找到的割集容量是在图 G 中找到的最小割集容量的 $1 + \epsilon$ 倍。

创建割集稀疏化的高层思路是用随机选边绘制稀疏图 G'。需证明图 G' 中的每个割集容量接近该割集在图 G 中的容量。为此，我们用已知结果证明某类随机取样的值以大概率的可能性接近其期望值。此类结果称为测量结果聚集度，包括著名的 Chernoff 界，其详细讨论超出本书范围，但本章后记给出了相关结果的参考资料。

我们需仔细思考随机取样想法，图 8.4 表明对所有边按等概率进行均匀采样是一种糟糕的思路。

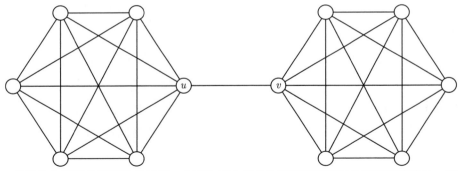

图 8.4   按边均匀采样效果不佳的示例。含两个团中多条边的割集可能对边数有准确估计，但只含边 (u, v) 的割集不太可能是准确的，除非抽样概率接近 1

所以，对随机抽样的修改是按与 $1/\lambda(i, j)$ 成正比的概率取边 (i, j)，其中，$\lambda(i, j)$ 是在图 G 中最小 i-j 割集容量的下界。当然，对边 $(i, j) \in E$，相对实际计算最小 i-j 割集容量，我们还需快速算出 $\lambda(i, j)$ 的值，否则，计算稀疏图 G' 将慢于在原图 G 上求解感兴趣的割集问题。

有一些不同的 $\lambda(i, j)$ 值可产生好的割集稀疏图。本节通过置每条边的电阻为 1 并采用有效的电阻 (即 $\lambda(i, j) = 1/r_{\text{eff}}(i, j)$)，不仅给出一个好的割集稀疏图，而且有些还比较强，我们称之为谱稀疏图。对 $n \times n$ 对称方阵 A 和 B，$A \preceq B$(或 $B \succeq A$)，当且仅当 $x^T A x \leqslant x^T B x$，对 $x \in \Re^n$。所以，对对称矩阵 A，$A \succeq 0$，当且仅当 A 是半正定矩阵。图 G 的谱稀疏图 G' 就是这样一个图，且满足：

$$(1 - \epsilon)L_G \preceq L_{G'} \preceq (1 + \epsilon)L_G \tag{8.8}$$

其中 $L_{G'}$ 是带权 u' 的加权 Laplacian 矩阵 (图 G 中的边有单位容量), 使得 $|E'| = O((n\log n)/\epsilon^2)$。

下面证明图 G 的任何谱稀疏图 G 也是图 G 的割集稀疏图。回顾

$$L_G = \sum_{(i,j)\in E}(e_i - e_j)(e_i - e_j)^T$$

所以,

$$x^T L_G x = \sum_{(i,j)\in E} x^T(e_i - e_j)(e_i - e_j)^T x = \sum_{(i,j)\in E}(x(i) - x(j))^2$$

同理, 对图 G' 的加权 Laplacian 矩阵, 有:

$$L_{G'} = \sum_{(i,j)\in E} u'(i,j)(e_i - e_j)(e_i - e_j)^T$$

所以,

$$x^T L_{G'} x = \sum_{(i,j)\in E} u'(i,j)(x(i) - x(j))^2$$

然后, 对任意 $S \subseteq V$, 令向量 $\chi_S \in \{0,1\}^n$ 满足: 若 $i \in S$, 则 $\chi_S(i) = 1$, 否则, 其值为 0。$(\chi_S(i) - \chi_S(j))^2 = 1$, 当且仅当 $(i,j) \in \delta(S)$,

$$\chi_S^T L_G \chi_S = \sum_{(i,j)\in E}(\chi_S(i) - \chi_S(j))^2 = u(\delta(S))$$

和

$$\chi_S^T L_{G'} \chi_S = \sum_{(i,j)\in E} u'(i,j)(\chi_S(i) - \chi_S(j))^2 = u'(\delta(S))$$

假设 G' 是谱稀疏图。由式 (8.8) 和 $\succeq$ 的定义可知, 对任意集合 $S \subseteq V$, 有:

$$(1-\epsilon)u(\delta(S)) \leqslant u'(\delta(S)) \leqslant (1+\epsilon)u(\delta(S))$$

由式 (8.7) 可知 G' 为割集稀疏图。

算法 8.2 是计算谱稀疏图的算法, 它相对简单: 计算图中边的有效电阻, 且 $K = (8n\ln n)/\epsilon^2 = O((n\ln n)/\epsilon^2)$ 次取样, 算法按概率 $r_{\text{eff}}(i,j)/(n-1)$ 取样 (替代) 边 $(i,j) \in E$。我们之前给出了 Foster 定理 (定理 8.7), 它表明 $\sum_{(i,j)\in E} r_{\text{eff}}(i,j) = n-1$, 所以, $r_{\text{eff}}(i,j)/(n-1)$ 是图中边的概率分布。通过增加 $(n-1)/K \cdot r_{\text{eff}}(i,j)$ 来修改所选边 (i,j) 的容量 $u'(i,j)$ (即通过增加 K 乘以抽样边 (i,j) 概率的倒数)。因为采样边 $(i,j) \in E$ 共 $O((n\log n)/\epsilon^2)$ 次, 显然, $|E'| = O((n\log n)/\epsilon^2)$。

算法 8.2　求谱稀疏图的取样算法

输入: $G = (V,E)$, $\forall_{(i,j)\in E} r(i,j)$。

输出: 原图 G 带容量 u' 的谱稀疏图 G'。

  1: $E' \leftarrow \varnothing$

  2: **for all** $(i,j) \in E$ **do** $u'(i,j) \leftarrow 0$

  3: $K \leftarrow (8n\ln n)/\epsilon^2$

  4: **for all** $(i,j) \in E$ **do** 计算 $r_{\text{eff}}(i,j)$

5: **for** $t \leftarrow 1$ to K **do**
6:　　按概率 $r_{\text{eff}}(i,j)/(n-1)$ 来选取边 $(i,j) \in E$
7:　　$u'(i,j) \leftarrow u'(i,j) + (n-1)/(K \cdot r_{\text{eff}}(i,j))$
8:　　$E' \leftarrow E' \cup \{(i,j)\}$
9: **return** 带容量 u' 的图 $G' = (V, E')$

下面证明式 (8.8) 对结果图 G' 成立,证明后分析算法的运行时间。令 Z_k 是算法在第 k 次循环时对权重 u' 进行附加修改的随机矩阵,所以,对所选边 (i,j),

$$Z_k = \frac{n-1}{K \cdot r_{\text{eff}}(i,j)}(e_i - e_j)(e_i - e_j)^T$$

所以,由选边 (i,j) 的概率为 $r_{\text{eff}}(i,j)/(n-1)$ 可得:

$$E[Z_k] = \sum_{(i,j) \in E} \frac{r_{\text{eff}}(i,j)}{n-1} \cdot \frac{n-1}{K \cdot r_{\text{eff}}(i,j)}(e_i - e_j)(e_i - e_j)^T$$
$$= \frac{1}{K} \sum_{(i,j) \in E}(e_i - e_j)(e_i - e_j)^T = \frac{1}{K}L_G$$

由 $L_{G'} = \sum_{k=1}^{K} Z_k$ 可得:

$$E[L_{G'}] = E\left[\sum_{k=1}^{K} Z_k\right] = L_G$$

因此,期望中,结果图 G' 有一个与原 G 完全相同的 Laplacian 矩阵。为证明 G' 是谱稀疏矩阵,需引用一个结果,该结果表明在大概率情况下,所得 Laplacian 矩阵 $L_{G'}$ 将接近其期望。为此,我们利用下面的测量结果聚集度。

定理 8.15　Z 是一个对称、半正定 $(Z \succeq 0)$ 的随机 $n \times n$ 矩阵,且 $X = E[Z]$。假设有标量 α,使得对任意实现 Z,$\alpha X - Z \succeq 0$。$Z_1, \cdots, Z_K$ 是 Z 的独立分布。则对任何 $\epsilon \in (0,1)$,

$$\Pr\left[(1-\epsilon)X \preceq \frac{1}{K}\sum_{k=1}^{K} Z_k \preceq (1+\epsilon)X\right] \geqslant 1 - 2n\exp\left(\frac{-\epsilon^2 K}{4\alpha}\right)$$

为应用此定理,需证明下面的引理。

引理 8.16　对任意矩阵 $Z = \frac{n-1}{K \cdot r_{\text{eff}}(i,j)}(e_i - e_j)(e_i - e_j)^T$,边 $(i,j) \in E$。有:

$$\frac{n-1}{K}L_G - Z \succeq 0$$

暂缓该引理的证明,先给出下面的定理及其证明。

定理 8.17　算法 8.2 所得图 G' 是谱稀疏图的概率至少为 $1 - 2/n$。

证明　利用 $K = (8n\ln n)/\epsilon^2$ 和 $\alpha = n-1$,由定理 8.15 可得 $Z = \frac{n-1}{K \cdot r_{\text{eff}}(i,j)}(e_i - e_j)(e_i - e_j)^T$,其中,边 $(i,j) \in E$ 被选中的概率为 $r_{\text{eff}}(i,j)/(n-1)$。然而,我们已证明

$X = E[Z] = L_G/K$,且根据 Z 的分布,对 K 个独立图 $Z_1, \cdots, Z_K$,有 $\frac{1}{K} \sum_{k=1}^{K} Z_k = L_{G'}/K$。由引理 8.16 可得对任意实现 Z,有 $\alpha X - Z = \frac{n-1}{K} L_G - Z \succeq 0$。因此,

$$(1 - \epsilon) L_G/K \preceq L_{G'}/K \preceq (1 + \epsilon) L_G/K \tag{8.9}$$

其成立的概率至少为:

$$1 - 2n \exp\left(\frac{-\epsilon^2 \cdot 8n \ln n}{4(n-1)\epsilon^2}\right) \geqslant 1 - \frac{2n}{n^2} = 1 - 2/n$$

不等式 (8.9) 乘 K,即得所需式 (8.8)。∎

下面来证明引理 8.16。

引理 8.16 的证明 需证明:

$$\frac{n-1}{K} L_G - Z \succeq 0$$

对边 $(i, j) \in E$,$Z = \frac{n-1}{K \cdot r_{\text{eff}}(i,j)} (e_i - e_j)(e_i - e_j)^T$,所以,需证明:

$$\frac{n-1}{K} L_G - \frac{n-1}{K \cdot r_{\text{eff}}(i,j)} (e_i - e_j)(e_i - e_j)^T \succeq 0$$

其成立,当且仅当

$$L_G - \frac{1}{r_{\text{eff}}(i,j)} (e_i - e_j)(e_i - e_j)^T \succeq 0$$

由半正定矩阵的定义可知,其成立,当且仅当对所有 $x \in \Re^n$,有

$$x^T L_G x - x^T \left[\frac{1}{r_{\text{eff}}(i,j)} (e_i - e_j)(e_i - e_j)^T \right] x \geqslant 0$$

其成立,当且仅当

$$(x(i) - x(j))^2 \leqslant r_{\text{eff}}(i,j) \cdot x^T L_G x$$

若 $x(i) = x(j)$,则不等式成立,因为 $r_{\text{eff}}(i,j)$ 和 $x^T L_G x = \sum_{\{i,j\} \in E} (x(i) - x(j))^2$ 都非负。否则,由于对任何标量 x,该不等式都成立,因此若限定 $x \in \Re^n$ 且满足 $x(i) - x(j) = r_{\text{eff}}(i,j)$,则引理成立,当且仅当对所有向量 x,

$$(r_{\text{eff}}(i,j))^2 \leqslant r_{\text{eff}}(i,j) \cdot x^T L_G x$$

其成立,当且仅当

$$r_{\text{eff}}(i,j) \leqslant x^T L_G x$$

对电势 p,i-j 电流 f 和 $p(i) - p(j) = r_{\text{eff}}(i,j)$,有 $r_{\text{eff}}(i,j) = \mathcal{E}(f) = p^T L_G p$。由引理 8.9 和推论 8.10 可知,对 $b = e_i - e_j$,有:

$$2b^T x - x^T L_G x \leqslant p^T L_G p = r_{\text{eff}}(i,j)$$

由 $b^T x = (x(i) - x(j)) = r_{\text{eff}}(i,j)$ 可得:

$$2r_{\text{eff}}(i,j) - x^T L_G x \leqslant r_{\text{eff}}(i,j)$$

或

$$r_{\text{eff}}(i,j) \leqslant x^T L_G x$$

现在讨论算法 8.2 的运行时间。每次循环取样一条边时，因为 $\sum_{(i,j)\in E} r_{\text{eff}}(i,j)/(n-1) = 1$，所以可划分 $[0,1]$ 为若干区间，E 中每条边对应一个区间。每次希望取边时，在区间 $[0,1]$ 范围内均匀随机选一个数值，该数值所落在的小区间就取其所对应的边。采用二分搜索方法，在 $O(\log m)$ 时间内找一个适当区间。假定这个随机数值可在单位时间内获取，所以，算法主循环可循环 $O((n\log^2 n)/\epsilon^2)$。根据推论 8.4，对每条边 $(i,j)\in E$，在 $\tilde{O}(m)$ 时间内可算出边 i-j 上的电流，然后可在 $\tilde{O}(m^2)$ 时间内算出所有边的有效电阻。更好的思路是，对图 G 生成树 T 中的每条边 (i,j)，用计算 i-j 电流来算出所有边的有效电阻，并用这些电流来推断所有非树边的有效电阻；练习 8.5 希望读者来实现该思路。在此情况下，其总时间为 $\tilde{O}(mn)$。它有可能在 $O((m\log n)/\epsilon^2)$ 时间内算出所有边的有效电阻，且边的有效电阻值仅是实际有效电阻值的 $(1+\epsilon)$ 倍，见本章后记中的讨论。有效电阻的近似值对算法来说是足够的，这引出下面的定理。

定理 8.18　算法 8.2 的时间复杂度为 $\tilde{O}(m/\epsilon^2)$。

8.4　简易 Laplacian 求解器

本节描述一个简单随机算法，对无向图 G，其边电阻为 $r(i,j)$，$\forall i,j \in E$，该算法在 $\tilde{O}(m)$ 时间内求出向量 p，该向量是线性方程组 $L_G p = b$ 的近似解。本节中边的方向很重要，我们用前面的符号 $\vec{E}$ 表示无向边 E 的任意方向。该算法与 5.6 节中最小代价流问题的网络单纯形算法相似，虽然它们之间有一些明显差异。

像网络单纯形算法那样，该算法先求图 G 的生成树 T。树的选择会近似最小化参数 τ。我们从流 $f^{(0)}$ 开始，它只用树 T 中的边来满足需求向量 b。为此，对树边 (i,j)，S 是从树中删除边 (i,j) 所得的割集，且 $i \in S$。则 $f^{(0)}(i,j) = \sum_{k\in S} b(k)$。练习 8.4 要求读者证明 $f^{(0)}$ 是仅用树 T 中边来满足需求向量 b 的唯一流。令 $p^{(0)}$ 是引理 8.1 证明中定义的由 $f^{(0)}$ 和树 T 所确定的相应电势。因为电流满足电流守恒，所以只需其满足 Kirchoff 电势定律，这样就可找到由电流所确定的电势 p，使得 $L_G p = b$。为达到此目的，反复选择非树边 $(h,\ell) \in \vec{E} - T$，并考虑有向基本回路 $\Gamma(h,\ell)$，它由在树 T 中添加边 (h,ℓ) 而成，该回路是边 (h,ℓ) 加上树 T 中的有向 ℓ-h 路径所形成的 (如图 8.5 所示)。

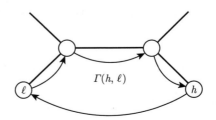

图 8.5　基本回路 $\Gamma(h,\ell)$ 的示意图，粗线是树 T 中的边

然后，修改回路 $\Gamma(h,\ell)$ 上的流 $f^{(k)}$，使得该回路满足 Kirchoff 电势定律，即对结果流 $f^{(k+1)}$，$\sum_{(i,j)\in\Gamma(h,\ell)} r(i,j)f^{(k+1)}(i,j) = 0$。通过类比最小代价环流问题中的回路消去，我们可以称之为修正回路 $\Gamma(h,\ell)$。在若干次循环后，可证明所得的电流一定接近最优电流，所以，所得的由树确定的电势也接近满足 $L_G p = b$ 的电势 p，且算法终止。以上思路的算法描述如算法 8.3 所示。

算法 8.3   近似求解线性方程组 $L_G p = b$：抽样组合算法

输入: $G = (V, E)$，τ，b，ϵ。

输出: 电流 $f^{(K)}$，$p^{(K)}$。

1: 用参数 τ 的低值找生成树 T

2: 在树 T 中找满足供电向量 b 的流 $f^{(0)}$

3: $p^{(0)}$ 是由电流 $f^{(0)}$ 和树 T 所确定的电势

4: $K \leftarrow \tau \ln((\tau + 2n)/\epsilon)$

5: **for** $t \leftarrow 1$ to K **do**

6:     按 $R(\Gamma(h,\ell))/r(h,\ell)$ 成比率的概率选取边 $(h,\ell) \in \vec{E} - T$

7:     更新 $f^{(k-1)}$ 来修正基本回路 $\Gamma(h,\ell)$

8:     $f^{(k)}$ 是结果电流

9:     对流 $f^{(k)}$，$p^{(k)}$ 是由树确定的电势

10: **return** $f^{(K)}$，$p^{(K)}$

现在确定参数 τ，用于确定算法 8.3 中主循环的循环次数 K。回路 Γ 中边的总电阻 $R(\Gamma)$ 为：

$$R(\Gamma) = \sum_{i,j\in\Gamma} r(i,j)$$

定义 8.19   带电阻 r 的树 T 的条件数 τ 定义为: 所有非树边 (i,j) 的电阻 $r(i,j)$ 与回路 $\Gamma(i,j)$ 中边电阻 $r(i,j)$ 之比的总和，即

$$\tau \equiv \sum_{(i,j)\in\vec{E}-T} \frac{R(\Gamma(i,j))}{r(i,j)}$$

为评估算法进展，需证明对供电向量 b，电流 $f^{(k)}$ 的电能 $\mathcal{E}(f^{(k)})$ 收敛于最优电流 f^* 的电能。p^* 是相应电流 f^* 的电势。对满足电流守恒 (即 $Bf = b$) 的电流 f 和电势 p，我们定义：

$$\mathrm{gap}(f,p) \equiv \mathcal{E}(f) - \left[2b^T p - p^T L_G p\right]$$

由引理 8.8 可知，对任意满足电流守恒定律的电流 f，电能 $\mathcal{E}(f)$ 是电能 $\mathcal{E}(f^*)$ 的上界。而由推论 8.10 可知，对任意电势 p，$2b^T p - p^T L_G p$ 是电能 $\mathcal{E}(f^*)$ 的下界。因此，$\mathrm{gap}(f,p)$ 总是非负的。这可导出电流 f 的电能与电流 f^* 的电能差值至多为 $\mathrm{gap}(f,p)$，即

$$\mathcal{E}(f) - \mathcal{E}(f^*) \leqslant \mathrm{gap}(f,p)$$

且我们用该不等式来评估电流 f 与电流 f^* 的差值有多大。对参数 τ，可证明 $\mathcal{E}(f^{(0)}) \leqslant (\tau + 2n)\mathcal{E}(f^*)$，且算法的每次循环减少 $\mathrm{gap}(f,p)$ 的 $1 - \frac{1}{\tau}$ 倍。因此，对给定的 $\epsilon > 0$，在

循环 $\tau \ln((\tau + 2n)/\epsilon)$ 次后，由 $1 - x \leqslant e^{-x}$ 可得：

$$\mathcal{E}(f) - \mathcal{E}(f^*) \leqslant \left(1 - \frac{1}{\tau}\right)^{\tau \ln((\tau + 2n)/\epsilon)} (\tau + 2n)\mathcal{E}(f^*)$$

$$\leqslant e^{-\ln((\tau + 2n/\epsilon)}(\tau + 2n)\mathcal{E}(f^*)$$

$$= \epsilon\mathcal{E}(f^*)$$

由不等式可得 $\mathcal{E}(f) \leqslant (1 + \epsilon)\mathcal{E}(f^*)$。稍后说明为证明所得电势接近电势 p^*，该界限已足够。

下面说明修正回路是有益的：它可降低电流的电能。为此，任选图中的有向回路 Γ。对给定电流 f，用 $\Delta(\Gamma, f)$ 表示与满足 Kirchoff 电势定律的差距，即

$$\Delta(\Gamma, f) \equiv \sum_{(i,j) \in \Gamma} f(i,j)r(i,j)$$

若该回路不满足 Kirchoff 电势定律，且 $\Delta(\Gamma, f) \neq 0$，则用 f' 表示在回路 Γ 的边上减少 δ(可能是负数) 后所得到的电流，即

$$f'(i,j) = \begin{cases} f(i,j) - \delta & \forall(i,j) \in \Gamma \\ f(i,j) + \delta & \forall(j,i) \in \Gamma \\ f(i,j) & \forall(i,j) : (i,j),(j,i) \notin \Gamma \end{cases}$$

若 f 满足电流守恒，则 f' 也满足 (如 5.1 节中的环流)。因为需要 $\Delta(\Gamma, f') = 0$ 或 $\sum_{(i,j) \in \Gamma} r(i,j)(f(i,j) - \delta) = 0$。求解 δ 可得：

$$\delta = \Delta(\Gamma, f)/R(\Gamma)$$

下面证明：若回路 Γ 不满足 Kirchoff 电势定律，则电流 f' 的电能小于电流 f 的电能，所以，修正回路 Γ 会降低电流的电能。

引理 8.20

$$\mathcal{E}(f') - \mathcal{E}(f) = -\Delta(\Gamma, f)^2/R(\Gamma)$$

证明 我们有：

$$\mathcal{E}(f') - \mathcal{E}(f) = \sum_{(i,j) \in \Gamma} \left[r(i,j)(f(i,j) - \delta)^2 - r(i,j)f(i,j)^2 \right]$$

$$= \sum_{(i,j) \in \Gamma} r(i,j)\left[-2\delta f(i,j) + \delta^2 \right]$$

$$= -2\delta\Delta(\Gamma, f) + \delta^2 R(\Gamma)$$

由 $\delta = \Delta(\Gamma, f)/R(\Gamma)$ 可得：

$$\mathcal{E}(f') - \mathcal{E}(f) = -2\frac{\Delta(\Gamma, f)^2}{R(\Gamma)} + \frac{\Delta(\Gamma, f)^2}{R(\Gamma)} = -\frac{\Delta(\Gamma, f)^2}{R(\Gamma)} \quad \blacksquare$$

在修正回路 Γ 所降低的电能与 $\mathrm{gap}(f, p)$ 值之间有可能存在关联。

引理 8.21   对给定电流 f 和在树 T 中相应的由树确定的电势 p, 有:

$$\mathrm{gap}(f, p) = \sum_{(i,j) \in \vec{E} - T} \frac{\Delta(\Gamma(i,j), f)^2}{r(i,j)}$$

证明   由定义可知:

$$\mathrm{gap}(f, p) = \mathcal{E}(f) - (2b^T p - p^T L_G p)$$

$$= \sum_{(i,j) \in \vec{E}} f(i,j)^2 r(i,j) - 2 \sum_{i \in V} b(i)p(i) + \sum_{(i,j) \in \vec{E}} \frac{(p(i) - p(j))^2}{r(i,j)}$$

由电流守恒可知 $b(i) = \sum_{j : \{i,j\} \in E} f(i,j)$。所以, 由斜对称性可得:

$$\sum_{i \in V} b(i)p(i) = \sum_{i \in V} p(i) \sum_{j : \{i,j\} \in E} f(i,j) = \sum_{(i,j) \in \vec{E}} f(i,j)(p(i) - p(j))$$

因此,

$$\mathrm{gap}(f, p) = \sum_{(i,j) \in \vec{E}} f(i,j)^2 r(i,j) - 2 \sum_{(i,j) \in \vec{E}} f(i,j)(p(i) - p(j)) +$$

$$\sum_{(i,j) \in \vec{E}} \frac{(p(i) - p(j))^2}{r(i,j)}$$

$$= \sum_{(i,j) \in \vec{E}} (r(i,j)f(i,j) - (p(i) - p(j)))^2 / r(i,j)$$

如定理 8.1 证明过程中的式 (8.2) 所示, 对任意边 $(i,j) \in T$, 因为 $p(i)$ 和 $p(j)$ 是树确定的电势, 所以 $p(i) - p(j) = r(i,j)f(i,j)$, 且该边对求和的贡献为 0。如推论 8.2 所示, 对任意边 $(i,j) \in \vec{E} - T$,

$$r(i,j)f(i,j) - (p(i) - p(j)) = \sum_{(k,\ell) \in \Gamma(i,j)} r(k,\ell)f(k,\ell) = \Delta(\Gamma(i,j), f)$$

因此, 有:

$$\mathrm{gap}(f, p) = \sum_{(i,j) \in \vec{E} - T} \frac{\Delta(\Gamma(i,j), f)^2}{r(i,j)} \qquad \blacksquare$$

下面陈述算法的主要思想。在算法的每次循环中, 按下面的概率选择边 $(i,j) \in \vec{E} - T$,

$$p(i,j) = \frac{1}{\tau} \frac{R(\Gamma(i,j))}{r(i,j)}$$

由 τ 定义可知:

$$\sum_{(i,j) \in \vec{E} - T} p(i,j) = \frac{1}{\tau} \sum_{(i,j) \in \vec{E} - T} \frac{R(\Gamma(i,j))}{r(i,j)} = 1$$

所以, $p(i,j)$ 给出了一个概率分布。由引理 8.20 可知, 若选择边 (i,j), 则电能的减少量为 $\Delta(\Gamma(i,j), f)^2 / R(\Gamma(i,j))$。因此, 若根据给定概率分布选边, 则由引理 8.21 可得在一次循环中减少电能的总期望值为:

$$\sum_{(i,j) \in \vec{E} - T} p(i,j) \cdot \frac{\Delta(\Gamma(i,j), f)^2}{R(\Gamma(i,j))} = \frac{1}{\tau} \sum_{(i,j) \in \vec{E} - T} \frac{R(\Gamma(i,j))}{r(i,j)} \cdot \frac{\Delta(\Gamma(i,j), f)^2}{R(\Gamma(i,j))}$$

$$= \frac{1}{\tau} \sum_{(i,j) \in \vec{E} - T} \frac{\Delta(\Gamma(i,j), f)^2}{r(i,j)}$$

$$= \frac{1}{\tau} \operatorname{gap}(f, p) \tag{8.10}$$

因此，若 f' 是从电流 f 开始的算法在单次循环所得到的电流，则

$$\mathcal{E}(f) - E[\mathcal{E}(f')] = \frac{1}{\tau} \operatorname{gap}(f, p) \geqslant \frac{1}{\tau} \left[\mathcal{E}(f) - \mathcal{E}(f^*) \right] \tag{8.11}$$

在上式两边加上电流 f^* 所对应的电能并整理可得：

$$E[\mathcal{E}(f')] - \mathcal{E}(f^*) \leqslant \left(1 - \frac{1}{\tau} \right) \left[\mathcal{E}(f) - \mathcal{E}(f^*) \right]$$

若 $f^{(k)}$ 是算法从 k 次循环中得到的电流，则可能证明：

$$E[\mathcal{E}(f^{(k)})] - \mathcal{E}(f^*) \leqslant \left(1 - \frac{1}{\tau} \right)^k \left[\mathcal{E}(f) - \mathcal{E}(f^*) \right]$$

在此省略证明细节。因此，经过足够多次循环后，$f^{(k)}$ 的电能 (期望值) 接近最佳电流 f^* 的电能，若初始电流 f 的能量不太大。

现在需证明初始电流 $f^{(0)}$ 的电能与电流 f^* 的电能之间差异并不太大。

引理 8.22

$$\mathcal{E}(f^{(0)}) - \mathcal{E}(f^*) \leqslant (\tau + 2n) \mathcal{E}(f^*)$$

证明　设 $P(k, \ell)$ 是树 T 中从 k 到 ℓ 的有向路径。在路径 $P(k, \ell)$ 上发送 $f^*(k, \ell)$ 个单位电流，考虑在每条边 $(k, \ell) \in \vec{E}$ 上的电流。边 $(i, j) \in T$ 上的总电流为

$$\sum_{(k, \ell) \in \vec{E} : (i, j) \in P(k, \ell)} f^*(k, \ell)$$

回顾 (练习 8.4) 仅用树 T 中的边来满足需求向量 b 的电流一定是唯一的，所以，上面所给电流一定与电流 $f^{(0)}$ 相同。因此，有：

$$\mathcal{E}(f^{(0)}) = \sum_{(i,j) \in T} r(i,j) \left(\sum_{(k,\ell) \in \vec{E} : (i,j) \in P(k,\ell)} f^*(k, \ell) \right)^2$$

对边 $(i, j) \in T$，利用 $a(k, \ell) = \sqrt{r(i,j)/r(k,\ell)}$ 和 $b(k, \ell) = \sqrt{r(k,\ell)} f^*(k, \ell)$，由 Cauchy-Schwarz 不等式 (8.11) 可得：

$$r(i,j) \left(\sum_{(k,\ell) \in \vec{E} : (i,j) \in P(k,\ell)} f^*(k, \ell) \right)^2$$

$$\leqslant \left(\sum_{(k,\ell) \in \vec{E} : (i,j) \in P(k,\ell)} \frac{r(i,j)}{r(k,\ell)} \right) \left(\sum_{(k,\ell) \in \vec{E} : (i,j) \in P(k,\ell)} r(k,\ell) f^*(k, \ell)^2 \right)$$

$$\leqslant \left(\sum_{(k,\ell) \in \vec{E} : (i,j) \in P(k,\ell)} \frac{r(i,j)}{r(k,\ell)} \right) \mathcal{E}(f^*)$$

所以，有：

$$E(f^{(0)}) \leqslant \sum_{(k,\ell)\in E}\sum_{(i,j)\in P(k,\ell)}\frac{r(i,j)}{r(k,\ell)}\mathcal{E}(f^*)$$

$$= \mathcal{E}(f^*)\left(\sum_{(k,\ell)\in T}\frac{r(k,\ell)}{r(k,\ell)}+\sum_{(k,\ell)\in\vec{E}-T}\frac{R(\Gamma(k,\ell))-r(k,\ell)}{r(k,\ell)}\right)$$

$$= \mathcal{E}(f^*)\left(|T|+\tau-|\vec{E}-T|\right)$$

$$\leqslant \mathcal{E}(f^*)(\tau+2|T|)\leqslant\mathcal{E}(f^*)(\tau+2n) \qquad\blacksquare$$

因此，像前面所论述的那样，在 $k=\tau\ln(\tau(\tau+2n)/\epsilon)$ 次循环后，由 $1-x\leqslant e^{-x}$ 可得：

$$E[\mathcal{E}(f^{(k)})]-\mathcal{E}(f^*)\leqslant\left(1-\frac{1}{\tau}\right)^k\mathcal{E}(f^{(0)})$$

$$\leqslant e^{-\ln(\tau(\tau+2n)/\epsilon)}(\tau+2n)\mathcal{E}(f^*)$$

$$\leqslant\frac{\epsilon}{\tau}\mathcal{E}(f^*) \qquad(8.12)$$

虽然这个结果流的期望电能接近最优电能，但我们想证明的是由树确定的结果电势在某种意义上也接近最优电势。我们用一个特定距离测度来衡量其接近度。设 $\|x\|_L=\sqrt{x^TL_Gx}$ 是关于 Laplacian 矩阵 L_G 的矩阵范数。我们证明下面的引理。

引理 8.23　设 p^* 是电流 f^* 的电势，电势 $\hat{p}$ 是电流 $\hat{f}$ 由树确定的电势，使得：

$$\mathcal{E}(f)-\mathcal{E}(f^*)\leqslant\frac{\epsilon}{\tau}\mathcal{E}(f^*)$$

则

$$\|\hat{p}-p^*\|_L^2\leqslant\epsilon\|p^*\|_L^2$$

证明　利用 $(p^*)^TL_Gp^*=\mathcal{E}(f^*)$、$b=L_Gp^*$ 和 $b^T=(p^*)^TL_G$，有：

$$\|\hat{p}-p^*\|_L^2=(\hat{p}-p^*)^TL_G(\hat{p}-p^*)$$

$$=\hat{p}^TL_G\hat{p}-(p^*)^TL_G\hat{p}-\hat{p}^TL_Gp^*+(p^*)^TL_Gp^*$$

$$=\hat{p}^TL_G\hat{p}-2b^T\hat{p}+\mathcal{E}(f^*)$$

$$=\text{gap}(f^*,\hat{p})$$

由式 (8.11) 可知，若 $\hat{f}'$ 是算法从电流 $\hat{f}$ 开始经一个循环后所得到结果电流，则，

$$\mathcal{E}(\hat{f})-E[\mathcal{E}(\hat{f}')]=\frac{1}{\tau}\text{gap}(\hat{f},\hat{p})$$

因此，可推出：

$$\mathcal{E}(\hat{f})-\mathcal{E}(f^*)\geqslant\frac{1}{\tau}\text{gap}(\hat{f},\hat{p})$$

使得:

$$\mathrm{gap}(\hat{f}, \hat{p}) \leqslant \tau \left(\mathcal{E}(\hat{f}) - \mathcal{E}(f^*) \right)$$

然后, 有:

$$\|\hat{p} - p^*\|_L^2 = \mathrm{gap}(f^*, \hat{p}) = \mathrm{gap}(\hat{f}, \hat{p}) - \left(\mathcal{E}(\hat{f}) - \mathcal{E}(f^*) \right)$$
$$\leqslant (\tau - 1) \left(\mathcal{E}(\hat{f}) - \mathcal{E}(f^*) \right)$$
$$\leqslant \epsilon \mathcal{E}(f^*)$$
$$= \epsilon (p^*)^T L_G p^*$$
$$= \epsilon \|p^*\|_L^2$$

其中, 在最后一个不等式中运用了定理的假设条件。 ■

推论 8.24 在算法 8.3 终止时, 有:

$$E\left[\|\hat{p} - p^*\|_L^2\right] \leqslant \epsilon \|p^*\|_L^2$$

证明 取不等式 (8.13) 两边的期望值, 并代入不等式 (8.12), 得到推论的结论。 ■

把所有结论结合在一起, 可得到下面的定理。

定理 8.25 算法 8.3 在 $\tilde{O}(m \ln(m/\epsilon))$ 时间内求出电势向量 $\hat{p}$, 使得 $E[\|\hat{p} - p^*\|_L^2] \leqslant \epsilon \|p^*\|_L^2$。

证明 有一个找树 T 的 $\tilde{O}(m)$ 的算法, 且其条件数 $\tau = \tilde{O}(m)$, 对每条边, 有 $O(m)$ 时间的算法计算概率 $(i, j)/R(\Gamma(i,j))$; 章节后记中有进一步说明。像算法 8.2 那样, 在 $O(\log m)$ 时间内按概率 $p(i, j)$ 取边。存在总循环次数 $k = \tau \ln(\tau(\tau+2n)/\epsilon) = O(m \ln(m/\epsilon))$, 直至电流 $f^{(k)}$ 的期望电势与最优电流 f^* 的电能之差至多为 $\frac{\epsilon}{\tau} \mathcal{E}(f^*)$。由推论 8.24, 电势 $p^{(k)}$ 的期望值就像定理所要求的那样接近最佳电势 p^*。我们论述 (未证明) 在每次循环中修改电流和电势需要 $O(\log n)$ 时间, 在 $O(\log n)$ 时间内修改电流时, 用练习 4.3 中所描述的动态树数据结构。因此, 所需总时间为 $\tilde{O}(m \ln(m/\epsilon))$。 ■

练习

8.1 给定图 G 和供电向量 b, 对所有边 $(i, j) \in \vec{E}$, $\mathcal{E}(f, r)$ 是电阻 $r(i, j)$ 上的电能。f 是电阻 $r(i, j)$ 下的电流, 且 f' 是在相同供电量 b 下电阻 $r'(i, j)$ 下的电流, 其中 $r'(i, j) \geqslant r(i, j)$, 对所有边 $(i, j) \in \vec{E}$。证明 Rayleigh 单调原理成立:

$$\mathcal{E}(f', r') \geqslant \mathcal{E}(f, r)$$

8.2 G 是电阻为 r 的电路, 证明有效电阻满足三角不等式, 即对任意 i, j, k, 有

$$r_{\mathrm{eff}}(i, k) \leqslant r_{\mathrm{eff}}(i, j) + r_{\mathrm{eff}}(j, k)$$

8.3　设 $e = (i, j)$，$L_e = (e_i - e_j)(e_i - e_j)^T$。假设 G 是未加权图，证明

$$L_e \preceq r_{\text{eff}}(i, j) L_G$$

8.4　证明：给定生成树 T 和需求向量 b，在 8.4 节开始处定义的流 $f^{(0)}$ 在所有遵守流守恒的流动中是唯一的，这些流动只在 T 的边上有非零的流。

8.5　T 是无向图 G 的生成树。假设对每条边 $(i, j) \in T$，计算 i-j 电流的电势 p，称相关向量为 $p(i, j)$。证明：对任意边 $(k, \ell) \in E$，可用 $p(i, j)$ 求出有效电阻 $r_{\text{eff}}(k, \ell)$，其中边 $(i, j) \in T$。

8.6　本练习阐述改进 8.2 节中算法 8.1 的近似最大流算法的方法。目前改进的一个障碍是，有可能在单位容量图的第 t 次循环使得 $f_t(i, j) = \Theta(\sqrt{m})$。这可推出算法至少需调用 ORACLE 子程序 $\Omega(\sqrt{m})$ 次：需循环 $\Omega(\sqrt{m})$ 次边 (i, j) 上的小电流，使得其平均循环总数至少为 $1 + 4\epsilon$。

为改进算法，我们采用以下思路。对一些参数 $\hat{\rho}$，当 ORACLE 发现电流严格大于 $\hat{\rho}$ 的边时，删除此边并再计算电流，直至每条边上的电流至多为 $\hat{\rho}$。若如此，则 ORACLE 宽度为 $\hat{\rho}$。若不删太多边，则最小 s-t 割集容量将不再减少，且不再调用子程序来计算电流。

为使该直观思路更精确，设 H 是被删的边集。利用 $\hat{\rho} = \frac{4}{\epsilon}(m \ln m)^{1/3}$，且证明对电流数值 k，和 $\epsilon \leqslant 1/3$，$|H| \leqslant \min\left[(m \ln m)^{1/3}, \frac{1}{8}\epsilon k\right]$。我们确保通过删除至多 $|H|$ 条边，流的数值可至多减少到原来的 $(1 - \frac{1}{8}\epsilon)$ 倍。此外，因为每删除一条边都需再算电流，所以，至多有 $|H|$ 次额外的电流计算。我们重申算法 8.4 中算法。若边的电流太大，则不删该边，而是将其电阻置为无穷大，这可保证在后面循环中该边上的电流为 0。为证明边数的界，需证明电流的电能永不降低，且对每条删去的边，电能会增加一定的系数。我们还需给出电能的初始下界和最终上界。这些结论的组合可证明 $|H|$ 的界限。

(a) 证明：电能 $\mathcal{E}(f_t)$ 在算法 8.4 的执行过程中不降 (提示：用练习 8.1 中的结论)。

(b) 证明：初始电能 $\mathcal{E}(f_1)$ 至少为 $1/m^2$。

(c) 证明：最终电能 $\mathcal{E}(f_{T+1})$ 至多为 $(1 + \epsilon)m \exp\left(\frac{1}{\epsilon}\ln m\right)$。

(d) 证明：每条边从图中删除时，能量增加至少 $(1 + \frac{\epsilon\rho^2}{2m})$ 倍 (提示：在删除边之前考虑流 f 的势 p，并使用引理 8.9 的下界来约束去掉边的图的能量)。

(e) 证明：对 $\hat{\rho} = \frac{4}{\epsilon}(m \ln m)^{1/3}$ 和 $\epsilon \leqslant 1/3$，一定有 $|H| \leqslant \frac{6}{16}(m \ln m)^{1/3}$。可能需用 $\ln(1 + x) \geqslant x/(1 + x)$。

(f) 论证：若总电流数值 $k \leqslant \hat{\rho}$，则不删除任何边和 $H = \varnothing$。假设 $k > \hat{\rho}$，且由此可推出 $|H| \leqslant \frac{1}{8}\epsilon k$。

(g) 证明：算法 8.4 计算 s-t 电流 $\bar{f}$ 的数值至少为 $(1 - \frac{\epsilon}{8})k/\sqrt{1 + \epsilon}$ (若存在数值为 k 的流)，且 $|\bar{f}(i, j)| \leqslant 1 + 4\epsilon$，对所有边 $(i, j) \in E$，需 $O((m^{1/3}\ln^{4/3} m)/\epsilon^3)$ 次电流计算或所用时间为 $\tilde{O}(m^{4/3}/\epsilon^3)$。

算法 8.4　用 *s-t* 电流计算近似 *s-t* 流的乘权算法

输入: $G = (V, E)$, ϵ。

输出: 电流 $\bar{f}$。

1: **for all** $(i,j) \in \vec{E}$ **do** $w_1(i,j) \leftarrow 1$
2: $\hat{\rho} \leftarrow \frac{4}{\epsilon}(m \ln m)^{1/3};\qquad T \leftarrow \frac{1}{\epsilon^2}\hat{\rho}\ln m$
3: $H \leftarrow \varnothing;\qquad t \leftarrow 1$
4: **while** $t \leftarrow 1$ to T **do**
5: 　　$W_t \leftarrow \sum_{(i,j) \in \vec{E} - H} w_t(i,j)$
6: 　　**for all** $(i,j) \in \vec{E}$ **do** $p_t(i,j) \leftarrow w_t(i,j)/W_t$
7: 　　$r_t(i,j) \leftarrow \begin{cases} w_t(i,j) + \frac{\epsilon}{m}W_t & (i,j) \notin H \\ \infty & (i,j) \in H \end{cases}$　　　　　▷ 这里应该是一个循环，即 $(i,j) \in \vec{E}$
8: 　　用电阻 r_t 计算 *s-t* 电流 f_t 的数值 k
9: 　　**if** $\exists (i,j) \notin H$, 满足 $f_t(i,j) > \hat{\rho}$ **then**
10: 　　　　$H \leftarrow H \cup \{(i,j)\}$
11: 　　**else**
12: 　　　　**for all** $(i,j) \in \vec{E} - H$ **do**
13: 　　　　　　$v_t(i,j) \leftarrow \frac{1}{\hat{\rho}}|f_t(i,j)|,\qquad w_{t+1}(i,j) \leftarrow w_t(i,j)(1 + \epsilon v_t(i,j))$
14: 　　　　$t \leftarrow t + 1$
15: **return** $\bar{f} \leftarrow \frac{1}{T}\sum_{t=1}^T f_t$

章节后记

电流与图论中主题之间的关联为人所知已有若干年，如 Doyle 和 Snell[55] 的经典教科书展示了电流与随机游动之间的联系 (见练习 8.1 所描述的 Rayleigh 单调原则)。其他与组合和图论主题的关联出现在 Bollobás 中 [26, 第 2 章]，电流与 8.1 节所给的随机采样生成树之间的联系来自 Bollobás 的演讲。

本书中，电流与某类网络流之间的联系始于 Spielman 和 Deng[186] 的 $\tilde{O}(m)$ 算法，定理 8.3 描述该算法可找到 $L_G p = b$ 的近似解 p。该文献展开了一系列的研究工作，包括改进求解 $L_G p = b$ 的算法，以及像 8.2 节和 8.3 节那样将该算法当作其他算法的子程序。理论上求 $L_G p = b$ 近似解最快的算法归功于 Cohen、Kyng、Miller、Pachocki、Peng、Rao 和 Xu[42]，其运行时间为 $O(m \log^{1/2} n (\log\log n)^{3+\delta} \log \frac{1}{\epsilon})$，对任意常数 $\delta > 0$。

8.2 节的最大流算法在乘权修改算法中将电流当作 ORACLE，它源自 Christiano、Kelner、Madry、Spielman 和 Teng[40]，以及练习 8.6 中的改进算法。目前所找到的流至少是最大流的 $(1 - \epsilon)$ 倍的最快算法源自 Peng[162]，他所给算法的运行时间为 $O(m \log^{32} n (\log\log n)^2 \max(\log^9 n, 1/\epsilon^3))$。对最大流问题，Lee 和 Sidford[140] 用内点法给出了 $O(m\sqrt{n} \log^{O(1)} U)$ 时间的算法，而 Madry[146] 把电流计算作为黑盒给出了运行时间为 $\tilde{O}(m^{10/7} U^{1/7})$ 的最大流算法。对有趣的特殊情况 (如 U=1)，其算法的运行时间是多项式的。其算法中的一些思想还应用于最小代价流问题。在后记中所提到的最小代价环流章节，Cohen、Madry、Sankowski

和 Vladu[43] 对 $U = 1$ 的最小代价流问题用电流获得 $\tilde{O}(m^{10/7} \log C)$ 时间的算法。这些算法目前看起来还不是实用算法的对手，但是它们可能包含这些算法的思想。

图的稀疏化思想是由 Karger[122] 针对无向图提出的。Benczúr 和 Karger[20] 向加权图扩展了这些想法，并获得含 $O((n \log n)/\epsilon^2)$ 条边的割集稀疏图。Spielman 和 Teng[185] 将割集稀疏图扩展到谱稀疏图。Spielman 和 Srivastava[184] 介绍了用有效电阻来取样的概念 (见 8.3 节)，并得到含 $O((n \log n)/\epsilon^2)$ 条边的谱稀疏图。Spielman 和 Srivastava 也说明了如何在 $O((m \log n)/\epsilon^2)$ 时间内求图中所有边的近似有效电阻。本书中的介绍源自 Harvey[105]，包括他所描述的定理 8.15 的形式，该定理最初由 Ahlswede 和 Winter[2] 证明。Batson、Spielman 和 Srivastava[16,17] 证明如何获得含 $O(n/\epsilon^2)$ 条边的谱稀疏图，所有之前的算法都涉及随机取样。但他们的算法所需时间为 $O(n^3m/\epsilon^2)$，这使得该算法比在非稀疏化的原图上运行的许多算法都慢。Lee 和 Sun[141] 给出了如何在 $O(m/\epsilon^2)$ 时间内找到含 $O(n/\epsilon^2)$ 条边的稀疏图的方法。

8.3 节提到了测量结果聚集度，并以定理 8.15 中的 Ahlswede-Winter 不等式为例。Chernoff 界限是计算机科学中使用的测量聚集不等式的典型例子，这些界限的讨论可在 Dubhashi 和 Panconesi[56] 的教科书和计算概率的书籍中找到，如 Mitzenmacher 和 Upfal[148] 以及 Motwani 和 Raghavan[150]。Ahlswed-Winter 不等式是将标量随机变量 Chernoff 界限推广到矩阵随机变量的例子。在 Tropp[195] 的论文中，许多标量变量的著名结果被扩展到矩阵变量，而 Troppo[196] 的书籍对这些结果进行了综述。

8.4 节的简易 Laplacian 求解器源自 Kelner、Orecchia、Sidford 和 Zhu[131]。有一些结果此书并未展现。特别是，我们没有展示如何找到一棵树条件数为 $\tau = \tilde{O}(m)$ 的树。树条件数是从生成树伸展到 $m - (n-1)$ 的附加因子，生成树的伸展概念是由 Alon、Karp、Peleg 和 West[8] 提出。在撰写本书时，伸展 $O(m)$ 的生成树可在 $\tilde{O}(m)$ 时间内找到，其归功于 Abraham 和 Neiman[1] 的结果。Papp[161] 综述了找低伸展树的算法，并包括一些实验工作。此外，为使 Laplacian 求解器能在 $\tilde{O}(m)$ 时间内运行，在每次循环中，我们需在 $O(\log n)$ 时间内修改树 T 上的流和电势。正如定理 8.25 的证明中所提到的，我们可用练习 4.3 中的动态树数据结构来修改流，对该数据结构的修改也可修改电势。Kelner 等人还提供了他们自己的数据结构，每次循环在 $O(\log n)$ 时间内修改电流和电势。Boman、Deweese 和 Gilbert[27] 以及 Hoske、Lukarski、Meyerhenke 和 Wegner[112] 利用 Kelner 等人求解器的初步实验结果表明，该求解器与传统求解线性方程组的方法相比并不具有竞争力，至少需要一些额外的算法思想。

版权声明

开放问题

"你猜出谜语了吗？"帽匠再次转向爱丽丝问道。

"没，我放弃。"爱丽丝回答。"谜底呢？"

"我毫无头绪。"帽匠说。

"我也是。"三月兔随声附和。

—— Lewis Carroll，*Alice in Wonderland*

网络流领域有一些算法研究中没有的元素。第一，它有非常好的数学理论基础，如 Ford 和 Fulkerson 的最大流/最小割集定理 (定理 2.6)。第二，它有易于分析的简洁算法，如 2.8 节中的 PR 算法和 3.3 节的随机合并算法。第三，这些算法在实践中通常非常有效，正如在每章后记中所描述的那样。第四，网络流问题在建模各种问题时非常有效。该领域所涉知识丰富，成果优美，而且实用性强。

该领域仍有一些研究问题有待思考！为总结本书，下面列出几个重要的未解问题。

问题 1：简单的 $O(mn)$ 时间的最大流算法。 如第 2 章的后记中所提到的，Orlin[159] 给出了求最大流问题的 $O(mn)$ 时间的算法，它是目前解该问题最快的强多项式时间算法。在此过程中，他解答了网络流理论中一个长期存在的问题，即是否有这种算法。该算法有点复杂。是否有可能不用复杂的数据结构，也能设计出相同运行时间的简单算法？例如，2.8 节的 PR 算法在不考虑非饱和推送的情况下，算法的运行时间为 $O(mn)$；若可设计一个简单的规则，确保非饱和推送在 $O(mn)$ 时间内完成，则 PR 算法的时间复杂度为 $O(mn)$ 时间。

问题 2：无须找 $n-1$ 个流的 Gomory-Hu 树。 对于在无向图中找全局最小割集的问题，第 3 章说明了最初唯一已知的方法是在图中求 $n-1$ 次最大流。但也有不以流为基础的方法，如 3.2 节中的 MA 序算法和 3.3 节中的随机合并算法。是否有可能在不用求 $n-1$ 次最大流的前提下构造出 Gomory-Hu 树？BhaLGat、Hariharan、Kavitha 和 Panigrahi[23] 在单位容量图上取得了一些进展。

问题 3：广义最小代价环流问题的强多项式时间算法。 练习 6.6 定义了广义最小代价环流问题，它类似第 5 章中的最小代价环流问题：除代价 $c(i,j)$ 和容量 $u(i,j)$ 外，图中每条边还有收益 $\gamma(i,j) > 0$，若 $f(i,j)$ 个单位流量在顶点 i 流进边 (i,j)，则有 $\gamma(i,j)f(i,j)$ 个单位流量流出边 (i,j) 而进入顶点 j。该问题的目标是找一个最小代价环流，使得所有顶点都满足容量约束和流量守恒。Wayne[204] 基于 Wallacher 的最小代价环流算法 (5.2 节) 给出了一个多项式时间的组合算法。当 Tardos[188] 首次给出求最小代价流问题的强多项式时间算法时，这是 20 世纪 80 年代中期的重大突破。最近，Vegh[200] 也给出了广义最大流问题的强多项式时间算法。对广义最小代价环流问题，是否有可能设计出强多项式时间算法？由于网络流问题可表示为线性规划形式，设计出线性规划的强多项式时间算法将是后续的研究工作。

问题 4：对多物流问题，设计一个组合多项式时间的精确算法。 对多物流问题，已知的精确多项式时间算法都基于线性规划的多项式时间算法，如 Vaidya[199] 的内点算法。组合算法如 Garg-Könemann 算法 (7.4 节) 和 Awerbuch-Leighton 算法 (7.5 节) 给出了近似解。对该问题，是否有可能设计出多项式的组合算法来求最优解？

问题 5：最小代价环流的组合算法与内点算法一样快。 在第 5 章的后记中，Lee 和 Sidford[140] 给出在 $\tilde{O}(m\sqrt{n}\log^{O(1)}(CU))$ 时间内找最小代价流的算法，该结果是线性规划内点算法的特例化。最小代价流算法用 8.4 节所描述的快速 Laplacian(拉普拉斯) 求解器。对最小代价环流问题，是否有可能设计出 $\tilde{O}(m\sqrt{n}\log(CU))$ 的组合算法？

参 考 文 献

[1] I. Abraham and O. Neiman. Using petal-decompositions to build a low stretch spanning tree. In *Proceedings of the 44th Annual ACM Symposium on the Theory of Computing*, pages 395-406, 2012. Full version available at https://www.cs.bgu.ac.il/neimano/ spanning-full1.pdf. Accessed May 14,2018.

[2] R. Ahlswede and A. Winter. Strong converse for identification via quantum channels. *IEEE Transactions on Information Theory*, 48:569-579,2002.

[3] R. K. Ahuja, T. L. Magnanti, and J. B. Orlin. Network flows. In G. L. Nemhauser, A. H. G. Rinnooy Kan, and M. J. Todd, editors, *Optimization*, volume 1 of Handbooks in Operations Research and Management Science, pages 211-369. North-Holland, Amsterdam, The Netherlands,1989.

[4] R. K. Ahuja, T. L. Magnanti, and J. B. Orlin. *Network Flows: Theory, Algorithms, and Applications*. Prentice Hall, Englewood Cliffs, NJ, USA,1993.

[5] R. K. Ahuja and J. B. Orlin. A fast and simple algorithm for the maximum flow problem. *Operations Research*, 37:748-759,1989.

[6] R. K. Ahuja and J. B. Orlin. Distance-directed augmenting path algorithms for maximum flow and parametric maximum flow problems. *Naval Research Logistics*,38:413-430,1991.

[7] R. K. Ahuja, J. B. Orlin, and R. E. Tarjan. Improved time bounds for the maximum flow problem. *SIAM Journal on Computing*, 18:939-954, 1989.

[8] N. Alon, R. M. Karp, D. Peleg, and D. West. A graph-theoretical game and its application to the k-server problem. *SIAM Journal on Computing*, 24:78-100,1995.

[9] R. J. Anderson and J. Setubal. Goldberg's algorithm for maximum flow in perspective: A computational study. In D. S. Johnson and C. C. McGeoch, editors, *Network Flows and Matching, First DIMACS Implementation Challenge*, number 12 in DIMACS Series in Discrete Mathematics and Theoretical Computer Science, pages 1-18. American Mathematical Society, Providence, RI, USA,1993.

[10] S. Arora, E. Hazan, and S. Kale. The multiplicative weights update method: A meta-algorithm and applications. *Theory of Computing*, 8: 121-164, 2012

[11] B. I. Aspvall. *Efficient Algorithms for Certain Satisfiability and Linear Programming Problems*. PhD thesis, Department of Computer Science, Stanford University, August 1980. Also appears as Technical Report STAN-CS-80-822.

[12] B. Awerbuch and T. Leighton. A simple local-control approximation algorithm for multicommodity flow. In *Proceedings of the 34th Annual IEEE Symposium on Foundations of Computer Science*, pages 459-468, 1993.

[13] B. Awerbuch and T. Leighton. Improved approximation algorithms for the multicommodity flow problem and local competitive routing in dynamic networks. In *Proceedings of the 26th Annual ACM Symposium on the Theory of Computing*, pages 487-496,1994.

[14] G. Baier, E. Köhler, and M. Skutella. The k-splittable flow problem. *Algorithmica*, 42: 231-248, 2005.

[15] F. Barahona and É. Tardos. Note on Weintraub's minimum-cost circulation algorithm. *SIAM Journal on Computing*, 18:579-583,1989

[16] J. Batson, D. A. Spielman, and N. Srivastava. Twice-Ramanujan sparsifiers. *SIAM Journal on Computing*, 41:1704-1721,2012.

[17] J. Batson, D. A. Spielman, and N. Srivastava. Twice-Ramanujan sparsifiers. *SIAM Review*, 56:315-334,2014

[18] R. Bellman. On a routing problem. *Quarterly of Applied Mathematics*, 16:87-90,1958.

[19] A. A. Benczúr and M. X. Goemans. Deformable polygon representation and near-mincuts. In M. Grötschel and G. O. H. Katona, editors, Building Bridges, number 19 in Boylai Society Mathematical Studies, pages 103-135. Springer, Berlin, Germany, 2008.

[20] A. A. Benczúr and D. R. Karger. Randomized approximation schemes for cuts and flows in capacitated graphs. SIAM Journal on Computing, 44:290-319,2015.

[21] D. P. Bertsekas and P. Tseng. Relaxation methods for minimum cost ordinary and generalized network flow problems. *Operations Research*, 36:93-114, 1988.

[22] D. P. Bertsekas and P. Tseng. RELAX-IV: A faster version of the RELAX code for solving minimum cost flow problems. Technical Report LIDS-P-2276, Laboratory for Information and Decision Systems, Massachusetts Institute of Technology, November 1994.

[23] A. Bhalgat, R. Hariharan, T. Kavitha, and D. Panigrahi. An Õ(mn) Gomory-Hu tree construction algorithm for unweighted graphs. In *Proceedings of the 39th Annual ACM Symposium on the Theory of Computing*, pages 605-614, 2007.

[24] D. Bienstock. *Potential Function Methods for Approximately Solving Linear Programming Problems: Theory and Practice*. Kluwer Academic Publishers, New York, NY, USA, 2002.

[25] R. G. Bland and D. L. Jensen. On the computational behavior of a polynomialtime network f low algorithm. *Mathematical Programming*, 54:1-39, 1992.

[26] B. Bollobás. *Modern Graph Theory*. Springer, New York, NY, USA, 1998.

[27] E. G. Boman, K. Deweese, and J. R. Gilbert. Evaluating the potential of a dual randomized Kaczmarz Laplacian linear solver. *Informatica*, 40:95-107, 2016.

[28] Y. Boykov and V. Kolmogorov. An experimental comparison of min-cut/max-flow algorithms for energy minimization in vision. *IEEE Transactions on Pattern Analysis and Machine Intelligence*, 26:1124-1137, 2004.

[29] U. Bünnagel, B. Korte, and J. Vygen. Efficient implementation of the Goldberg-Tarjan minimum-cost flow algorithm. *Optimization Methods and Software*, 10:157-174, 1998.

[30] R. G. Busacker and T. L. Saaty. *Finite Graphs and Networks: An Introduction with Applications*. McGraw-Hill Book Company, New York, NY, USA, 1965.

[31] B. G. Chandran and D. S. Hochbaum. A computational study of the pseudoflow and push-relabel algorithms for the maximum flow problem. Operations Research, 57:358-376, 2009.

[32] C. S. Chekuri, A. V. Goldberg, D. R. Karger, M. S. Levine, and C. Stein. Experimental study of minimum cut algorithms. In *Proceedings of the 8th Annual ACM-SIAM Symposium on Discrete Algorithms*, pages 324-333, 1997.

[33] C. K. Cheng and T. C. Hu. Ancestor tree for arbitrary multi-terminal cut functions. *Annals of Operations Research*, 33:199-213, 1991.

[34] J. Cheriyan and S. N. Maheshwari. Analysis of preflow push algorithms for maximum network flow. SIAM Journal on Computing, 18:1057-1086, 1989.

[35] J. Cheriyan and K. Mehlhorn. An analysis of the highest-level selection rule in the preflow-push max-flow algorithm. *Information Processing Letters*, 69:239-242, 1999.

[36] B. V. Cherkasskii. A fast algorithm for constructing a maximum flow through a network. *American Mathematical Society Translations*, 158:23-30, 1994.

[37] B. V. Cherkassky and A. V. Goldberg. On implementing the push-relabel method for the maximum flow problem. *Algorithmica*, 19:390-410, 1997.

[38] B. V. Cherkassky and A. V. Goldberg. Negative-cycle detection algorithms. *Mathematical Programming*, 85:277-311, 1999.

[39] T.-Y. Cheung. Computational comparison of eight methods for the maximum flow problem. *ACM Transactions on Mathematical Software*, 6:1-16, 1980.

[40] P. Christiano, J. A. Kelner, A. Madry, D. Spielman, and S.-H. Teng. Electrical flows, Laplacian systems, and faster approximation of maximum flow in undirected graphs. In *Proceedings of the 43rd Annual ACM Symposium on the Theory of Computing*, pages 273-282, 2011. Full version available at https://people.csail.mit.edu/madry/docs/maxflow.pdf. Accessed May 15, 2018.

[41] E. Cohen and N. Megiddo. New algorithms for generalized network flows. *Mathematical Programming*, 64:325-336, 1994.

[42] M. B. Cohen, R. Kyng, G. L. Miller, J. W. Pachocki, R. Peng, A. B. Rao, and S. C. Xu. Solving SDD linear systems in nearly $m \, log^{1/2} \, n$ time. In *Proceedings of the 46th Annual ACM Symposium on the Theory of Computing*, pages 343-352, 2014.

[43] M. B. Cohen, A. Madry, P. Sankowski, and A. Vladu. Negative-weight shortest paths and unit capacity minimum cost flow in $\tilde{O}$ $(m^{10/7} \log W)$ time. In *Proceedings of the 28th Annual ACM-SIAM Symposium on Discrete Algorithms*, pages 752-771, 2017. Full version available at https://arxiv.org/pdf/1605.01717.pdf.Accessed June 8, 2018.

[44] W. J. Cook, W. H. Cunningham, W. R. Pulleyblank, and A. Schrijver. *Combinatorial Optimization*. John Wiley & Sons, New York, NY, USA, 1998.

[45] T. H. Cormen, C. E. Leiserson, R. L. Rivest, and C. Stein. *Introduction to Algorithms*. MIT Press, Cambridge, MA, USA, third edition, 2009.

[46] S. I. Daitch and D. A. Spielman. Faster approximate lossy generalized flow via interior-point algorithms. In *Proceedings of the 40th Annual ACM Symposium on the Theory of Computing*, pages 451-460, 2008. Full version available at https://arxiv.org/pdf/0803.0988.pdf. Accessed February 3, 2019.

[47] G. B. Dantzig. Application of the simplex method to a transportation problem. In T. C. Koopmans, editor, *Activity Analysis of Production and Allocation*, number 13 in Cowles Commission for Research in Economics, pages 359-373. John Wiley & Sons, New York, NY, USA, 1951.

[48] G. B. Dantzig. *Linear Programming and Extensions*. Princeton University Press, Princeton, NJ, USA, 1963.

[49] G. B. Dantzig and D. R. Fulkerson. On the max-flow min-cut theorem of networks. In H. W. Kuhn and A. W. Tucker, editors, *Linear Inequalities and Related Systems*, number 38 in Annals of Mathematics Studies, pages 215-222. Princeton University Press, Princeton, NJ, USA, 1956.

[50] U. Derigs and W. Meier. Implementing Goldberg's max-flow-algorithm - A computational investigation. *ZOR - Methods and Models of Operations Research*, 33:383-403, 1989.

[51] E. W. Dijkstra. A note on two problems in connexion with graphs. *Numerische Mathematik*, 1:269-271, 1959.

[52] E. A. Dinic. An algorithm for the solution of the max-flow problem with power estimation. *Doklady Akademii Nauk SSSR*, 194:754-757, 1970. In Russian. English version in *Soviet Mathematics Doklady* 11:1277-1280, 1970.

[53] E. A. Dinitz, A. V. Karzanov, and M. V. Lomonosov. O strukture sistemy minimal'nykh rebernykh razrezov grafa. In A. A. Fridman, editor, Issledovaniya po Diskretnoĭ Optimizatsii, pages 290-306. Nauka, Moscow, 1976. In Russian. English translation available at http://alexander-karzanov.net/ScannedOld/76_cactus_transl.pdf. Accessed February 14, 2018.

[54] Y. Dinitz. Dinitz' algorithm: The original version and Even's version. In O. Goldreich, A. L. Rosenberg, and A. L. Selman, editors, *Theoretical Computer Science: Essays in Memory of Shimon Even*, number 3895 in Lecture Notes in Computer Science, pages 218-240. Springer, Berlin, Germany, 2006.

[55] P. G. Doyle and J. L. Snell. *Random Walks and Electric Networks*. The Mathematical Association of America, Washington DC, USA, 1984. Online version available at https://arxiv.org/pdf/math/0001057.pdf. Accessed January 24, 2019.

[56] D. P. Dubhashi and A. Panconesi. *Concentration of Measure for the Analysis of Randomized Algorithms*. Cambridge University Press, New York, NY, USA, 2009.

[57] J. Edmonds and R. M. Karp. Theoretical improvements in algorithmic efficiency for network f low problems. *Journal of the ACM*, 19:248-264, 1972.

[58] P. Elias, A. Feinstein, and C. E. Shannon. A note on the maximum flow through a network. *IRE Transactions on Information Theory*, 2:117-119, 1956.

[59] S. Even and R. E. Tarjan. Network flow and testing graph connectivity. *SIAM Journal on Computing*, 4:507-518, 1975.

[60] L. Fleischer. Building chain and cactus representations of all minimum cuts from Hao-Orlin in the same asymptotic run time. *Journal of Algorithms*, 33:51-72, 1999.

[61] L. K. Fleischer. Approximating fractional multicommodity flow independent of the number of commodities. *SIAM Journal on Discrete Mathematics*, 13:505-520, 2000.

[62] L. R. Ford Jr. Network flow theory. Paper P-923, The RAND Corporation, Santa Monica, CA, USA, 1956.

[63] L. R. Ford Jr. and D. R. Fulkerson. Maximal flow through a network. *Canadian Journal of Mathematics*, 8:399-404, 1956.

[64] L. R. Ford Jr. and D. R. Fulkerson. Constructing maximal dynamic flows from static flows. *Operations Research*, 6:419-433, 1958.

[65] L. R. Ford Jr. and D. R. Fulkerson. A suggested computation for maximal multicommodity network flows. *Management Science*, 5:97-101, 1958.

[66] L. R. Ford Jr. and D. R. Fulkerson. *Flows in Networks*. Princeton University Press, Princeton, NJ, USA, 1962.

[67] R. M. Foster. The average impedance of an electrical network. In *Reissner Anniversary Volume: Contributions to Applied Mechanics*, pages 333-340. J. W. Edwards, Ann Arbor, MI, USA, 1949.

[68] A. Frank. Connectivity and network flows. In R. L. Graham, M. Grötschel, and L. Lovász, editors, *Handbook of Combinatorics*, volume I, pages 111-178. Elsevier B.V., Amsterdam, The Netherlands, 1995.

[69] A. Frank. On the edge-connectivity algorithm of Nagamochi and Ibaraki. EGRES Quick Proof 2009-01, Department of Operations Research, Eötvös University, Budapest, Hungary, 2009. Available at http://www.cs.elte.hu/egres/qp/egresqp-09-01.pdf. Accessed September 11, 2012.

[70] M. L. Fredman, R. Sedgewick, D. D. Sleator, and R. E. Tarjan. The pairing heap: A new form of self-adjusting heap. *Algorithmica*, 1:111-129, 1986.

[71] M. L. Fredman and R. E. Tarjan. Fibonacci heaps and their uses in improved network optimization algorithms. *Journal of the ACM*, 34:596-615, 1987.

[72] S. Fujishige. Another simple proof of the validity of Nagamochi and Ibaraki's min-cut algorithm and Queyranne's extension to symmetric submodular function minimization. *Journal of the Operations Research Society of Japan*, 41:626-628, 1998.

[73] S. Fujishige. A maximum flow algorithm using MA ordering. *Operations Research Letters*, 31:176-178, 2003.

[74] D. R. Fulkerson. An out-of-kilter method for minimal-cost flow problems. *SIAM Journal on Applied Mathematics*, 9:18-27, 1961.

[75] D. R. Fulkerson and G. B. Dantzig. Computation of maximal flows in networks. *Naval Research Logistics Quarterly*, 2:277-283, 1955.

[76] H. N. Gabow. A matroid approach to finding edge connectivity and packing arborescences. *Journal of Computer and System Sciences*, 50:259-273, 1995.

[77] H. N. Gabow. The minset-poset approach to representations of graph connectivity. *ACM Transactions on Algorithms*, 12, 2016. Article 24.

[78] G. Gallo, M. D. Grigoriadis, and R. E. Tarjan. A fast parametric maximum flow algorithm and applications. *SIAM Journal on Computing*, 18:30-55, 1989.

[79] N. Garg and J. Könemann. Faster and simpler algorithms for multicommodity flow and other fractional packing problems. *SIAM Journal on Computing*, 37:630-652, 2007.

[80] F. Glover and D. Klingman. On the equivalence of some generalized network problems to pure network problems. *Mathematical Programming*, 4:269-278, 1973.

[81] F. Glover, D. Klingman, J. Mote, and D. Whitman. Comprehensive computer evaluation and enhancement of maximum flow algorithms. Research Report 356, Center for Cybernetic Studies, University of Texas, Austin, October 1979. Available at http://www.dtic.mil/dtic/tr/fulltext/u2/a081941.pdf. Accessed May 29, 2018.

[82] F. Glover, D. Klingman, J. Mote, and D. Whitman. An extended abstract of an indepth algorithmic and computational study for maximum flow problems. *Discrete Applied Mathematics*, 2:251-254, 1980.

[83] A. V. Goldberg. Finding a maximum density subgraph. Technical Report UCB/CSD-84-171,

EECS Department, University of California, Berkeley, 1984. Available at http://www2.eecs. berkeley.edu/Pubs/TechRpts/1984/CSD-84-171.pdf. Accessed May 29, 2018.

[84] A. V. Goldberg. An efficient implementation of a scaling minimum-cost flow algorithm. *Journal of Algorithms*, 22:1-29, 1997.

[85] A. V. Goldberg. Two-level push-relabel algorithm for the maximum flow problem. In A. V. Goldberg and Y. Zhou, editors, *Algorithmic Aspects in Information and Management*, number 5564 in Lecture Notes in Computer Science, pages 212-225. Springer, Berlin, Germany, 2009.

[86] A. V. Goldberg, S. Hed, H. Kaplan, P. Kohli, R. E. Tarjan, and R. F. Werneck. Faster and more dynamic maximum flow by incremental breadth-first search. In N. Bansal and I. Finocchi, editors, *Algorithms - ESA 2015*, number 9294 in Lecture Notes in Computer Science, pages 619-630. Springer, Berlin, Germany, 2015.

[87] A. V. Goldberg and M. Kharitonov. On implementing scaling push-relabel algorithms for the minimum-cost flow problem. In D. S. Johnson and C. C. McGeoch, editors, *Network Flows and Matching*, First DIMACS Implementation Challenge, number 12 in DIMACS Series in Discrete Mathematics and Theoretical Computer Science, pages 1-18. American Mathematical Society, Providence, RI, USA, 1993.

[88] A. V. Goldberg, J. D. Oldham, S. Plotkin, and C. Stein. An implementation of a combinatorial approximation algorithm for minimum-cost multicommodity flow. In R. E. Bixby, E. A. Boyd, and R. Z. Ríos-Mercado, editors, *Integer Programming and Combinatorial Optimization, 6th International IPCO Conference*, volume 1412 of Lecture Notes in Computer Science, pages 338-352. Springer, Berlin, Germany, 1998.

[89] A. V. Goldberg, S. A. Plotkin, and É. Tardos. Combinatorial algorithms for the generalized circulation problem. *Mathematics of Operations Research*, 16:351-381, 1991.

[90] A. V. Goldberg and S. Rao. Beyond the flow decomposition barrier. *Journal of the ACM*, 45:783-797, 1998.

[91] A. V. Goldberg, É. Tardos, and R. E. Tarjan. Network flow algorithms. In B. Korte, L. Lovaśz, H. J. Prömel, and A. Schrijver, editors, *Paths, Flows, and VLSI-Layout*, pages 101-164. Springer, Berlin, Germany, 1990.

[92] A. V. Goldberg and R. E. Tarjan. A new approach to the maximum-flow problem. *Journal of the ACM*, 35:921-940, 1988.

[93] A. V. Goldberg and R. E. Tarjan. Finding minimum-cost circulations by canceling negative cycles. *Journal of the ACM*, 36:873-886, 1989.

[94] A. V. Goldberg and R. E. Tarjan. Finding minimum-cost circulations by successive approximation. *Mathematics of Operations Research*, 15:430-466, 1990.

[95] A. V. Goldberg and R. E. Tarjan. Efficient maximum flow algorithms. Communications of the ACM, 57:82-89, 2014.

[96] A. V. Goldberg and K. Tsioutsiouliklis. Cut tree algorithms: An experimental study. *Journal of Algorithms*, 83:51-83, 2001.

[97] D. Goldfarb and J. Hao. Polynomial-time primal simplex algorithms for the minimum cost network flow problem. Algorithmica, 8:145-160, 1992.

[98] D. Goldfarb and Z. Jin. A faster combinatorial algorithm for the generalized circulation problem.

Mathematics of Operations Research, 21:529-539, 1996.

[99] D. Goldfarb, Z. Jin, and Y. Lin. A polynomial dual simplex algorithm for the generalized circulation problem. Mathematical Programming, 91:271-288, 2002.

[100] D. Goldfarb, Z. Jin, and J. B. Orlin. Polynomial-time highest-gain augmenting path algorithms for the generalized circulation problem. Mathematics of Operations Research, 22:793-802, 1997.

[101] R. E. Gomory and T. C. Hu. Multi-terminal network flows. *SIAM Journal on Applied Mathematics*, 9:551-570, 1961.

[102] M. D. Grigoriadis and L. G. Khachiyan. Fast approximation schemes for convex programs with many blocks and coupling constraints. *SIAM Journal on Optimization*, 4:86-107, 1994.

[103] D. Gusfield. Very simple methods for all pairs network flow analysis. *SIAM Journal on Computing*, 19:143-155, 1990.

[104] J. Hao and J. B. Orlin. A faster algorithm for finding a minimum cut in a directed graph. *Journal of Algorithms*, 17:424-446, 1994.

[105] N. Harvey. Lecture Notes from CPSC 536N: Randomized Algorithms, Winter 2012, Lectures 13 and 14. Available at http://www.cs.ubc.ca/ nickhar/W12/. Accessed May 14, 2018.

[106] M. Henzinger, S. Rao, and D. Wang. Local flow partitioning for faster edge connectivity. *In Proceedings of the 28th Annual ACM-SIAM Symposium on Discrete Algorithms*, pages 1919-1938, 2017.

[107] D. S. Hochbaum. The pseudoflow algorithm: A new algorithm for the maximum flow problem. Operations Research, 56:992-1009, 2008.

[108] A. J. Hoffman. Some recent applications of the theory of linear inequalities to extremal combinatorial analysis. In R. Bellman and M. Hall, Jr., editors, *Combinatorial Analysis, volume X of Proceedings of Symposia in Applied Mathematics*, pages 113-127, American Mathematical Society, Providence, RI, USA, 1960.

[109] A. J. Hoffman. On greedy algorithms that succeed. In I. Anderson, editor, *Surveys in combinatorics 1985: Invited papers for the Tenth British Combinatorial Conference*, number 103 in London Mathematical Society Lecture Note Series, pages 97-112. Cambridge University Press, Cambridge, UK, 1985.

[110] A. J. Hoffman. On simple combinatorial optimization problems. *Discrete Mathematics*, 106/107: 285-289, 1992.

[111] B. Hoppe and É. Tardos. The quickest transshipment problem. *Mathematics of Operations Research*, 25:36-62, 2000.

[112] D. Hoske, D. Lukarski, H. Meyerhenke, and M. Wegner. Engineering a combinatorial Laplacian solver: Lessons learned. *Algorithms*, 9, 2016. Article 72.

[113] T. C. Hu. Multi-commodity network flows. *Operations Research*, 11:344-360, 1963.

[114] IBM ILOG. CPLEX. https://www.ibm.com/analytics/cplex-optimizer.

[115] H. Imai. On the practical efficiency of various maximum flow algorithms. *Journal of the Operations Research Society of Japan*, 26:61-82, 1983.

[116] W. S. Jewell. Optimal flow through networks with gains. *Operations Research*, 10:476-499, 1962.

[117] D. B. Johnson. Efficient algorithms for shortest paths in sparse networks. *Journal of the ACM*, 24:1-13, 1977.

[118] A. Joshi, A. S. Goldstein, and P. M. Vaidya. A fast implementation of a path-following algorithm for maximizing a linear function over a network polytope. In D. S. Johnson and C. C. McGeoch, editors, *Network Flows and Matching*, First DIMACS *Implementation Challenge*, number 12 in DIMACS Series in Discrete Mathematics and Theoretical Computer Science, pages 267-298. American Mathematical Society, Providence, RI, USA, 1993.

[119] M. Jünger, G. Rinaldi, and S. Thienel. Practical performance of efficient minimum cut algorithms. *Algorithmica*, 26:172-195, 2000.

[120] A. Kamath and O. Palmon. Improved interior point algorithms for exact and approximation solution of multicommodity flow problems. In *Proceedings of the 6th Annual ACM-SIAM Symposium on Discrete Algorithms*, pages 502-511, 1995.

[121] D. Karger and S. Plotkin. Adding multiple cost constraints to combinatorial optimization problems, with applications to multicommodity flows. In *Proceedings of the 27th Annual ACM Symposium on the Theory of Computing*, pages 18-25, 1995.

[122] D. R. Karger. Random sampling in cut, flow, and network design problems. *Mathematics of Operations Research*, 24:383-413, 1999.

[123] D. R. Karger. Minimum cuts in near-linear time. *Journal of the ACM*, 47:46-76, 2000.

[124] D. R. Karger and D. Panigrahi. A near-linear time algorithm for constructing a cactus representation of minimum cuts. In *Proceedings of the 20th Annual ACM-SIAM Symposium on Discrete Algorithms*, pages 246-255, 2009.

[125] D. R. Karger and C. Stein. A new approach to the minimum cut problem. *Journal of the ACM*, 43:601-640, 1996.

[126] R. M. Karp. A characterization of the minimum cycle mean in a digraph. *Discrete Mathematics*, 23:309-311, 1978.

[127] A. V. Karzanov. O nakhozhdenii maksimal'nogo potoka v setyakh spetsial'nogo vida i nekotorykh prilozheniyakh. In L. A. Lyusternik, editor, *Matematicheskie Voprosy Upravleniya Proizvodstvom*, volume 5, pages 81-94. Moscow State University Press, Moscow, Russia, 1973. In Russian. English translation available at http://alexander-karzanov.net/ ScannedOld/73_spec-net-flow_transl.pdf. Accessed February 3, 2019.

[128] A. V. Karzanov. Determining the maximal flow in a network by the method of preflows. *Soviet Mathematical Dokladi*, 15:434-437, 1974.

[129] A. V. Karzanov and E. A. Timofeev. Efficient algorithm for finding all minimal edge cuts of a nonoriented graph. *Cybernetics*, 22:156-162, 1986.

[130] K. Kawarabayashi and M. Thorup. Deterministic global minimum cut of a simple graph in near-linear time. In *Proceedings of the 47th Annual ACM Symposium on the Theory of Computing*, pages 665-674, 2015.

[131] J. A. Kelner, L. Orecchia, A. Sidford, and Z. A. Zhu. A simple combinatorial algorithm for solving SDD systems in nearly-linear time. In *Proceedings of the 45th Annual ACM Symposium on the Theory of Computing*, pages 911-920, 2013. Full version available at https://arxiv.org/pdf/1301.6628.pdf. Accessed May 14, 2018.

[132] M. Klein. A primal method for minimal cost flows with applications to the assignment and transportation problems. *Management Science*, 14:205-220, 1967.

[133] P. Klein, S. Plotkin, C. Stein, and É. Tardos. Faster approximation algorithms for the unit capacity concurrent flow problems with applications to routing and finding sparse cuts. *SIAM Journal on Computing*, 23:466–487, 1994.

[134] J. Kleinberg and É. Tardos. *Algorithm Design. Addison Wesley*, Boston, MA, USA, 2006.

[135] B. Korte and J. Vygen. *Combinatorial Optimization: Theory and Algorithms*. Springer, Berlin, Germany, Fifth edition, 2012.

[136] P. Kovács. Minimum-cost flow algorithms: an experimental evaluation. *Optimization Methods and Software*, 30:94–127, 2015.

[137] M. A. Langston. Fixed-parameter tractability, a prehistory. In H. L. Bodlaender, R. Downey, F. V. Formin, and D. Marx, editors, *The Multivariate Algorithmic Revolution and Beyond – Essays Dedicated to Michael R. Fellows on the Occasion of His 60th Birthday*, number 7370 in Lecture Notes in Computer Science, pages 3–16. Springer, Berlin, Germany, 2012.

[138] D. H. Larkin, S. Sen, and R. E. Tarjan. A back-to-basics empirical study of priority queues. In *Proceedings of the 16th Workshop on Algorithm Engineering and Experiments (ALENEX)*, pages 61–72, 2014.

[139] E. L. Lawler. Optimal cycles in doubly weighted directed linear graphs. In P. Rosenstiehl, editor, Theory of Graphs, *International Symposium*, pages 209–213. Gordon and Breach, New York, NY, USA, 1967.

[140] Y. T. Lee and A. Sidford. Path-finding methods for linear programming: Solving linear programs in $\tilde{O}(\sqrt{rank})$ iterations and faster algorithms for maximum flow. In *Proceedings of the 55th Annual IEEE Symposium on Foundations of Computer Science*, pages 424–433, 2014. Full versions available at https://arxiv.org/pdf/1312.6677.pdf and https://arxiv.org/pdf/1312.6713.pdf. Accessed June 8, 2018.

[141] Y. T. Lee and H. Sun. An SDP-based algorithm for linear-sized spectral sparsification. In *Proceedings of the 49th Annual ACM Symposium on the Theory of Computing*, pages 678–687, 2017. Full version available at https://arxiv.org/pdf/1702.08415.pdf. Accessed May 14, 2018.

[142] T. Leighton, F. Makedon, S. Plotkin, C. Stein, É. Tardos, and S. Tragoudas. Fast approximation algorithms for multicommodity flow problems. *Journal of Computer and System Sciences*, 50:228–243, 1995.

[143] T. Leong, P. Shor, and C. Stein. Implementation of a combinatorial multicommodity flow algorithm. In D. S. Johnson and C. C. McGeoch, editors, *Network Flows and Matching*, First DIMACS Implementation Challenge, number 12 in DIMACS Series in Discrete Mathematics and Theoretical Computer Science, pages 387–405. American Mathematical Society, Providence, RI, USA, 1993.

[144] M. S. Levine. Experimental study of minimum cut algorithms. Master's thesis, Massachusetts Institute of Technology, May 1997. Available as MIT LCS Technical Report TR-719, from http://publications.csail.mit.edu/lcs/pubs/pdf/MIT-LCS-TR-719.pdf. Accessed February 12, 2018.

[145] A. Löbel. Solving large-scale real-world minimum-cost flow problems by a network simplex method. Technical Report SC 96-7, ZIB, 1996. Available at https://opus4.kobv.de/opus4-zib/frontdoor/index/index/docId/218. Accessed June 5, 2018.

[146] A. Madry. Computing maximum flow with augmenting electrical flows. In *Proceedings of the 57th Annual IEEE Symposium on Foundations of Computer Science*, pages 593-602, 2016. Full version available at https://people.csail.mit.edu/madry/docs/aug_flow.pdf. Accessed June 8, 2018.

[147] K. Mehlhorn. Blocking flow algorithms for maximum network flow, Course notes, Summer 1999. Available at www.mpi-inf.mpg.de/ mehlhorn/ftp/Goldberg-Rao.ps. Accessed September 27, 2012.

[148] M. Mitzenmacher and E. Upfal. *Probability and Computing*. Cambridge University Press, Cambridge, UK, second edition, 2017.

[149] E. F. Moore. The shortest path through a maze. In *Proceedings of the International Symposium on the Theory of Switching*, pages 285-292, Harvard University Press, Cambridge, MA, USA, 1959.

[150] R. Motwani and P. Raghavan. *Randomized Algorithms*. Cambridge University Press, New York, NY, USA, 1995.

[151] H. Nagamochi and T. Ibaraki. Computing edge-connectivity in multigraphs and capacitated graphs. *SIAM Journal on Discrete Mathematics*, 5:54-66, 1992.

[152] H. Nagamochi, T. Ono, and T. Ibaraki. Implementing an efficient minimum capacity cut algorithm. *Mathematical Programming*, 67:325-341, 1994.

[153] Q. C. Nguyen and V. Venkateswaran. Implementations of the Goldberg-Tarjan maximum flow algorithm. In D. S. Johnson and C. C. McGeoch, editors, *Network Flows and Matching, First DIMACS Implementation Challenge*, number 12 in DIMACS Series in Discrete Mathematics and Theoretical Computer Science, pages 1-18. American Mathematical Society, Providence, RI, USA, 1993.

[154] H. Okamura and P. D. Seymour. Multicommodity flows in planar graphs. *Journal of Combinatorial Theory B*, 31:75-81, 1981.

[155] N. Olver and L. A. Végh. A simpler and faster strongly polynomial algorithm for generalized flow maximization. In *Proceedings of the 49th Annual ACM Symposium on the Theory of Computing*, pages 100-111, 2017. Full version available at https://arxiv.org/pdf/ 1611.01778.pdf. Accessed July 30, 2018.

[156] K. Onaga. Optimum flows in general communications networks. *Journal of the Franklin Institute*, 283:308-327, 1967.

[157] J. B. Orlin. A faster strongly polynomial minimum cost flow algorithm. *Operations Research*, 41:338-350, 1993.

[158] J. B. Orlin. A polynomial time primal network simplex algorithm for minimum cost flows. *Mathematical Programming*, 78:109-129, 1997.

[159] J. B. Orlin. Max flows in O(mn) time, or better. In *Proceedings of the 45th Annual ACM Symposium on the Theory of Computing*, pages 765-774, 2013. Full version available at https://dspace.mit.edu/openaccess-disseminate/1721.1/88020. Accessed May 25, 2018.

[160] M. Padberg and G. Rinaldi. An efficient algorithm for the minimum cut problem. *Mathematical Programming*, 47:19-36, 1990.

[161] P. A. Papp. Low-stretch spanning trees. BSc thesis, Eötvös Lorand University, May 2014. Avail-

able at http://web.cs.elte.hu/blobs/diplomamunkak/bsc_alkmat/2014/ papp_pal_andras.pdf. Accessed May 14, 2018.

[162] R. Peng. Approximate undirected maximum flows in O($m$polylog(n)) time. In *Proceedings of the 27th Annual ACM-SIAM Symposium on Discrete Algorithms*, pages 1862-1867, 2016. Full version available at https://arxiv.org/pdf/1411.7631.pdf. Accessed May 15, 2018.

[163] J.-C. Picard and M. Queyranne. On the structure of all minimum cuts in a network and applications. *Mathematical Programming Study*, 13:8-16, 1980.

[164] S. A. Plotkin, D. B. Shmoys, and É. Tardos. Fast approximation algorithms for fractional packing and covering problems. Mathematics of Operations Research, 20:257-301, 1995.

[165] B. D. Podderyugin. Algorithm for determining the edge connectivity of a graph. In *Voprosy Kibernetiki - Trudy Seminara po Kombinatornoĭ Mathematike*, pages 136 - 141. Akademiya Nauk SSSR Nauchnyĭ Sovet po Kompleksnoĭ Probleme "Kibernetika", Moscow, USSR, 1973. In Russian.

[166] L. F. Portugal, M. G. C. Resende, G. Veiga, and J. J. Júdice. A truncated primal-infeasible dual-feasible network interior point method. *Networks*, 35:91-108,2000.

[167] M. Queyranne. Minimizing symmetric submodular functions. *Mathematical Programming*, 82:3-12, 1998.

[168] T. Radzik. Fast deterministic approximation for the multicommodity flow problem. *Mathematical Programming*, 78:43-58, 1997.

[169] T. Radzik. Faster algorithms for the generalized network flow problem. *Mathematics of Operations Research*, 23:69-100, 1998.

[170] T. Radzik. Improving time bounds on maximum generalised flow computations by contracting the network. *Theoretical Computer Science*, 312:75-97, 2004.

[171] T. Radzik and S. Yang. Experimental evaluation of algorithmic solutions for the maximum generalised flow problem. Technical Report TR-01-09, Department of Computer Science, King's College London, 2001.

[172] M. G. Resende and G. Veiga. An efficient implementation of a network interior point method. In D. S. Johnson and C. C. McGeoch, editors, *Network Flows and Matching, First DIMACS Implementation Challenge*, number 12 in DIMACS Series in Discrete Mathematics and Theoretical Computer Science, pages 299-348. American Mathematical Society, Providence, RI, USA, 1993.

[173] M. Restrepo and D. P. Williamson. A simple GAP-canceling algorithm for the generalized maximum flow problem. *Mathematical Programming, Series A*, 118:47-74, 2009.

[174] J. Robinson. A note on the Hitchcock-Koopmans problem. Research Memorandum RM-407, RAND Corporation, June 1950.

[175] H. Röck. Scaling techniques for minimal cost network flows. In U. Pape, editor, *Discrete Structures and Algorithms, Proceedings of the Workshop WG 79*, pages 181-192. Carl Hanser Verlag, München, Germany, 1980.

[176] A. Schrijver. On the history of the transportation and maximum flow problems. *Mathematical Programming*, Series B, 91:437-445, 2002.

[177] A. Schrijver. *Combinatorial Optimization: Polyhedra and Efficiency*. Springer, Berlin, Germany, 2003.

[178] B. L. Schwartz. Possible winners in partially completed tournaments. *SIAM Review*, 8:302-308, 1966.

[179] P. D. Seymour. A short proof of the two-commodity flow theorem. *Journal of Combinatorial Theory B*, 26:370-371, 1979.

[180] F. Shahrokhi and D. W. Matula. The maximum concurrent flow problem. *Journal of the ACM*, 37:318-334, 1990.

[181] M. Skutella. An introduction to network flows over time. In W. J. Cook, L. Lovász, and J. Vygen, editors, *Research Trends in Combinatorial Optimization*. Springer, Berlin, Germany, 2009.

[182] D. D. Sleator and R. E. Tarjan. A data structure for dynamic trees. *Journal of Computer and System Sciences*, 26:362-391, 1983.

[183] P. T. Sokkalingam, R. K. Ahuja, and J. B. Orlin. New polynomial-time cycle-canceling algorithms for minimum-cost flows. *Networks*, 36:53-63, 2000.

[184] D. A. Spielman and N. Srivastava. Graph sparsification by effective resistances. *SIAM Journal on Computing*, 40:1913-1926, 2011.

[185] D. A. Spielman and S.-H. Teng. Spectral sparsification of graphs. *SIAM Journal on Computing*, 40:981-1025, 2011.

[186] D. A. Spielman and S.-H. Teng. Nearly linear time algorithms for preconditioning and solving symmetric, diagonally dominant linear systems. *SIAM Journal on Matrix Analysis and Applications*, 35:835-885, 2014.

[187] M. Stoer and F. Wagner. A simple min-cut algorithm. *Journal of the ACM*, 44:585-591, 1997.

[188] É. Tardos. A strongly polynomial minimum cost circulation algorithm. *Combinatorica*, 5:247-255, 1985.

[189] É. Tardos. A strongly polynomial algorithm to solve combinatorial linear programs. *Operations Research*, 34:250-256, 1986.

[190] É. Tardos and K. D. Wayne. Simple generalized maximum flow algorithms. In R. E. Bixby, E. A. Boyd, and R. Z. Ríos-Mercado, editors, *Integer Programming and Combinatorial Optimization*, number 1412 in Lecture Notes in Computer Science, pages 310-324, Springer, Berlin, Germany, 1998.

[191] R. E. Tarjan. Shortest paths. Technical report, AT&T Bell Laboratories, Murray Hill, NJ, USA, 1981.

[192] R. E. Tarjan. *Data Structures and Network Algorithms*. Society for Industrial and Applied Mathematics, Philadelphia, PA, USA, 1983.

[193] R. E. Tarjan. Efficiency of the primal network simplex algorithm for the minimum-cost circulation problem. *Mathematics of Operations Research*, 14:272-291, 1991.

[194] N. Tomizawa. On some techniques useful for solution of transportation network problems. *Networks*, 1:173-194, 1971.

[195] J. A. Tropp. User-friendly tail bounds for sums of random matrics. *Foundations of Computational Mathematics*, 12:389-434, 2012.

[196] J. A. Tropp. An introduction to matrix concentration inequalities. *Foundations and Trends in Machine Learning*, 8(1-2):1-230, 2015. Also available at https://arxiv.org/ pdf/1501.01571.pdf. Accessed May 15, 2018.

[197] K. Truemper. An efficient scaling procedure for gain networks. *Networks*, 6:151–159, 1976.

[198] K. Truemper. On max flows with gains and pure min-cost flows. *SIAM Journal on Applied Mathematics*, 32:450–456, 1977.

[199] P. M. Vaidya. Speeding-up linear programming using fast matrix multiplication. In *Proceedings of the 30th Annual IEEE Symposium on Foundations of Computer Science*, pages 332–337, 1989.

[200] L. A. Végh. A strongly polynomial algorithm for generalized flow maximization. *Mathematics of Operations Research*, 42:117–211, 2017.

[201] C. Wallacher. A generalization of the minimum-mean cycle selection rule in cycle canceling algorithms. Technical report, Abteilung für Optimierung, Institut für Angewandte Mathematik, Technische Universität Carolo-Wilhelmina, Braunschweig, Germany, 1991.

[202] K. D. Wayne. Generalized Maximum Flow Algorithms. PhD thesis, Cornell University, January 1999.

[203] K. D. Wayne. A new property and a faster algorithm for baseball elimination. *SIAM Journal on Discrete Mathematics*, 14:223–229, 2001.

[204] K. D. Wayne. A polynomial combinatorial algorithm for generalized minimum cost flow. *Mathematics of Operations Research*, 27:445–459, 2002.

[205] A. Weintraub. A primal algorithm to solve network flow problems with convex costs. *Management Science*, 21:87–97, 1974.

[206] D. P. Williamson and D. B. Shmoys. *The Design of Approximation Algorithms*. Cambridge University Press, New York, NY, USA, 2011.

推荐阅读

算法导论（原书第3版）

作者：Thomas H.Cormen, Charles E.Leiserson, Ronald L.Rivest, Clifford Stein
译者：殷建平 徐 云 王 刚 刘晓光 苏 明 邹恒明 王宏志
ISBN: 978-7-111-40701-0 定价：128.00元

全球超过50万人阅读的算法圣经！算法标准教材。
世界范围内包括MIT、CMU、Stanford、UCB等国际名校在内的1000余所大学采用。

　　"本书是算法领域的一部经典著作，书中系统、全面地介绍了现代算法：从最快算法和数据结构到用于看似难以解决问题的多项式时间算法；从图论中的经典算法到用于字符串匹配、计算几何学和数论的特殊算法。本书第3版尤其增加了两章专门讨论van Emde Boas树（最有用的数据结构之一）和多线程算法（日益重要的一个主题）。"

—— Daniel Spielman，耶鲁大学计算机科学系教授

　　"作为一个在算法领域有着近30年教育和研究经验的教育者和研究人员，我可以清楚明白地说这本书是我所见到的该领域最好的教材。它对算法给出了清晰透彻、百科全书式的阐述。我们将继续使用这本书的新版作为研究生和本科生的教材及参考书。"

—— Gabriel Robins，弗吉尼亚大学计算机科学系教授

推荐阅读

数据结构与算法分析：Java语言描述（原书第3版）

作者：Mark Allen Weiss ISBN：978-7-111-52839-5 定价：69.00元

本书是国外数据结构与算法分析方面的经典教材，使用卓越的Java编程语言作为实现工具，讨论数据结构（组织大量数据的方法）和算法分析（对算法运行时间的估计）。

随着计算机速度的不断增加和功能的日益强大，人们对有效编程和算法分析的要求也不断增长。本书将算法分析与最有效率的Java程序的开发有机结合起来，深入分析每种算法，并细致讲解精心构造程序的方法，内容全面，缜密严格。

算法设计与应用

作者：Michael T. Goodrich等 ISBN：978-7-111-58277-9 定价：139.00元

这是一本非常棒的著作，既有算法的经典内容，也有现代专题。我期待着在我的算法课程试用此教材。我尤其喜欢内容的广度和问题的难度。

——Robert Tarjan，普林斯顿大学

Goodrich和Tamassia编写了一本内容十分广泛而且方法具有创新性的著作。贯穿本书的应用和练习为各个领域学习计算的学生提供了极佳的参考。本书涵盖了超出一学期课程可以讲授的内容，这给教师提供了很大的选择余地，同时也给学生提供了很好的自学材料。

——Michael Mitzenmacher，哈佛大学